Martin Punke

Organische Halbleiterbauelemente für mikrooptische Systeme

Organische Halbleiterbauelemente für mikrooptische Systeme

von
Martin Punke

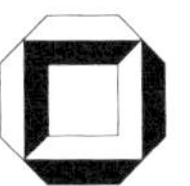

universitätsverlag karlsruhe

Dissertation, Universität Karlsruhe (TH)
Fakultät für Elektrotechnik und Informationstechnik, 2007

Impressum

Universitätsverlag Karlsruhe
c/o Universitätsbibliothek
Straße am Forum 2
D-76131 Karlsruhe
www.uvka.de

Universitätsverlag Karlsruhe 2008
Print on Demand

ISBN: 978-3-86644-204-7

Organische Halbleiterbauelemente für mikrooptische Systeme

Zur Erlangung des akademischen Grades eines

DOKTOR-INGENIEURS

von der Fakultät für
Elektrotechnik und Informationstechnik
der Universität Karlsruhe (TH)
genehmigte

DISSERTATION

von
Dipl.-Ing. Martin Punke
geb. in Prenzlau

Tag der mündlichen Prüfung: 23. Oktober 2007

Hauptreferent: Prof. Dr. Ulrich Lemmer
Korreferent: Prof. Dr. Volker Saile

Für Claudia

Das Leben ist eine Komödie für den Denkenden
und eine Tragödie für die, welche fühlen.
HIPPOKRATES

ZUSAMMENFASSUNG

Optoelektronische Bauelemente basierend auf organischen Halbleitermaterialien bieten vielseitige Möglichkeiten zur Erzeugung und Detektion von Licht.
Diese Arbeit befasst sich mit neuen Aspekten der Nutzung dieser Bauelementklasse. Während bisher insbesondere organische Leuchtdioden für die Verwendung in Displays und organische Solarzellen als Alternative zu Silizium-basierten Solarzellen im Mittelpunkt der Forschung und Entwicklung standen, wird hier die Integration organischer Bauelemente in mikrooptische Systeme untersucht. Dabei stehen sowohl das Design, die Herstellung und die Charakterisierung als auch die Anwendung dieser Bauelemente in der Datenübertragung und Sensorik im Vordergrund.
Die drei verwendeten Klassen von organischen optoelektronischen Bauelementen, Leuchtdioden, Fotodioden und Laser, wurden hinsichtlich ihres Einsatzes in mikrooptischen Systemen analysiert und optimiert. Ein weiterer Schwerpunkt der Arbeit lag in der Untersuchung der Integrationsmöglichkeiten und der kostengünstigen Mikro- und Nanostrukturierung.
Die dynamischen Eigenschaften von organischen Leuchtdioden und Fotodioden wurden charakterisiert und optimiert. Durch ein spezielles Probenlayout konnten Ansprechzeiten im Nanosekundenbereich erreicht werden, wodurch der Grundstein für die Verwendung dieser Bauelemente in der optischen Datenübertragung gelegt wurde. Die schnellsten realisierten Fotodioden weisen Abfallzeiten von weniger als 10 ns auf.
Experimentell ermittelte Impulsantworten organischer *Bulk-Heterojunction*-Fotodioden wurden mit Ergebnissen aus einem Drift-Diffusions-Modell verglichen. Durch die sehr gute Übereinstimmung der Simulation mit den Messdaten konnten grundlegende Rückschlüsse auf die Ladungsträgerdynamik in diesen aktiven Bauelementen gewonnen werden.
Erkenntnisse aus den Leucht- und Fotodioden-Untersuchungen wurden zur erstmaligen Realisierung einer faserbasierten optischen Datenübertragungsstrecke genutzt, die ausschließlich organische optoelektronische Bauelemente verwendet. Die digitale Datenübertragung erfolgt nach einem Standardprotokoll bei einer Datenrate von 2,8 Mbit/s und könnte somit direkt in Audiosystemen eingesetzt werden.
Organische Laserlichtquellen und ihre Verwendung in optischen Sensorsystemen bilden den zweiten Schwerpunkt dieser Arbeit. Als grundlegender Schritt zur Nutzung dieser neuartigen Lichtquellen wurde die Ankopplung an Lichtwellenleiter simuliert und experimentell umgesetzt. Das Heißprägen von Laserresonatorstrukturen und die Verbindung mit Streifenwellenleitern in Polymethylmethacrylat wurde als Technologieplattform verwendet. Dies ermöglicht die kostengünstige Fabrikation auf Wafermaßstab.
Die erstmalige Demonstration von wellenleitergekoppelten organischen Laserlichtquellen in dieser Arbeit ist ein grundlegender Bestandteil eines Projektes zur Realisierung eines hochintegrierten Analytiksystems für die Biosensorik.
Neben der Heißprägetechnik zur Herstellung von Laserresonatoren wurden auch neue Möglichkeiten der Nanostrukturierung durch die UV-Nanoimprint-Lithografie und das Direkte Laserschreiben untersucht. Das realisierte System zum Direkten Laserschreiben mittels Zwei-Photonen-Absorption kann zur Herstellung von komplexen dreidimensionalen Strukturen eingesetzt werden. Mit diesem Verfahren wurde erstmals ein nanostrukturierter Resonator gefertigt, der zur Realisierung eines organischen Lasers verwendet wurde.

PUBLIKATIONEN

(1) **M. Punke**, F. Hoos, C. Karnutsch, U. Lemmer, N. Linder, K. Streubel, *High repetition rate white-light pump-probe spectroscopy with a tapered fiber*, Optics Letters 31 (8), 1157-1159 (2006); Aufgenommen in: Virtual Journal of Ultrafast Science, 5 (7) (2006)

(2) **M. Punke**, S. Mozer, M. Stroisch, M. Gerken, G. Bastian, U. Lemmer, D.G. Rabus, P. Henzi, *Organic semiconductor devices for micro-optical applications*, Proc. SPIE 6185, 618505 (2006)

(3) **M. Punke**, S. Valouch, S. Mozer, M. Gerken, U. Lemmer, *Organic light-emitting diodes and organic photodetectors as optoelectronic devices for an optical interconnect*, Proc. ORT (2006) (ISSN 1437-8507)

(4) **M. Punke**, S. Mozer, M. Stroisch, M.P. Heinrich, U. Lemmer, P. Henzi, D.G. Rabus, *Coupling of organic semiconductor amplified spontaneous emission into polymeric single-mode waveguides patterned by deep-UV irradiation*, IEEE Photonics Technology Letters 19, 61-63 (2007)

(5) C. Karnutsch, M. Stroisch, **M. Punke**, U. Lemmer, J. Wang, T. Weimann, *Laser diode pumped organic semiconductor lasers utilizing two-dimensional photonic crystal resonators*, IEEE Photonics Technology Letters, 19, 741-743 (2007)

(6) **M. Punke**, T. Woggon, M. Stroisch, B. Ebenhoch, U. Geyer, C. Karnutsch, M. Gerken, U. Lemmer, M. Bruendel, J. Wang, T. Weimann, *Organic semiconductor lasers as integrated light sources for optical sensor systems*, Proc. SPIE 6659, 665909 (2007)

(7) **M. Punke**, S.Valouch, S.W. Kettlitz, N. Christ, C. Gärtner, M. Gerken and U. Lemmer, *Dynamic characterization of organic bulk heterojunction photodetectors*, Applied Physics Letters, 91, 071118 (2007); Aufgenommen in: Virtual Journal of Nanoscale Science & Technology, 16 (9) (2007)

(8) **M. Punke**, S.Valouch, S.W. Kettlitz, M. Gerken and U. Lemmer, *Optical data link employing organic light-emitting diodes and organic photodiodes as optoelectronic components*, Journal of Lightwave Technology (zur Publikation angenommen)

KONFERENZBEITRÄGE (VORTRÄGE UND POSTER)

(1) **M. Punke**, S. Mozer, M. Stroisch, M. Gerken, G. Bastian, U. Lemmer, D.G. Rabus, P. Henzi, *Organic semiconductor devices for micro-optical applications*, SPIE Photonics Europe 618505, Strasbourg, Frankreich (03.04.2007 - 07.04.2007) (Eingeladener Vortrag)

(2) **M. Punke**, S. Valouch, S. Mozer, M. Gerken, U. Lemmer, *Organic light-emitting diodes and organic photodetectors as optoelectronic devices for an optical interconnect*, Optik in der Rechentechnik (ORT) 2006, Siegen (27.10.2006)

(3) **M. Punke**, S. Mozer, M. Stroisch, M. Gerken, U. Lemmer, *Integration of molecular semiconductor devices in optical sensors and data transmission systems*, Polydays 2006, Berlin (04.10.2006 - 06.10.2006) (Eingeladener Vortrag)

(4) T. Woggon, **M. Punke**, M. Stroisch, M. Gerken, U. Lemmer, M. Bruendel, D.G. Rabus, J. Wang, T. Weimann, *Integrated organic semiconductor lasers for lab-on-a-chip applications*, NanoBio-Europe 2007, Münster, (13.06.2007 - 15.06.2007) (Posterpräsentation)

(5) **M. Punke**, T. Woggon, M. Stroisch, C. Karnutsch, S. Mozer, U. Lemmer, M. Bruendel, D.G. Rabus, T. Weimann, *All-organic waveguide coupled solid-state distributed feedback laser*, CLEO/Europe-IQEC 2007, CH-2-4, München (17.06.2007 - 22.06.2007)

(6) **M. Punke**, M. Stroisch, T. Woggon, A. Pütz, M.P. Heinrich, M. Gerken, U. Lemmer, M. Bruendel, D.G. Rabus, J. Wang, T. Weimann, *Fabrication and characterization of organic solid-state lasers using imprint technologies*, IEEE/LEOS Summer Topicals 2007, Portland, OR, USA (23.07.2007 - 25.07.2007)

(7) M. Bruendel, Y. Ichihashi, J. Mohr, **M. Punke**, D.G. Rabus, M. Worgull, V. Saile, *Photonic Integrated Circuits fabricated by Deep UV and Hot Embossing*, IEEE/LEOS Summer Topicals 2007, Portland, OR, USA (23.07.2007 - 25.07.2007) (Eingeladener Vortrag)

(8) T. Woggon, **M. Punke**, M. Stroisch, B. Ebenhoch, U. Geyer, C. Karnutsch, M. Gerken, U. Lemmer, M. Bruendel, J. Wang, T. Weimann, *Organic semiconductor lasers as integrated light sources for optical sensor systems*, SPIE Optics+Photonics 665909, San Diego, CA, USA (26.08.2007 - 30.04.2007)

PATENTE

(1) Philipp Schmälzle, Jacques Duparré, Peter Dannberg, **Martin Punke**, Reinhard Völkel, Andreas Bräuer, *Mikrolinsen-Array mit integrierter Beleuchtung durch OLED sowie dessen Anwendung zum Aufbau eines aktiv beleuchteten Bildsensors in flacher Bauform*, Patentanmeldung am 19.10.2007 (07F48282-IOF)

BETREUTE ARBEITEN

(1) Felix Hoos, *Aufbau eines hochsensitiven Meßsystems zur Femtosekundenspektroskopie*, Diplomarbeit, 2004

(2) Matthias Häfner, *Entwicklung eines Femtosekunden-Lasers mit Cavity-Dumper*, Studienarbeit, 2005

(3) Steffen Mozer, *Ankopplung organischer Bauelemente an optische Mikrostrukturen*, Diplomarbeit, 2006

(4) Andreas Pütz, *Nanoimprint von optischen Strukturen*, Studienarbeit, 2006

(5) Mattias P. Heinrich, *Ankopplung organischer Laser an Polymerwellenleiter*, Bachelorarbeit, 2006

(6) Sebastian Valouch, *Entwicklung und Optimierung schneller Photoempfänger aus halbleitenden Polymeren*, Studienarbeit, 2006

(7) Philipp Schmälzle, *Bioinspired imaging of close-up objects*, Diplomarbeit, 2007

(8) Thomas Kleiner, *Einsatz der direkten Laserlithographie zur Realisierung optischer Mikro- und Nanostrukturen für die Biosensorik*, Diplomarbeit, 2007

Inhaltsverzeichnis

Kapitel 1

Einleitung

Zusammenfassung

Organische Halbleiterbauelemente bilden eine neue Klasse optoelektronischer Bauteile mit faszinierenden Eigenschaften. Der Einsatz dieser Komponenten in mikrooptischen Systemen steht im Mittelpunkt der vorliegenden Arbeit. In der folgenden Einleitung wird die Motivation für die Forschung an dieser Bauteilklasse erläutert und es werden die Ziele der Arbeit vorgestellt. Die Gliederung gibt einen Überblick über die behandelten Themen.

1.1 Motivation

Seit der Entdeckung von elektrisch leitfähigen organischen Materialien durch Heeger, MacDiarmid und Shirakawa hat sich diese Materialklasse rasant weiterentwickelt [1].

Seit der Beobachtung der Elektrolumineszenz in organischen Materialien werden insbesondere organische Leuchtdioden (engl. *organic light-emitting diodes - OLEDs*) intensiv untersucht. Diese optoelektronischen Bauelemente werden inzwischen auch in einer Reihe von kommerziellen Produkten eingesetzt. OLEDs weisen viele Vorteile gegenüber herkömmlichen LEDs aus anorganischen Materialien auf. Sie können mit großflächigen und kostengünstigen Produktionsverfahren auf einer Vielzahl von verschiedenen Substraten hergestellt werden. Da organische Materialien im Allgemeinen amorphe Schichten bilden, ist sogar die Verwendung von flexiblen Substraten möglich. OLEDs sind effiziente Lichtquellen, die im gesamten sichtbaren Spektralbereich emittieren können. Für den Einsatz in Displays sind sie aufgrund ihrer hohen Effizienz und der kurzen Schaltzeiten, sehr gut geeignet. Sogar transparente Displays können mit Hilfe organischer Materialien realisiert werden.

Neben OLEDs wurde in den letzten Jahren verstärkt an organischen Solarzellen geforscht. Auch auf diesem Gebiet bieten organische Halbleitermaterialien vorteilhafte Eigenschaften. Die Möglichkeit organische Materialien aus der Flüssigphase in einem *Roll-to-Roll*-Produktionsverfahren zu verarbeiten, kann zur Herstellung von kostengünstigen Solarzellen genutzt werden. Viele Erfahrungen aus dem Gebiet der Solarzellen können auf organische Fotodioden übertragen werden. Diese Bauelemente weisen hohe Quanteneffizienzen auf und lassen sich im Gegensatz zu anorganischen Bauteilen fast beliebig strukturieren.

Eine weitere Bauelementklasse bilden organische Laser. Diese Lichtquellen vereinen die Vorteile von Flüssigfarbstofflasern und Festköperlasern. Durch die Verwendung verschiedener organischer Halbleitermaterialien konnte Lasertätigkeit im gesamten sichtbaren Spektralbereich demonstriert werden. Organische Laser sind über weite Bereiche spektral abstimmbar und bieten sich somit für verschiedenste Anwendungen an.

Optoelektronische Bauelemente aus organischen Halbleitermaterialien bieten somit viele vorteilhafte Eigenschaften. Allein durch die Vielfalt organischer Materialien ist die Forschung auf diesem Gebiet noch lange nicht abgeschlossen. Zudem sind einige grundsätzliche Vorgänge in organischen Bauelementen bis heute nicht vollständig verstanden.

Neben der Anwendung in klassischen Gebieten wie der Displaytechnik, Beleuchtung und Solarenergie eröffnen organische Bauelemente aufgrund ihrer Eigenschaften völlig neue Möglichkeiten der Integration in mikrooptische Systeme.

Zusätzlich zur gezielten Entwicklung von speziellen Bauelementstrukturen ist die Untersuchung von neuen Anwendungsfeldern für organische Halbleiterbauelemente von Interesse.

1.2 Ziele der Arbeit

Im Rahmen dieser Arbeit soll die Anwendung von organischen Halbleiterbauelementen für mikrooptische Applikationen untersucht werden. Dabei spielen nicht nur die Bauteileigenschaften eine wichtige Rolle, sondern auch die gezielte Integration in neuartige Systeme.
Die Übersicht in Abbildung 1.1 stellt den Zusammenhang der einzelnen Forschungsthemen dar. Im Mittelpunkt steht die Untersuchung der organischen optoelektronischen Halbleiterbauelemente OLEDs, Fotodioden und Laser. Zur Nutzung der besonderen Eigenschaften dieser Bauelemente werden spezielle Bauteillayouts sowie Strukturierungs- und Herstellungsmethoden entwickelt und eingesetzt. Um die effiziente Integration in Systeme zu ermöglichen, wird die Ankopplung organischer Bauteile an mikrooptische Elemente simuliert und analysiert.

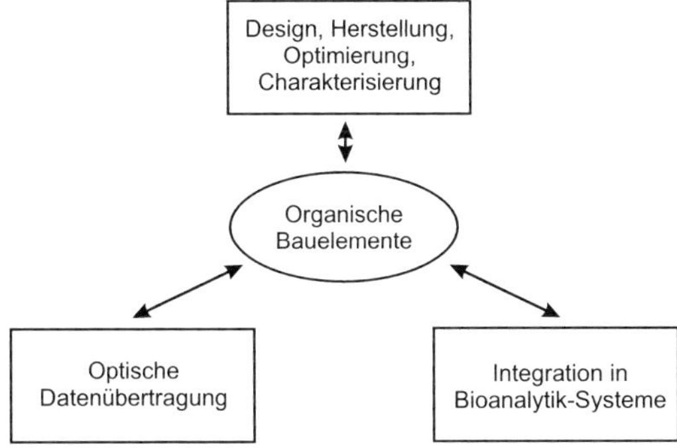

Abbildung 1.1: *Übersicht über die bearbeitete Thematik*

Für die angestrebte Realisierung einer optischen Datenübertragungsstrecke mit organischen Leucht- und Fotodioden ist die Charakterisierung und Optimierung der Bauteile im Hinblick auf die Effizienz und Dynamik von großem Interesse. Vor allem organische Fotodioden wurden bisher wenig untersucht, daher liegt ein Schwerpunkt dieser Arbeit in der Erforschung der Eigenschaften dieser Bauelemente.
Die Integration organischer Lichtquellen in optische Sensorsysteme ist ein weiteres Thema, das bearbeitet wird. Verwendung finden hier organische Laser, die bisher nur in der Grundlagenforschung untersucht wurden. Organische Laser bieten eine Reihe von Eigenschaften, die ihre Nutzung hochinteressant macht. Die in dieser Arbeit vorgestellten kostengünstigen Herstellungs- und Integrationsverfahren bilden die Grundlage für den Einsatz organischer Laser in solche Systeme.
Diese Arbeit wurde im Rahmen der Projekte „Bauelemente aus organischen Materialien für optische Interconnects" der Landesstiftung Baden-Württemberg und „Organic nanophotonics for low-cost biosensing" des DFG-Centrums für funktionelle Nanostrukturen gefördert.
Teile dieser Arbeit entstanden in enger Kooperation mit dem Institut für Mikrostrukturtechnik am Forschungszentrum Karlsruhe (Funktionsbereich Mikrooptik, Dr. Mohr) und der Physikalisch-Technischen Bundesanstalt Braunschweig (Arbeitsgruppe Dr. Weimann).

1.3 Gliederung der Arbeit

Die Grundlagen organischer Halbleiter im Hinblick auf die Verwendung in organischen Bauelementen werden in Kapitel 2 eingeführt. Die Bauteilklassen der organischen Leucht- und Fotodioden sowie Laser werden besprochen und es wird ein Überblick über den aktuellen Stand der Technik gegeben. In Kapitel 3 werden die verwendeten Materialien, Depositions- und Strukturierungstechniken vorgestellt. Die Untersuchung von organischen Leuchtdioden schließt sich in Kapitel 4 an. Dabei wird insbesondere das dynamische Verhalten untersucht, welches von zentraler Bedeutung für die Anwendung in der optischen Datenübertragung ist. Als Detektorelemente für solche Systeme werden organische Fotodioden in Kapitel 5 mit einem Schwerpunkt auf der Bauteiloptimierung und -charakterisierung behandelt. Diese organischen Bauteile werden erfolgreich zur Realisierung eines optischen Datenübertragungssystems (Kapitel 6) eingesetzt. Die Untersuchung von Herstellungsverfahren für organische Laser in Kapitel 7 bildet die Grundlage für die Integration dieser Lichtquellen in miniaturisierte Analytiksysteme (Kapitel 8).

Kapitel 2

Grundlagen

Zusammenfassung[1]

In dieser Einführung werden die grundlegenden Eigenschaften organischer Halbleiter-materialien behandelt. Die für die Anwendung in optoelektronischen Bauelementen wichtigen elektrischen und optischen Eigenschaften werden diskutiert.

Die in dieser Arbeit verwendeten Bauelemente organische Leuchtdioden, Fotodioden und Laser werden eingeführt. Dabei werden neben den grundsätzlichen Prinzipien auch die für die Anwendung wichtigen Kenndaten besprochen.

Mikrooptische Elemente spielen eine große Rolle für die Nutzung organischer Bauelemente. Im Hinblick auf die Integration von organischen Bauelementen in mikrooptische Systeme werden die wichtigsten Prinzipien näher erläutert. Es wird eine Übersicht über häufig verwendete Materialien in der Mikrooptik gegeben.

---

[1]Teile dieses Kapitels wurden bereits in folgenden Publikationen veröffentlicht:

(a) M. Punke *et al.*, *High repetition rate white-light pump-probe spectroscopy with a tapered fiber*, Optics Letters 31 (8), 1157-1159 (2006)

(b) C. Karnutsch, M. Punke *et al.*, *Laser diode pumped organic semiconductor lasers utilizing two-dimensional photonic crystal resonators*, IEEE Photonics Technology Letters, 19, 741-743 (2007)

2.1   Organische Halbleitermaterialien

Die Klasse der organischen Halbleitermaterialien basiert auf Kohlenstoffverbindungen, die sich durch abwechselnde Einfach- und Doppelbindungen auszeichnen - man spricht auch von *konjugierten* Doppelbindungen. Organische Moleküle können, wie in Kapitel 2.1.3 beschrieben wird, sehr unterschiedliche Strukturen annehmen.

Jedes einzelne Kohlenstoffatom in einem organischen Molekül besitzt vier Valenzelektronen, die für die Bindungen zu Nachbaratomen wichtig sind. Im Beispiel des in Abbildung 2.1 gezeigten Benzolringes besitzen die Kohlenstoffatome sp^2-Hybridorbitale. Diese Hybridorbitale überlappen sich mit denen der Nachbaratome und bilden auf den Verbindungsachsen zwischen den Atomen sogenannte σ-Bindungen wie in Abbildung 2.1 b) gezeigt. Diese Bindungen, die in einem Winkel von 120° zueinander stehen, bilden das Grundgerüst des Moleküls. Senkrecht zur Molekülebene liegen die $2p_z$-Orbitale. Durch die Überlappung dieser Orbitale entstehen sogenannte π-Bindungen, die jedoch nur schwach sind (siehe Abbildung 2.1 c). Sie bilden ein delokalisiertes π-Elektronensystem, das entscheidend für die elektronischen und optischen Eigenschaften dieses Moleküls ist [2].

Es bilden sich π- und π^*-Bindungen aus, die unterschiedliche Energien besitzen. Die dadurch entstehende Energielücke bildet die Grundlage für die halbleitenden Eigenschaften dieser Molekülklasse. Das π-Orbital wird auch als das höchste besetzte Molekülorbital (engl. *highest occupied molecular orbital - HOMO*) bezeichnet, während das π^*-Orbital das niedrigste noch freie Molekülorbital (engl. *lowest unoccupied molecular orbital - LUMO*) bildet. In ausgedehnten organischen Halbleitermaterialien existieren eine Vielzahl von unterschiedlichen *HOMO*- und *LUMO*-Energieniveaus, über die ein elektronischer Transport stattfinden kann.

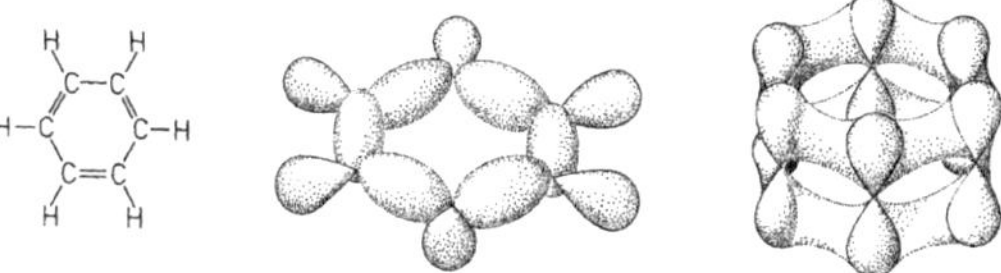

Abbildung 2.1: C_6H_6-*Benzolring*
          Links die chemische Struktur, in der Mitte die räumliche Struktur der σ-Orbitale und rechts die für den Ladungstransport verantwortlichen π-Orbitale [3].

2.1.1   Optische Eigenschaften organischer Halbleiter

Die grundlegenden optischen Übergänge in einem organischen Molekül sind in Abbildung 2.2 a) dargestellt. In dieser Potentialkurvendarstellung sind der Singulettgrundzustand S_0 und der erste angeregte Singulettzustand S_1 gezeigt. In den Molekülen können neben elektronischen Zuständen Rotations- und Schwingungszustände auftreten. Daher kann es zu Übergängen zwischen verschiedenen vibronischen Niveaus kommen. Einfallendes Licht wird vom Molekül absorbiert und es erfolgt ein Übergang in einen angeregten Zustand nach dem *Frank-Condon-Prinzip*. Dieser Übergang, wie auch die spätere Emission, erfolgt senkrecht, d.h. während des elektronischen Übergangs ändern sich die Kernabstände aufgrund ihrer relativ großen Masse nicht. Die Absorption erfolgt auf einer sehr kleinen Zeitskala von 10^{-15} s [4]. Durch Stöße des angeregten Moleküls mit der Umgebung erfolgt einer strahlungslose Deaktivierung in das Grundniveau des angeregten Zustandes. Unter Aussendung eines Photons erfolgt dann der Übergang in ein vibronisches Niveau des Grundzustandes. Das Emissionsspektrum ist gegenüber dem Absorptionsspektrum zu höheren Wellenlängen d.h. kleineren Energien verschoben (*Stokes-Verschiebung*), wie in Abbildung 2.2 b) gezeigt. Die beiden Spektren sind meist spiegelsymmetrisch zueinander [5]. Eine große *Stokes-Verschiebung* wirkt sich günstig auf die Eigenschaften von organischen LEDs und Lasern aus, da die optischen Verluste durch Selbstabsorption reduziert werden.

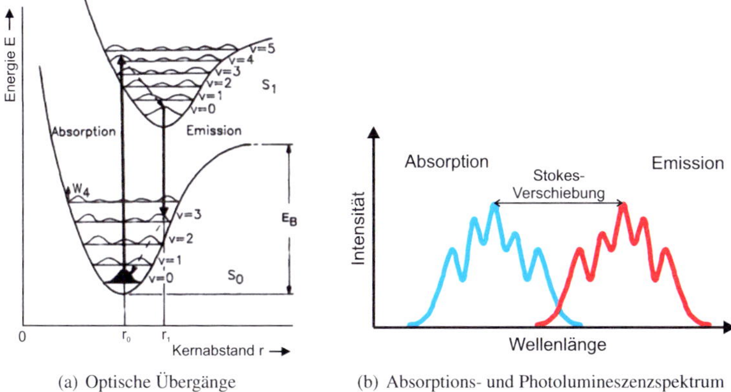

(a) Optische Übergänge   (b) Absorptions- und Photolumineszenzspektrum

Abbildung 2.2: *Optische Übergänge [6] und Absorptions- und Emissionsspektrum eines organischen Moleküls*
Die optischen Übergänge erfolgen nach dem *Frank-Condon-Prinzip*, wobei Absorption und Emission spektral verschoben sind.

Zur genaueren Betrachtung sind die Übergänge in Abbildung 2.3 in einem *Jablonski*-Diagramm dargestellt. Im Energiediagramm bilden sich Singulett- und Triplett-Niveaus aus. Im Singulett-Zustand ist der Gesamtspin des Moleküls gleich null ($S = 0$), im Triplett-Zustand dagegen eins ($S = 1$). Der niederenergetischste Zustand eines organischen Moleküls ist der Singulett-Grundzustand S_0. Die Aufspaltung der elektronischen Zustände in Vibrationsniveaus ist durch dünne Linien angedeutet.
Über Absorptionsvorgänge wird das Molekül in einen angeregten Singulett-Zustand S_i versetzt. Eine direkte Anregung eines Triplett-Zustandes aus dem Grundzustand ist durch die Auswahlregeln verboten. Die angeregten Singulett-Zustände relaxieren sehr schnell über nichtstrahlende Prozesse in das unterste vibronische Niveau des jeweiligen Zustandes (gepunktete Pfeile). Werden höhere Singulett-Zustände durch die Absorption angeregt (S_2, ...) findet eine strahlungslose innere Umwandlung (grauer gepunkteter Pfeil) zum S_1-Niveau statt (Satz von Kasha) [5].
Der strahlende Übergang $S_1 \rightarrow S_0$ wird als Fluoreszenz bezeichnet (blaue Pfeile). Die Fluoreszenz läuft auf einer Zeitskala von circa 10^{-10} bis 10^{-8} s ab. Bei einer starken Wechselwirkung des Moleküls mit seiner Umgebung kann es auch zu einem strahlungslosen Übergang aus dem angeregten Niveau in den Grundzustand kommen (blau gepunkteter Pfeil). Ein weiterer strahlungsloser Prozess ist die sogenannte Interkombination (engl. *intersystem crossing - ISC*). Hier kann die Spin-Bahn-Kopplung einen Übergang von einem angeregten Singulett-Zustand

in einen energetisch ähnlichen Triplett-Zustand bewirken. Aus dem Triplett-Zustand kann eine strahlungslose Relaxation (rot gepunkteter Pfeil) oder ein strahlender Übergang (roter Pfeil) in den Grundzustand erfolgen. Letzterer Vorgang wird als Phosphoreszenz bezeichnet. Dieser Übergang ist unwahrscheinlich, da nur durch eine starke Spin-Bahn-Kopplung zu erreichen. Der Zustand T_1 hat eine lange Lebensdauer von 10^{-6} bis 10^2 s [7]. Die Interkombination und somit die Phosphoreszenz kann durch die Anwesenheit schwerer Atome begünstigt werden, da diese eine starke Spin-Bahn-Kopplung aufweisen [5]. Dieser *Schweratomeffekt* wird beispielsweise durch das Einbringen von Iridium-Komplexen in neuartigen phosphoreszenten OLEDs ausgenutzt, um ihre Effizienz zu steigern [8, 9].

Ein, insbesondere für die Lasertätigkeit in organischen Materialien, unerwünschter Prozess tritt außerdem durch eine mögliche Triplett-Triplett-Absorption auf.

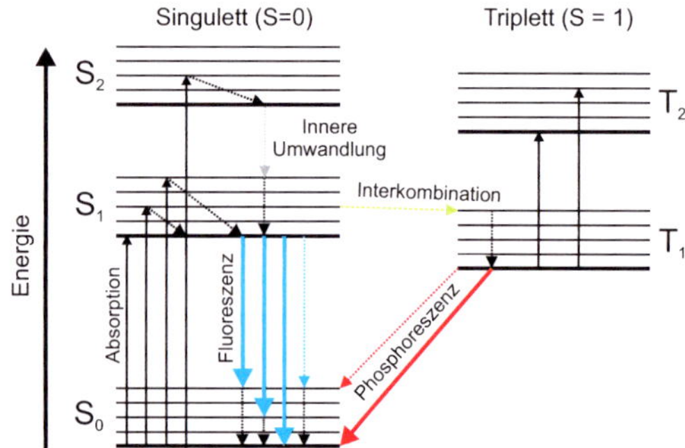

Abbildung 2.3: *Vereinfachtes Jablonski-Diagramm eines organischen Moleküls*
Dargestellt ist die Absorption in angeregte Singulett-Zustände (schwarz, durchgezogene Linien) und sowohl die strahlungslosen (gepunktet) als auch die strahlenden Übergänge (farbige, durchgezogene Linien) von angeregten Niveaus auf niedrigere Niveaus.

Für die Anwendung von lichtabsorbierenden und -emittierenden organischen Bauelementen sind die optischen Eigenschaften der Materialien von entscheidender Bedeutung. Die große Absorptionsbreite macht diese Materialien für organische Fotodetektoren sehr interessant. Fluoreszenz- und Phosphoreszenzübergänge bilden die Grundlage für organische Laser und OLEDs. Für beide Bauteilklassen ist die durch geschickte Materialwahl erzeugbare Emission im gesamten sichtbaren Bereich ein besonderes Merkmal.

Allerdings können mit organischen Halbleitermaterialien nicht Bauelemente für beliebige Wellenlängen gebaut werden. So ist das Absorptionsspektrum stabiler organischer Verbindungen auf einen Bereich von circa 220 nm bis 1000 nm eingeschränkt. Moleküle mit einfachen Doppelbindung würden bei höherenergetischer Anregung dissoziieren. Im langwelligen Bereich können Triplett-Zustände aufgrund ihres geringen Energieabstandes mit hoher Wahrscheinlichkeit thermisch angeregt werden. Diese Triplett-Zustände sind biradikalisch und Moleküle in diesem Zustand reagieren stark mit der Umgebung und können so zerfallen.

Aufgrund dieser Tatsachen wurden bisher nur wenige OLEDs und Laser entwickelt, die im UV-A-Bereich (320 - 380 nm) [10–12] oder im Infraroten emittieren [13–15]. Auf der Detektionsseite beschränkt die Materialauswahl die Effizienz von organischen Solarzellen und gestaltet die Herstellung von IR-Detektoren [16, 17] schwierig.

2.1.2 Ladungs- und Energietransfer

Der folgende Abschnitt behandelt die grundlegenden Vorgänge des Ladungs- und Energietransfers in organischen Halbleitern. Während Ersteres für optoelektronische Bauteile wie OLEDs und Fotodetektoren von Bedeutung ist, ist der strahlungslose Energietransfer zwischen Molekülen insbesondere für dotierte Materialsysteme und deren Anwendung in lichtemittierenden Bauelementen wichtig.

Ladungstransfer

Wie beschrieben, sind Elektronen auf einem organischen Molekül über π-Bindungen delokalisiert und können sich so auf dem Molekülrumpf bewegen. Der Ladungstransport zwischen den verschiedenen Molekülen in einer amorphen Schicht aus einem organischen Halbleitermaterial wird üblicherweise durch ein *Hopping*[2]-Modell zwischen lokalisierten Zuständen beschrieben [1, 18]. Durch Ladungsträgerinjektion an Elektroden oder die Entstehung von freien Ladungsträgern durch die Absorption eines Photons entstehen sogenannte Radikalkationen- bzw. anionen [19]. Dabei können Elektronen vom *LUMO* eines Radikalanions auf das *LUMO* eines Neutralatoms übergehen. Der Lochtransport erfolgt durch den Transfer eines Elektrons aus dem *HOMO* eines neutralen Moleküls zum *HOMO* des Radikalkations des Nachbarmoleküls. Neben den reinen Ladungsträgern können sich auch gebundene Ladungsträgerpaare - *Frenkel*-Exzitonen - zwischen den Molekülen über den *Hopping*-Transport bewegen [20].
Diese Vorgänge können sowohl zwischen verschiedenen Molekülen als auch zwischen Abschnitten auf langkettigen Makromolekülen stattfinden. In diesen Polymeren ist die Delokalisierung der π-Elektronen durch Knicke, Drehungen oder Verunreinigungen auf eine sogenannte effektive Konjugationslänge beschränkt. Die Konjugationslänge liegt dabei in der Größenordnung von einigen Nanometern [19].
Der *Hopping*-Transport in organischen Halbleitern bedingt eine geringe Beweglichkeit μ der Ladungsträger. Dabei bewegen sich die Löcherbeweglichkeiten μ_h im Bereich von 10^{-7}-$1\,\mathrm{cm^2V^{-1}s^{-1}}$. Letzterer Wert ist allerdings nur in Molekülkristallen wie Anthrazen erreichbar. Die Elektronenbeweglichkeit μ_e liegt meist um den Faktor 10 - 100 unter der Löcherbeweglichkeit [2]. Diese Beweglichkeiten sind um viele Größenordnungen kleiner als die anorganischer Halbleiter wie z.B. Silizium mit $> 1000\,\mathrm{cm^2V^{-1}s^{-1}}$ [21].
Aus den geringen Beweglichkeiten resultiert auch die geringe Leitfähigkeit σ dieser Materialien. Nach Gleichung 2.1 setzt sie sich aus der Elementarladung e, der Ladungsträgerdichte n und der Beweglichkeit μ zusammen. Übliche Werte für σ sind $10^{-6}\,\mathrm{S\,cm^{-1}}$ [20]. Aufgrund der großen Bandlücke von $> 2\,\mathrm{eV}$ ist die intrinsische Ladungsträgerdichte n bei Raumtemperatur sehr gering [2].

$$\sigma = e \cdot n \cdot \mu \tag{2.1}$$

Der Ladungstransport in organischen Materialien wird außerdem durch Fallenzustände (engl. *traps*) beeinflusst. Diese können durch chemische oder physikalische Defekte entstehen und Ladungsträger binden. Vor allem Elektronen werden in diesen Fallenzuständen gefangen und so in ihrer Beweglichkeit behindert.

---

[2]Englisch für hüpfen

Energietransfer

Energie kann auch über andere Prozesse zwischen Molekülen übertragen werden. Neben der Reabsorption eines ausgesandten Photons durch ein anderes Molekül ist insbesondere der strahlungslose Energietransport zwischen einem angeregtem Molekül, dem Donator (D) und einem Akzeptor (A) von Bedeutung[3]. Dies wird vor allem in dotierten organischen Materialsystemen ausgenutzt.

Dotierte Systeme bestehen aus einem Wirtsmaterial, das mit einer geringen Konzentration eines Dotierstoffes als Gastmaterial versetzt ist. Ein bekanntes Beispiel ist das System Alq_3:DCM, das in Kapitel 3 näher beschrieben wird.

Der Energietransfer zwischen Wirts- und Gastmaterial erfolgt meist durch einen *Dexter*- oder *Förster*-Transfer. Da der *Dexter*-Transfer nur eine geringe Reichweite (circa 1 nm) hat, dominiert meist der *Förster*-Transfer und wird hier daher ausschließlich betrachtet.

Der *Förster*-Transfer ist eine resonante Dipol-Dipol-Wechselwirkung, die Energie strahlungslos zwischen Singulett-Zuständen unter Spinerhaltung zwischen Donator und Akzeptor überträgt. Voraussetzung für den Prozess ist der spektrale Überlapp zwischen dem Emissionsspektrum des Donator-Moleküls und dem Absorptionsspektrum des Akzeptor-Moleküls wie in Abbildung 2.4 gezeigt [22, 23]. Ein größerer Überlapp bedingt eine größere Effizienz des Prozesses und damit der *Förster*-Transferrate K.

$$K = \frac{1}{\tau_D} \left(\frac{R_0}{R_{DA}} \right)^6 \qquad (2.2)$$

In diese Berechnung geht die mittlere Exzitonenlebensdauer des angeregten Donator-Niveaus τ_D, der Abstand zwischen den Molekülen R_{DA} und der *Förster*-Radius R_0 ein. Dieser Radius kennzeichnet den Abstand zwischen Donator und Akzeptor bei dem eine *Förster*-Transfer-Effizienz von 50 % erreicht ist. Er wird wie folgt definiert:

$$R_0{}^6 = 8{,}8 \cdot 10^{-28} \frac{\kappa^2}{n^4} \Phi_E \int f_D(\lambda) \epsilon_A(\lambda) \lambda^4 d(\lambda) \qquad (2.3)$$

In den ersten Teil der Gleichung gehen der Brechungsindex des Donator-Materials n und die Quanteneffizienz der Donatoremission Φ_E in Abwesenheit des Akzeptors. Für den Dipol-Orientierungsfaktor κ^2 wird meist ein Wert zwischen 0,476 und 0,67 angenommen [11]. Der Wert des Integrals ist der Überlapp zwischen dem normierte Donator-Spektrum $f_D(\lambda)$ und der Akzeptor-Emission $\epsilon_A(\lambda)$.

Der *Förster*-Transfer besitzt mit bis zu 3-4 nm eine relativ große Reichweite, was im Falle des oft verwendeten Materials Alq_3 ungefähr drei Moleküldurchmessern entspricht [23].

2.1.3 Strukturelle Eigenschaften

Der folgende Abschnitt soll einen Überblick über verschiedene Arten von organischen Halbleitermaterialien geben. Dabei wird nur auf die üblichsten und in dieser Arbeit verwendeten im Detail eingegangen. Für einen tieferen Einblick in diese Thematik empfiehlt sich [7, 24, 25].

---

[3]Die hier verwendeten Begriffe Donator und Akzeptor sind nicht mit der bei anorganischen Halbleiterbauelementen üblichen Sprechweise zu verwechseln.

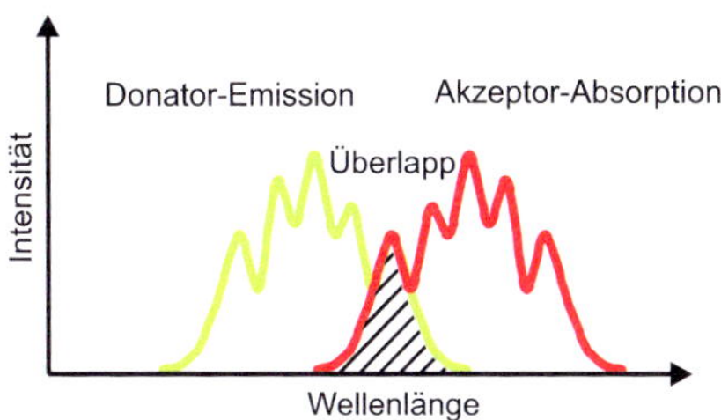

Abbildung 2.4: *Prinzip des Förster-Transfers zwischen Donator- und Akzeptormolekül*
Die Effizienz des Energietransfers hängt vom spektralen Überlapp zwischen dem Emissionsspektrum des Donators und der Absorption des Akzeptors ab.

Konjugierte Polymere

Polymermaterialien bestehen grundsätzlich aus sich wiederholenden Untereinheiten. Diese Monomere bilden in unterschiedlich langen Ketten polymere Makromoleküle aus. Dabei können sowohl gleiche als auch unterschiedliche Monomere langkettige Verbindungen eingehen. Im zweiten Fall entstehen sogenannte Copolymere.

Aufgrund der unzähligen Grundbausteine, Seitengruppen und Aufbauformen ist die Zahl verschiedener konjugierter Polymere nahezu unbegrenzt. Je nach Aufbau unterscheiden sich die Moleküle grundlegend in ihren optischen und elektronischen Eigenschaften. Das Poly(p-phenylenvinylen) (PPV) bildete den Grundstein für die Nutzung von konjugierten Polymeren in OLEDs [26]. Die chemische Struktur dieses Polymers ist in Abbildung 2.5 a) gezeigt. Ein weiterer Vertreter ist die Klasse der in OLEDs [27] und Lasern [28] verwendeten Polyfluorene (PFO). Das Material Poly(3-Hexylthiophen) (P3HT) bildet einen wichtigen Baustein für die Herstellung organischer Solarzellen und Fotodioden (siehe Kapitel 5).

Neben der Aufschleudertechnik werden in Lösung gebrachte Polymere auch über Rakeltechniken [29] und Inkjet-Drucktechniken [20, 30] aufgetragen, was eine kostengünstige Fertigung ermöglicht

Small molecules

Die Klasse der *Small molecules*[4] unterscheidet sich von den Polymeren durch ihr geringes Molekulargewicht. Eine besondere Eigenschaft ist ihre Aufdampffähigkeit. Dies macht sie für die Fabrikation von Multischicht-Bauelementen äußerst interessant. Dadurch ist auch der Einsatz mehrerer funktionaler Schichten aus speziellen Emitter- oder Transportmaterialien möglich. Neben dem Aufdampfen [31] werden auch Techniken wie die gepulste Laserdeposition (engl. *pulsed laser depostion - PLD*) [32] und der thermische Transfer (engl. *thermal transfer printing*) [20, 33] zur Abscheidung von *Small molecules* genutzt.

Ein, auch in Abbildung 2.5 b) dargestelltes, *Small molecule* ist das Metallchelat Aluminium-tris(8-Hydroxychinolin) (Alq_3). Es lässt sich universell als Emitter, Elektronenleiter und Wirtsmaterial einsetzen. Ein Beispiel für ein Dotiermaterial ist der organische Farbstoff 4-(Dicyanomethylen)-2-methyl-6-(p-dimethylaminostyryl)-4H-pyran (DCM).

---

[4]Englisch für kleine Moleküle

Fullerene

Eine besondere Struktur π-konjugierter Halbleiter bilden die Fullerene. Diese Moleküle aus Kohlenstoffatomen bilden eine eigenständige Materialklasse. Für die Entdeckung erhielten die Forscher Curl, Kroto und Smalley 1996 den Nobelpreis für Chemie [34, 35]. Das aus 60 Kohlenstoffatomen (siehe Abbildung 2.5 c) aufgebaute C_{60}-Molekül[5] ist wohl der bekannteste Vertreter. Es hat einen Durchmesser von circa 1 nm. Aufgrund der π-Konjugation ist C_{60} elektrisch leitfähig. Für die Anwendung in organischen Fotodetektoren (Kapitel 5) ist insbesondere die Elektronenaufnahmefähigkeit von Interesse.

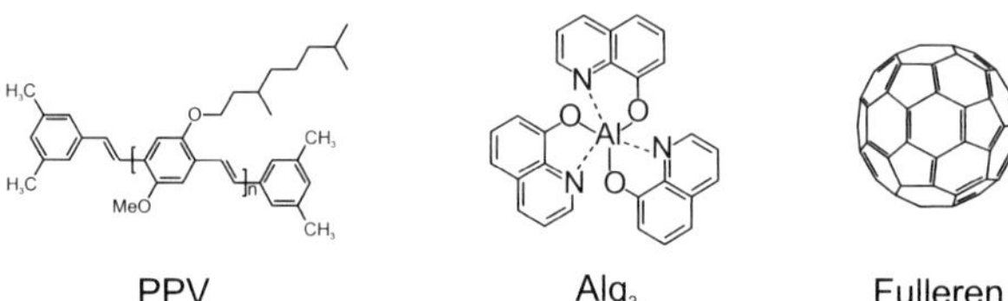

Abbildung 2.5: *Chemische Strukturen verschiedener organischer Halbleitermaterialien*
Dargestellt sind das Polymer Poly(*p*-phenylenvinylen) (PPV), das *Small molecule* Aluminium-tris(8-Hydroxychinolin) (Alq$_3$) und das C_{60}-Fulleren-Molekül.

2.2 Optoelektronische Bauelemente basierend auf organischen Halbleitern

Die Nutzung von organischen Halbleitern in organischen optoelektronischen Bauelementen ist aufgrund ihrer besonderen Eigenschaften von großem Interesse. So lassen sich sowohl lichtemittierende- als auch absorbierende Bauteile realisieren, die vor allem im sichtbaren Spektralbereich eingesetzt werden [20, 36, 37].

Die in dieser Arbeit verwendeten Bauelemente lassen sich in drei Gruppen aufteilen. Organische Leuchtdioden und organische Laser dienen als Lichtquelle für verschiedene Applikationen. Als Detektionselement werden organische Fotodetektoren eingesetzt. Auf die besonderen Eigenschaften dieser Bauelemente wird in den folgenden Kapiteln näher eingegangen.

Neben den hier besprochenen organischen optoelektronischen Bauelementen gibt es noch ein Reihe anderer, wie z.B. organische Dünnfilmtransistoren [38] und Fototransistoren [39].

2.2.1 Leuchtdioden

Leuchtdioden (engl. *light-emitting diode - LED*) bilden eine immer häufiger eingesetzte Technologie zur Lichterzeugung. Vor allem die Entwicklung von hoch effizienten LEDs aus anorganischen Halbleitermaterialien hat in den letzten Jahren neue Anwendungsfelder, z.B. in der Beleuchtung und der Displaytechnik erschlossen.

---

[5]Dies ist auch als *Buckminster-Fulleren* bekannt.

Stand der Technik

Seit der Entdeckung der Elektrolumineszenz in organischen Materialien in den 50er Jahren [40]
und den ersten organischen Leuchtdioden in den 60er Jahren [41, 42] haben sich organische
Leuchtdioden rasant entwickelt [43]. Meilensteine in der Entwicklung waren dabei die Ein-
führung einer Doppelschicht-Struktur zur Erhöhung der Effizienz durch Tang und Van Slyke
1987 [44] sowie die Weiterentwicklung zu komplexen Heterostrukturen aus *Small molecule*-
Materialien durch Adachi und Mitarbeiter 1990 [45]. Diese Art von *Small molecule*-OLEDs
(SMOLEDs) werden in den hier präsentierten Experimenten hauptsächlich verwendet.
Die Nutzung von halbleitenden lichtemittierenden Polymeren in der Gruppe um Friend gab den
Startpunkt für die Entwicklung von polymeren LEDs (engl. *polymer LED - PLED*) [26, 46].
Die durch die Anregung von Triplett-Zuständen begrenzte Effizienz von OLEDs führte zur For-
schung an der gezielten Ausnutzung der Phosphoreszenzübergänge. Hierzu werden vor allem
Iridium-Komplexe eingesetzt. Auf diese Weise können interne Quanteneffizienen von nahezu
100 % erreicht werden [8, 9, 47]. Ein weiterer Schritt zu noch effizienteren Bauteilen ist die Einführung von dotierten Transportschichten zur Verbesserung der Ladungsträgerinjektion [48].
Der Schwerpunkt der momentanen kommerziellen Entwicklung von organischen Leuchtdioden
hat die Anwendung dieser Bauelemente in Displays zum Ziel [49–51]. Hier können organische
Leuchtdioden viele ihrer spezifischen Vorteile ausspielen. So weisen Displays auf OLED-Basis
eine geringe Blickwinkelabhängigkeit, einen großen Kontrast und eine schnelle Reaktionszeit
auf. Dazu kommen die relativ kostengünstige Herstellung von sehr dünnen, leichten und ener-
gieeffizienten Bauteilen. Vor allem kleine Passiv-Matrix-Displays haben schon einen großen
Marktanteil für Anwendungen in Mobiltelefonen und MP3-Spielern gewonnen [49, 52].
Ein weiteres Gebiet mit einer starken Forschungstätigkeit ist der Einsatz von OLEDs in der
Allgemeinbeleuchtung [53]. Ein prominentes Beispiel ist die Förderinitiative des Bundesmi-
nisteriums für Bildung und Forschung zum Themenfeld „Organische Leuchtdioden" und das
EU-Projekt „OLLA" [54]. Hier stehen insbesondere die Effizienz und die Haltbarkeit von weiß
leuchtenden OLEDs im Fokus.
Neben den angesprochenen Anwendungen in der Displaytechnik und der Allgemeinbeleuchtung finden OLEDs auch zunehmend ihren Weg in andere Applikationen. Es wurden z.B. optische Tastsensoren [55] und biologische Analysesysteme [56, 57] vorgestellt, die auf einer OLED
als Lichtquelle beruhen.
Ein relativ neues Forschungsgebiet ist die Untersuchung von organischen Leuchtdioden für die
optische Datenübertragung. Neben der Dynamik der Bauelemente spielt hier auch die Ankopplung an Lichtwellenleiter ein wichtige Rolle [58–60].

Prinzip

Grundsätzlich besteht eine OLED, wie Abbildung 2.6 dargestellt, aus einem organischen lichtemittierenden Halbleitermaterial zwischen zwei Elektroden. Eine der Elektroden besteht aus
einer transparenten leitfähigen Schicht wie z.B. Indiumzinnoxid (engl. *indium tin oxide - ITO*),
um eine Lichtauskopplung zu ermöglichen. Der Aufbau zeigt bereits einige Besonderheiten organischer Leuchtdioden. So lassen sich die Schichten auch großflächig auf den verschiedensten
Substraten aufbringen, u.a. Glas, Plastik oder Silizium. Dies ist ein entscheidender Unterschied
und Vorteil gegenüber anorganischen Leuchtdioden.
Der Prozess der Lichterzeugung in einer OLED ist in Abbildung 2.7 schematisch dargestellt.
Zur Entstehung der Lichtemission wird eine Spannung zwischen den Elektroden angelegt und

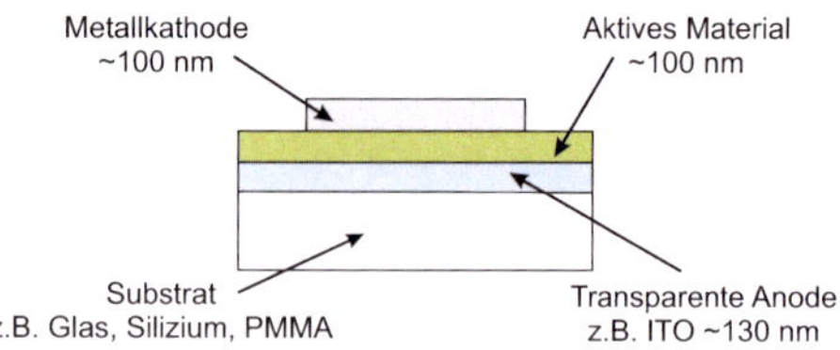

Abbildung 2.6: *Prinzipbild einer OLED*
Zwischen zwei Elektroden befindet sich eine organische, lichtemittierende Schicht. Die Anode ist meist aus einer transparenten leitfähigen Schicht. Als Substrat können verschiedene Materialien eingesetzt werden.

damit Elektronen und Löcher in die organische Schicht injiziert. Dabei gelangen die Elektronen von der Kathode in das *LUMO* des organischen Materials, Löcher werden von der Anode in das *HOMO* injiziert (Schritt 1). Die Ladungsträger bewegen sich im elektrischen Feld durch den bereits beschriebenen *Hopping*-Prozess aufeinander zu (Schritt 2). Treffen sich die Ladungsträger können sie zu einem angeregten Zustand, einem Exziton, rekombinieren. Dieses Exziton kann dann unter Lichtaussendung zerfallen (Schritt 3).

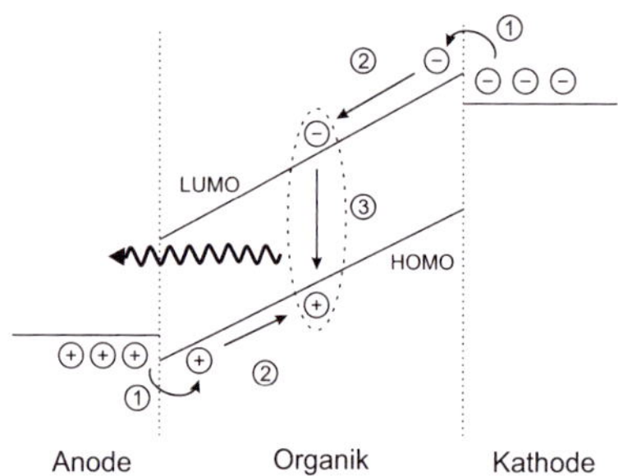

Abbildung 2.7: *Bandstruktur einer OLED unter Vorwärtsspannung*
Zur Verdeutlichung der Funktionsweise sind die Ladungsträgerinjektion (1), der Ladungsträgertransport (2) und die Rekombination unter Aussendung eines Photons (3) gekennzeichnet.

Der Ladungstransport wurde bereits in Kapitel 2.1.2 näher erläutert. Im Folgenden werden daher die Ladungsträgerinjektion und der Rekombinations- und Emissionsprozess erklärt. Details zu diesen Prozessen finden sich u.a. in [2, 19, 25].

Ladungsträgerinjektion
Zur Injektion von Ladungsträgern aus den Elektroden müssen die Potentialbarrieren zwischen der Anode und dem *HOMO* der Organik sowie der Kathode und dem *LUMO* der Organik überwunden werden. Die Injektion der Ladungsträger kann durch thermische Aktivierung von Strukturdefekten und Unreinheiten in der organischen Schicht sowie durch einen *Fowler-Nordheim*-Tunnelprozess im elektrischen Feld modelliert werden. Ein genaueres Modell von Arkhipov und Mitarbeitern beschreibt die Injektion von Ladungsträgern durch einen *Hop-*

ping-Prozess von der Metallelektrode in lokalisierte elektronische Zustände im organischen Halbleiter [61].

Die in Abbildung 2.8 b) exemplarisch gezeigte I-U-Kennlinie einer OLED weist ein typisches Diodenverhalten auf. Bei Betrieb unter Vorwärtsspannung wird ab einer bestimmten Spannung (typ. 2-10 V) die Barriere zur Ladungsträgerinjektion soweit verringert, dass der Strom exponentiell mit der Spannung steigt. In Rückwärtsrichtung fließt nur ein sehr kleiner Sperrstrom. Zur verlustarmen Ladungsträgerinjektion sind also möglichst niedrige Energiebarrieren notwendig. Auf der Anodenseite sollte das Elektrodenmaterial eine große Austrittsarbeit haben. Geeignete Materialien sind ITO oder Gold. Das Kathodenmaterial sollte dagegen eine sehr kleine Austrittsarbeit aufweisen. Hier werden oft Aluminium oder Erdalkalimetalle wie Kalzium eingesetzt. Allerdings reagieren besonders Letztere leicht mit Luftsauerstoff, was eine gute Verkapselung der Bauteile notwendig macht.

Um die Energiebarrieren zwischen den Elektroden und der Organik zu verringern, werden auch zunehmend zusätzliche Schichten für die Ladungsträgerinjektion und -transport eingesetzt.

Rekombination und Emission

Die injizierten Ladungsträger durchwandern aufgrund des elektrischen Feldes die organische Schicht und können rekombinieren. Diese Rekombination ist ein bimolekularer Prozess[6] bei dem ein angeregtes Molekül bzw. Polymersegment entsteht. Dieser, auch *Langevin*-Rekombination genannte Prozess, beruht auf der Coulombanziehung zwischen Elektronen und Löchern. Eine Rekombination findet statt, wenn der Ladungsträgerabstand kleiner als der Coulombradius r_C wird.

$$r_C = \frac{q^2}{4\pi\epsilon_0\epsilon_r k_b T} \tag{2.4}$$

In die Gleichung gehen die Elementarladung q, die Boltzmann-Konstante k_b, die Temperatur T, die Permittivität des Vakuums ϵ_0 und die Dielektrizitätskonstante ϵ_r ein. Der Radius kann in diesen Materialien mit einem ϵ_r von 3-4 einen Wert von $\approx$ 15-20 nm haben [19, 25].

Durch die Rekombination entstehen Singulett- als auch Triplettexzitonen, die theoretisch in einem Verhältnis von 1:3 auftreten. Über einen Triplett-Triplett-Annihilationsprozess werden indirekt noch weitere Singulett-Exzitonen gebildet. Die Singulett-Exzitonen zerfallen dann unter Aussendung von Photonen. Insgesamt beträgt die maximale Quanteneffizienz für die Singulett-Emission nur $\approx$ 40 % [62]. Dieses Problem wird, wie in Kapitel 2.1.1 erläutert, durch das Einbringen von effizienten Triplett-Emittern umgangen.

Ein typisches Emissionsspektrum einer Polymer-OLED ist in Abbildung 2.8 b) gezeigt. Die Emission ist aufgrund der vielfältigen Übergangsmöglichkeiten von angeregten Zuständen in organischen Halbleitern relativ breit ($\approx$ 90 nm Halbwertsbreite). Eine Verringerung der Breite der Emission ist durch den Einsatz eines Resonators ähnlich zum Aufbau einer anorganischen RCLED (engl. *resonant cavity light-emitting diode*) möglich [63].

Eine OLED im Betrieb zeigt die Fotografie in Abbildung 2.9. Ein besonderes Merkmal dieser OLED ist die Strukturierung der aktiven Fläche. Diese Methodik wird in Kapitel 3.3 vorgestellt und bildet die Basis für die Nutzung von organischen Leuchtdioden in mikrooptischen Systemen.

---

[6]Im Gegensatz zu anorganischen Halbleitern sind die Ladungsträger immer an ein Molekül gebunden und nicht vollständig frei beweglich.

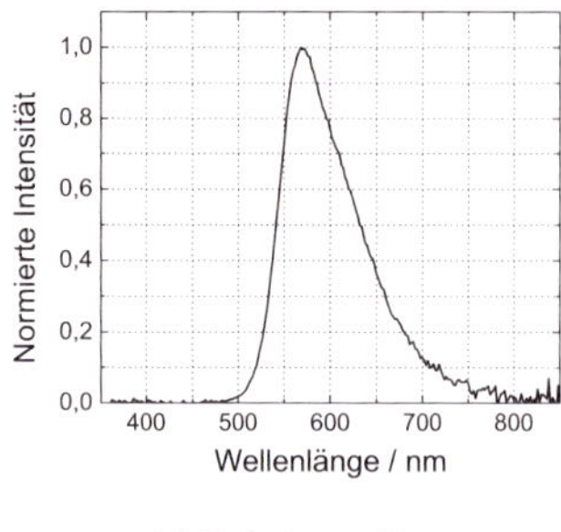

(a) Emissionsspektrum

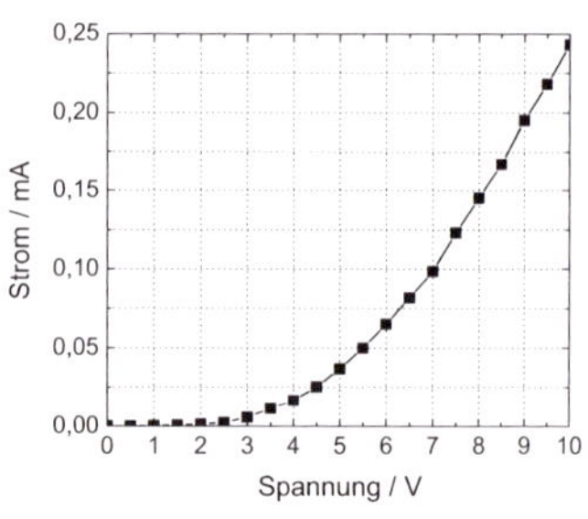

(b) I-U-Kennlinie

Abbildung 2.8: *Emissionsspektrum und I-U-Kennlinie einer organischen Leuchtdiode*
Als Material kommt das PPV-Derivat MDMO zum Einsatz.

Abbildung 2.9: *Bild einer OLED im Betrieb*
Die aktiven Fläche der Alq_3:DCM-OLED wurde fotolithografisch strukturiert.

Kenngrößen organischer Leuchtdioden

Wichtige Merkmale organischer Leuchtdioden sind ihre elektrischen und optischen Kenngrößen. So sind Parameter wie die Betriebsspannung und das Ausgangsspektrum wichtig für viele Anwendungen. Ein entscheidender Punkt ist auch die Effizienz der Umwandlung von elektrischer Energie in Strahlung. Diese Kenngrößen werden im Folgenden näher beschrieben.

Einsatzspannung und Arbeitspunkt
Als Einsatzspannung wird der Punkt bezeichnet, beim dem eine OLED anfängt Licht zu emittieren. Dazu muss die angelegte Spannung ungefähr so groß wie der Differenz zwischen den Austrittsarbeiten der Elektroden und dem *HOMO-LUMO*-Niveau der organischen Schicht sein, um eine Injektion von Ladungsträgern in das Bauteil zu ermöglichen. Wie bereits angesprochen werden zur Verringerung der Potentialbarrieren sowohl Elektroden mit günstig liegenden Austrittsarbeiten als auch zusätzliche Schichten, die die Potentialbarriere schrittweise anpassen, verwendet. Übliche Werte für die Einsatzspannung sind 2-4 V für optimierte Bauteile.
Der Arbeitspunkt organischer Leuchtdioden wird nach zwei Kriterien gewählt. Das Erste ist

die möglichst große, aber trotzdem effiziente Lichtausbeute, das Zweite ist die Lebensdauer
der Leuchtdioden. Spannungsabhängige Degradationsprozesse in den OLEDs verringern die
Lebensdauer. Daher wird meist ein Kompromiss aus Lichtausbeute und angestrebter Lebensdauer geschlossen. Durch Verbesserungen in der Materialsynthese und der Verkapselung von
OLEDs sind inzwischen Lebensdauern von mehreren 10000 Stunden erreicht worden [64].
Aufgrund ihrer exponentiellen Kennlinie sollten OLEDs nicht unmittelbar an einer Spannungsquelle angeschlossen werden, um nicht in die Gefahr zu kommen, den Arbeitspunkt zu weit in
den stark ansteigenden Bereich zu verschieben. Ideal ist der Einsatz einer Konstantstromquelle
zum Anschluss an eine OLED.

Externe und interne Quanteneffizienz
Entscheidend für eine effiziente Lichterzeugung ist das Verhältnis ausgesandter Photonen pro
Zeiteinheit, also der optischen Ausgangsleistung P_{opt} zur Anzahl der Ladungsträger I, die pro
Zeiteinheit in das Bauteil fließen:

$$\eta_{ext} = \frac{\lambda q}{hc} \frac{P_{opt}}{I} \tag{2.5}$$

In die Berechnung der externen Quanteneffizienz η_{ext} fließen außerdem das Planck'sche Wirkungsquantum h, die optische Wellenlänge λ und die Elementarladung q ein.
Die externe Quanteneffizienz hängt von mehreren Faktoren ab. Zum einen von der Effizienz der
Lichterzeugung im Bauteil, also der inneren Quanteneffizienz η_{int}, zum anderen von der wirk-
lich aus dem Bauteil extrahierten Strahlungsleistung.
Die Prozesse, die die interne Quanteneffizienz dominieren, sind in Abbildung 2.10 schematisch zusammengefasst. Nach der möglichst barrierefreien Injektion der Ladungsträger können
diese rekombinieren. Die Effizienz dieses Prozesses hängt entscheidend vom Verhältnis der La-
dungsträgeranzahl im Bauteil ab. Nur bei einem ausgeglichenen Verhältnis können nahezu alle
Ladungsträger rekombinieren. Durch die Generation von Triplett-Exzitonen geht ein großer Teil
der nutzbaren Exzitonen verloren. Nur ein kleiner Teil davon kann über eine verzögerte Fluoreszenz doch noch das Bauteil verlassen. Auch die Emission der Singuletts ist mit Verlusten
behaftet.
Die generierte Strahlung trifft auf dem Weg aus dem Bauteil auf eine Vielzahl von optischen
Grenzflächen und Materialien, die u.a. Totalreflexion und Absorption hervorrufen [65]. Diese
Verluste werden durch den optischen Wirkungsgrad η_{opt} quantifiziert. Es gibt eine Reihe von
Bemühungen auch diesen Wirkungsgrad durch geeignete Maßnahmen zu erhöhen [66–68].
Die externe Quanteneffizienz ist somit das Produkt aus der internen Quanteneffizienz und dem
optischen Wirkungsgrad:

$$\eta_{ext} = \eta_{int}\eta_{opt} \tag{2.6}$$

Radiometrische und photometrische Größen
Für die Anwendung von Leuchtdioden ist die Quantisierung der Ausgangsstrahlung extrem
wichtig. Dabei wird zwischen radiometrischen und photometrischen Größen unterschieden.
Während in der Radiometrie nur rein physikalische Größen eine Rolle spielen, wird in der
Photometrie die Empfindlichkeitsfunktion des menschlichen Auges zur Strahlungsbewertung
herangezogen. Wichtige Größen sind hier die Leuchtdichte, der Lichtstrom und die Lichtausbeute. In dieser Arbeit sind solche Größen allerdings nicht relevant, da hier keine Strahlungs-
wahrnehmung mit dem Auge erfolgt.

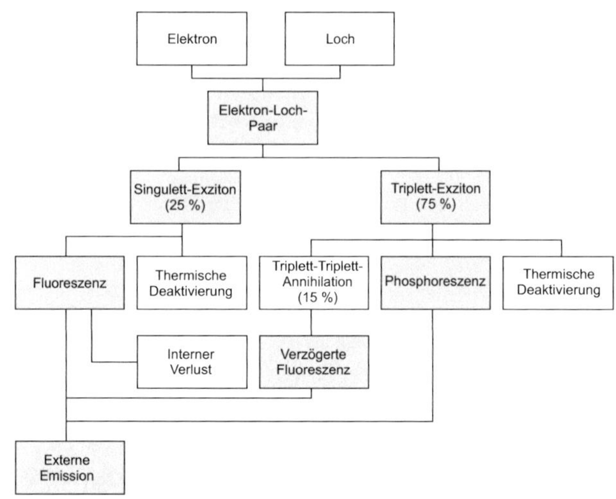

Abbildung 2.10: *Relevante Prozesse für die externe Quanteneffizienz einer OLED (nach [62])*
Über die Rekombination von injizierten Ladungsträgern entstehen Exzitonen. Durch verschiedene Prozesse kommt es zur externen Emission. (Die Prozentangaben beziehen sich auf die Gesamtzahl der erzeugten Exzitonen.)

Für die hier behandelten Anwendungen in der Datenübertragung und integrierten Beleuchtung spielen nur die radiometrischen Größen eine Rolle. Besonders wichtig sind hier der spektrale Strahlungsfluss $\Phi_{e\lambda}$ [W/nm] und die Strahldichte L_e [W/(m^{2}sr)]. Besonders Letzteres ist für mikrostrukturierte Leuchtdioden von Bedeutung, da dort möglichst viel Leistung aus einer kleinen Fläche emittiert werden soll.

Besonderheiten bei der Verwendung organischer Leuchtdioden

Für die Nutzung von organischen Leuchtdioden gilt es einige Besonderheiten zu beachten. Diese Art von Leuchtdioden bieten eine ganze Reihe von Vorteilen, allerdings auch gewisse Probleme in einigen Bereichen.
Vergleicht man organische mit herkömmlichen anorganischen Leuchtdioden gibt es eine Reihe von Unterschieden. Anorganische LEDs beruhen auf einem *pn*-Übergang in einem kristallinen Halbleitermaterial wie z.B Gallium-Arsenid (GaAs). Die Herstellung ist aufwändig und die Erzeugung von bestimmten Spektralbereichen ist nicht ohne weiteres möglich. OLEDs basieren dagegen auf amorphen organischen Materialien, die kostengünstig auch auf flexible Substrate aufgebracht werden können. Das Spektrum der Lichtemission lässt sich durch eine geschickte Materialwahl fast beliebig einstellen. Anorganische LEDs haben sehr kleine Abmessungen der emittierenden Fläche im µm bis mm-Bereich. Sie können daher für die meisten Anwendungen als Punktlichtquelle angesehen werden. Im Gegensatz dazu sind organische Leuchtdioden durch verschiedene Methoden nahezu beliebig strukturierbar. Sowohl sehr kleine ($< 1\,\mu m^2$) als auch große ($> 100\,cm^2$) Bauteile lassen sich produzieren. Begrenzt wird die Größe allerdings durch

die Leitfähigkeit der Elektroden über längere Strecken. Eine Besonderheit bietet die Möglichkeit die Form der OLED spezifisch an die Anwendung anzupassen. Dies eröffnet ganz neue Wege der Nutzung einer Lichtquelle, die mit herkömmlichen Leuchtmitteln nicht zu erreichen sind.

Eine Herausforderung für organische Leuchtdioden bleibt ihre Lebensdauer. Anorganische Leuchtdioden können Lebensdauern von bis zu 100000 Stunden erreichen. Bei organischen Leuchtdioden spielt die Reinheit der Materialien und eine gute Verkapselung eine sehr wichtige Rolle. Aber auch bei OLEDs wurden schon Lebensdauern erreicht, die vergleichbar zu denen anorganischer Bauteile sind [64].

2.2.2 Fotodioden

Die Detektion von optischen Signalen spielt sowohl in Datenübertragungs- als auch in Sensorsystemen eine wichtige Rolle. Dabei sind einerseits ein schnelles Ansprechverhalten als auch eine hohe Empfindlichkeit der Detektionselemente von Bedeutung.

Fotodioden sind Halbleiterbauelemente, die bei Einfall ausreichend energiereicher Strahlung einen Fotostrom generieren. Durch den inneren fotoelektrischen Effekt werden Elektronen-Loch-Paare erzeugt, die durch das interne elektrische Feld oder an Grenzflächen zwischen verschiedenen Materialien getrennt werden. An einem *pn*-Übergang bildet sich eine sogenannte Verarmungszone oder Sperrschicht durch die Rekombination von Majoritäts- und Minoritätsladungsträgern aus.

Man unterscheidet je nach Wirkungsprinzip des Halbleiterübergangs u.a. *pn-*, *pin-*, Schottky- und Avalanche-Fotodioden. Organische Fotodioden (engl. *organic photodiode - OPD*) beruhen teilweise auf anderen Prinzipien der Ladungsträgergeneration, verhalten sich im Betrieb jedoch sehr ähnlich wie Fotodioden aus anorganischen Halbleitermaterialien. Daher wird für die Erläuterung der schaltungstechnischen Grundlagen und Kenngrößen nicht zwischen beiden Arten unterschieden.

Im Folgenden wird auf das Ersatzschaltbild, die charakteristische Kennlinie und die für den Einsatz von Fotodioden wichtigen Kenngrößen eingegangen. Der Einsatz von organischen Halbleitermaterialen in Fotodioden wird im Anschluss daran erläutert.

Kennlinie einer Fotodiode

Die Kennlinie einer Fotodiode zeigt einen charakteristischen Verlauf, der in Abbildung 2.11 dargestellt ist. Wichtige Kenngrößen der Kennlinie sind der Kurzschlussfotostrom I_{ph} und die Leerlaufspannung U_0. Wird das Bauelement ohne äußere Vorspannung an einem Lastwiderstand R_L betrieben, spricht man vom Fotoelement- oder Solarzellenbetrieb (engl. *photovoltaic mode*). In dieser Betriebsart verursacht der durch Lichteinfall generierte Diodenstrom einen Spannungsabfall am Lastwiderstand. Der Arbeitspunkt einer Solarzelle liegt also im 4.Quadranten und dem System kann eine elektrische Leistung entnommen werden. Das Verhältnis von eingestrahlter Leistung P_{opt} zur generierten elektrischen Leistung P_{el} definiert den Wirkungsgrad η von Solarzellen. Dieser variiert stark mit dem verwendeten Materialsystem und liegt bei handelsüblichen Silizium-Solarzellen bei circa 15 % [69].

Fotodioden werden entweder im 3. oder 4. Quadranten betrieben. Hier spielt im Gegensatz zur Solarzelle weniger die Stromerzeugung als vielmehr die Detektionseigenschaften wie Empfindlichkeit und Linearität eine Rolle. Eine Fotodiode mit einem großen Lastwiderstand erzeugt zwar einen großen Spannungsabfall, allerdings ist das lineare Verhalten bei unterschiedlichem

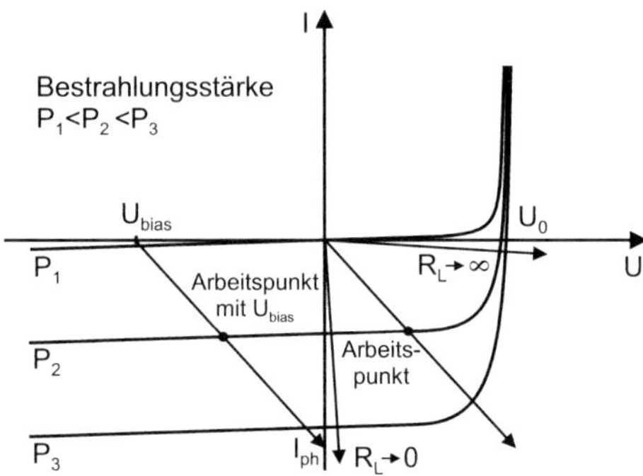

Abbildung 2.11: *Kennlinie einer Fotodiode bzw. Solarzelle*

Lichteinfall aufgrund der Diodenkennlinie nicht gegeben. Daher verwendet man für messtechnische Aufgaben entweder einen sehr kleinen Lastwiderstand oder man legt eine Rückwärts- oder Vorspannung U_{bias} (engl. *bias voltage*) an die Diode, um den Arbeitspunkt in den 3.Quadranten zu verschieben. Auf diese Weise ist der Fotostrom trotz großen Lastwiderstandes direkt proportional zur absorbierten Strahlung. Zusätzlich verbessert diese Beschaltung das zeitliche Ansprechverhalten der Fotodiode (siehe auch Kapitel 5.6).

Ersatzschaltbild

Eine Fotodiode ist prinzipiell eine Stromquelle mit einer parallel geschalteten Diode (siehe Abbildung 2.12). Der erzeugte Fotostrom wird durch die Stromquelle repräsentiert und der *pn*-Übergang durch die Diode. Die Kenngrößen einer Fotodiode werden zusätzlich von den Größen der Diodenkapazität C_D, des Parallel- oder Shuntwiderstandes R_{sh} und des Serienwiderstandes R_S beeinflusst. Der Ausgangstrom I_0 setzt sich also aus der Differenz des generierten Fotostroms I_{ph}, des Diodenstroms I_D und des Shuntstroms I_{sh} zusammen (Gleichung 2.7). Über einen Lastwiderstand R_L kann dann die Ausgangspannung U_A detektiert werden.

$$I_0 = I_{ph} - I_D - I_{sh} \tag{2.7}$$

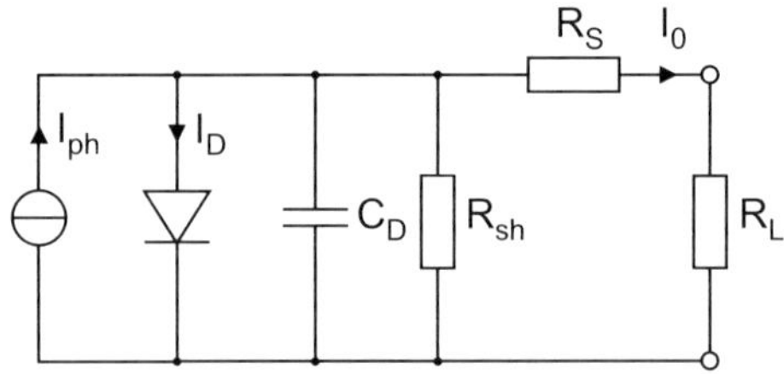

Abbildung 2.12: *Ersatzschaltbild einer Fotodiode*

Kenngrößen von Fotodioden

Für die Anwendung einer Fotodiode in der Praxis spielen neben den geometrischen Eigenschaften insbesondere die optoelektronischen Kenngrößen eine Rolle. Diese können in verschiedene Teile gegliedert werden. Die spektrale Empfindlichkeit bestimmt den Einsatzbereich der Fotodiode. Sie wird durch die unterschiedliche Absorption verschiedener Halbleitermaterialien bestimmt. Einen weiteren Teil bildet die Quanteneffizienz. Sie ist ein Maß für den Wirkungsgrad der Umwandlung von einfallenden Photonen in detektierbare Elektronen. Die Linearität kennzeichnet den (idealerweise) linearen Zusammenhang zwischen einfallender Strahlung und dem Fotostrom. Wichtig für die Detektion geringer Lichtleistungen ist das Fotodioden-interne Rauschen, das das minimal detektierbare Signal limitiert. Als letzter wichtiger Punkt sind die dynamischen Eigenschaften der Fotodiode zu nennen. Diese sind besonders für die Detektion kurzer Lichtpulse in der Messtechnik bzw. für die Erzielung hoher Datenraten in der optischen Nachrichtentechnik von Bedeutung. Im Folgenden werden die charakteristischen Kenngrößen näher betrachtet.

Spektrale Empfindlichkeit
Die spektrale Empfindlichkeit steht in direktem Zusammenhang mit der Absorption im verwendeten Halbleitermaterial. Übliche Fotodioden aus Silizium können Licht in einem Wellenlängenbereich von circa 200-1100 nm detektieren. Organische Fotodioden sind besonders im sichtbaren Spektralbereich empfindlich.
Der von einer Fotodiode erzeugte Strom I_{ph} hängt von der Stärke der einfallenden Lichtleistung P_{opt} bei einer bestimmten Wellenlänge λ ab. Die spektrale Empfindlichkeit $R(\lambda)$ (engl. *responsivity*) definiert sich also zu:

$$R(\lambda) = \frac{I_{ph}}{P_{opt}} \tag{2.8}$$

Quanteneffizienz
Die auf einen realen Detektor auftreffenden Photonen werden nie vollständig in Elektronen umgewandelt. Durch Verluste an optischen Grenzflächen, nicht vollständige Absorption der Photonen und Effekten wie der Rekombination von erzeugten Ladungsträgern ist der Wirkungsgrad einer Fotodiode nie 100 %. Um diese Verlustprozesse zu berücksichtigen, unterscheidet man die externe und interne Quanteneffizienz einer Fotodiode. Die externe Quanteneffizienz η_{ext} (engl. *external quantum efficiency - EQE*) eines Detektors beschreibt das Verhältnis der erzeugten Ladungsträger, die in der externen Schaltung zur Verfügung stehen, zur Anzahl der auftreffenden Photonen. Die interne Quanteneffizienz η_{int} ist definiert als das Verhältnis der erzeugten Elektron-Loch-Paare zur Anzahl der tatsächlich absorbierten Photonen.
Während in der praktischen Anwendung nur die externe Quanteneffizienz eine Rolle spielt, ist es dennoch wichtig, auch die interne Quanteneffizienz zu betrachten. Durch sie können Rückschlüsse auf die Effizienz der Ladungsträgergenerierung und den Transport zu den Elektroden gezogen werden. Die externe Quanteneffizienz steht im Zusammenhang mit der spektralen Empfindlichkeit:

$$\eta_{ext} = R(\lambda)\frac{hc}{\lambda q} = 1240\frac{I_{ph}}{\lambda[nm]P} \tag{2.9}$$

Das *Planck*'sche Wirkungsquantum ist durch h gekennzeichnet, die Lichtgeschwindigkeit durch c, die optische Wellenlänge durch λ und die Elementarladung durch q.

In diesem Zusammenhang ist es von Bedeutung, dass der Fotostrom proportional zur Anzahl der einfallenden Photonen ist und nicht von der Photonenenergie abhängt. Höherenergetische Photonen erzeugen die gleiche optische Leistung bei einer geringeren Photonenanzahl im Vergleich zu niederenergetischen Photonen. Dies hat zur Folge, dass die spektrale Empfindlichkeit zu geringeren Wellenlängen abnimmt, selbst wenn die Quanteneffizienz den gleichen Betrag hat.

Linearität

Für viele Anwendungen ist es von Bedeutung, dass der detektierte Fotostrom linear proportional zur einfallenden Strahlung ist. Insbesondere in der Sensorik und Messtechnik müssen oft relative Änderungen der Strahlungsleistung gemessen werden. Ein idealer Detektor sollte über einen großen Bereich annähernd linear sein. Der Dunkelstrom der Fotodiode bestimmt das untere Limit des Linearitätsbereiches. Der interne Serienwiderstand der Fotodiode ist für einen Sättigungseffekt im oberen Bereich verantwortlich. Übliche Fotodioden sind über 6-9 Dekaden linear. Durch Anlegen einer Rückwärtsspannung kann der Linearitätsbereich der Fotodiode noch vergrößert werden. Dies geht jedoch meist mit einem höheren Dunkelstrom einher.

Rauschverhalten

Das Rauschverhalten einer Fotodiode bestimmt entscheidend, welche minimale Lichtleistung noch detektiert werden kann. Das Rauschen einer Fotodiode ist die Summe aus thermischem Rauschen und Schrotrauschen (engl. *shot noise*). Thermisches Rauschen wird durch thermisch aktivierte Generation von Ladungsträgern im Shuntwiderstand R_{sh} der Diode hervorgerufen. Der dadurch entstehende Strom hat eine Amplitude von:

$$I_{th} = \sqrt{\frac{4k_b T \Delta f}{R_{sh}}} \tag{2.10}$$

Dabei bezeichnet k_b die Boltzmann-Kostante, T die absolute Temperatur und Δf die Messbandbreite.

Das Schrotrauschen I_{sh} des Detektors wird durch statistische Fluktuationen sowohl des Dunkelstroms I_d als auch des Fotostroms I_{ph} generiert. Es ist definiert als:

$$I_{sh} = \sqrt{2q(I_d + I_{ph})\Delta f} \tag{2.11}$$

Das Gesamtrauschen I_{ges} des Detektors beträgt also:

$$I_{ges} = \sqrt{I_{th}^2 + I_{sh}^2} \tag{2.12}$$

Die untere Grenze der Detektion ist durch die rauschäquivalente optische Leistung (engl. *noise equivalent power - NEP*) definiert. Der generierte Fotostrom muss dazu äquivalent zum Gesamtrauschstrom sein. Zusammen mit der spektralen Empfindlichkeit $R(\lambda)$ ist die rauschäquivalente optische Leistung dann:

$$NEP = \frac{I_{ges}}{R(\lambda)} \tag{2.13}$$

Einsatz organischer Materialien

Der größte Teil der zurzeit verwendeten Fotodioden und Solarzellen basiert auf dem anorganischen Material Silizium. Am Einsatz organischer Verbindungen in Fotodioden und Solarzellen wird in den letzten Jahren massiv geforscht [20].

Stand der Technik
Die Erfolge auf dem Gebiet der organischen Solarzellen [70–73] machen den Einsatz organischer Halbleitermaterialien auch in anderen Arten von Detektoren attraktiv. Es wurden sowohl Fotowiderstände [74], Fotodioden [16, 75–77] als auch lichtempfindliche organische Feldeffekttransistoren entwickelt [78]. Im Gegensatz zu Fotoempfängern aus anorganischen Materialien besitzen organische Fotodetektoren einige Merkmale, die ihre Verwendung sehr interessant macht. Ihre Herstellung basiert auf Aufdampf- oder Flüssigphasenaufbringung der organischen Materialien, wobei besonders Letzteres die Möglichkeit eröffnet, solche Bauteile in einem schnellen und kostengünstigen Rolle-zu-Rolle-Druckverfahren [20] zu produzieren. Organische Detektoren sind einfach strukturierbar und können auch großflächig aufgebracht werden. Dabei kommen nicht nur starre Substrate wie Glas in Betracht, sondern auch die Aufbringung auf flexiblen Untergründe wie Folien [76, 79] und sogar Papier [80] wurde schon demonstriert.

Die verwendeten organischen Halbleitermaterialien weisen hohe Absorptionskoeffizienzen ($> 10^5\,\mathrm{cm}^{-1}$) im ultravioletten und sichtbaren Spektralbereich auf, der die Realisierung sehr dünner Bauteile ermöglicht. Materialien, die im Nahen-Infrarot absorbieren, haben oft eine geringe thermische und chemische Stabilität, doch auch für diesen Wellenlängenbereich wurden schon Detektoren gebaut [16, 81, 82]. Die geringe Empfindlichkeit für infrarote Strahlung und die relativ langsamen Ansprechzeiten im Vergleich zur anorganischen Fotodetektoren haben eine Verwendung organischen Fotodioden in herkömmlichen Datenübertragungssystemen bisher verhindert.

Schnelle Fotodioden für den sichtbaren Spektralbereich wurden aus dünnen Schichten von *Small molecule*-Materialien hergestellt [83, 84]. Diese Bauteile zeigen Ansprechzeiten im Nanosekundenbereich, nachteilig ist jedoch ihr aufwändiger Produktionsprozess, bedingt durch die Multischichtstrukturen. Bislang wenig untersucht ist die Verwendung von Polymermaterialien in schnellen Fotodetektoren [85].

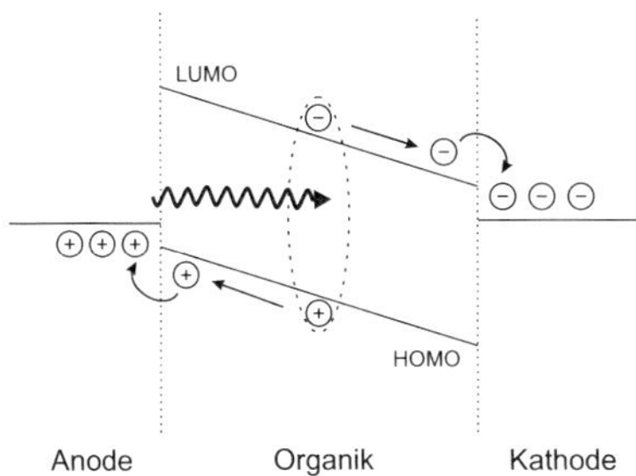

Abbildung 2.13: *Bandstruktur einer organischen Fotodiode im Kurzschlussbetrieb*

Prinzip organischer Fotodioden

Sowohl organische Solarzellen als auch organische Fotodioden basieren auf einem fotoaktiven Material, das sich zwischen zwei Elektroden befindet. Die Anode ist üblicherweise transparent, so dass einfallende Strahlung durch das Substrat und die Anode auf die aktive Schicht trifft. Die lichtabsorbierende Schicht kann aus einem Material oder aus einer Materialkomposition bestehen. Einfallende Photonen erzeugen Exzitonen, die durch ein elektrisches Feld in freie Ladungsträger getrennt werden. Die Ladungsträger werden dann zu den Elektroden transportiert und generieren einen Fotostrom in einer externen Schaltung (siehe Abbildung 2.13).

Die ersten organischen Fotozellen hatten extrem niedrige Effizienzen [86]. Der Grund hierfür liegt in den hohen Bindungsenergien (0,1-1 eV) der durch Lichteinfall erzeugten Exzitonen [87]. Diese können ohne externes Feld nur schwer getrennt werden, diffundieren in der organischen Schicht und rekombinieren nach typischerweise 1-10 nm [88, 89]. Da die aktive Schicht meist viel größer als die Diffusionslänge der Exzitonen ist, fließt nur ein sehr kleiner Fotostrom.

Eine starke Verbesserung der Effizienzen konnte in der Arbeit von Tang [90] durch die Kombination eines Elektronendonators und eines Elektronenakzeptors erreicht werden. Bei diesem Konzept bilden zwei Materialien einen sogenannten Heteroübergang (engl. *heterojunction*) an dem eine effiziente Exzitonentrennung stattfinden kann. Die beiden Materialien haben unterschiedliche Elektronenaffinitäten und Austrittsarbeiten. Das Prinzip des Heteroübergangs ist in Abbildung 2.14 a) für eine Zwei-Schicht-Struktur gezeigt. Ein einfallendes Photon wird absorbiert und regt ein Donatormolekül an, was zur Bildung eines Exzitons führt (Schritt 1). Diffundierende Exzitonen (Schritt 2), die auf die Grenzfläche zwischen den beiden Materialien treffen, werden getrennt (Schritt 3) und die entstehenden Ladungsträger fließen aufgrund des internen elektrischen Feldes zu den Elektroden ab (Schritt 4). Um zu verhindern, dass die Exzitonen innerhalb ihrer Diffusionslänge rekombinieren, werden vor allem zwei Konzepte verfolgt: eine Multischichtstruktur (siehe Abbildung 2.14 b) und die sogenannte *Bulk-Heterojunction* [71, 91–93]. Beim ersten Konzept sind die Schichtdicken der abwechselnd aufgetragenen Materialien dünner als die Diffusionslänge der Exzitonen, was zu einer effektiven Ladungstrennung führt [83]. Dieses Verfahren beruht auf der Verwendung von aufdampfbaren Materialien der *Small molecule*-Klasse.

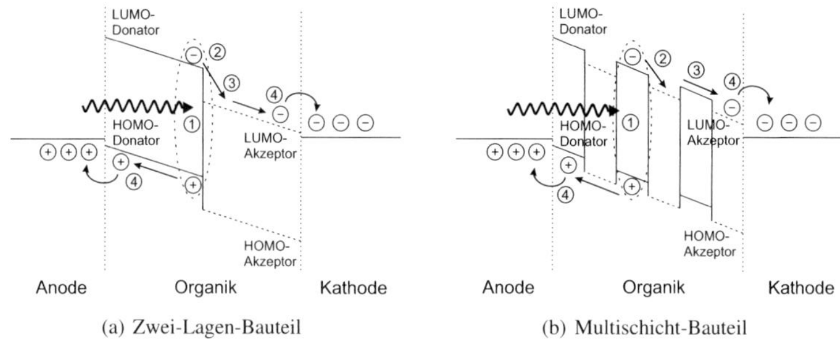

(a) Zwei-Lagen-Bauteil (b) Multischicht-Bauteil

Abbildung 2.14: *Schema verschiedener Bandstrukturen organischer Fotodioden*

Prinzip der Bulk-Heterojunction

Ein zweites, sehr erfolgreiches, Konzept basiert auf der Mischung von einem Donator- und einem Akzeptormaterial. Die Materialien lösen sich nicht komplett, sondern bilden ein Phasengemisch aus. Dadurch ist die Anzahl der vorhandenen Grenzflächen extrem erhöht und die Exzitonendiffusionslänge ist meist kleiner als die Phasengröße. Dies führt zur Erzeugung von freien Ladungsträgern über die gesamte Bauteildicke. Voraussetzung hierfür ist eine durchgehende Verbindung der einzelnen Phasen zu den Elektroden, damit die Ladungsträger abfließen können.

Die Abbildungen 2.15 a) und b) sollen die Vorgänge bei der Absorption von Licht in einer *Bulk-Heterojunction* verdeutlichen. Es ist ein Schema der Schichtstruktur und die korrespondierende Bandstruktur gezeigt. Auf die Fotodiode treffendes Licht regt das Donatormaterial optisch an und es werden Exzitonen erzeugt (Schritt 1). Die Exzitonen diffundieren innerhalb des Donatormaterials und werden getrennt, sobald sie auf eine Grenzfläche zwischen Donator und Akzeptor treffen (Schritt 2). Dieser Vorgang spielt sich innerhalb von $\approx 45\,\text{fs}$ ab [93]. Die resultierenden metastabilen Elektronen-Loch-Paare sind schwach gebunden und müssen durch ein elektrisches Feld getrennt werden. Dies geschieht entweder durch ein internes Feld oder durch eine extern angelegte Spannung. Das interne Feld wird durch den Unterschied in den Austrittsarbeiten der Elektrodenmaterialien hervorgerufen [71].

Die freien Ladungsträger können auf zusammenhängenden Pfaden bis zu den Elektroden transportiert werden und einen Fotostrom hervorrufen (Schritt 3). Durch die effektive Ladungstrennung an den Grenzflächen kann die Absorption von Photonen also in der gesamten aktiven Schicht erfolgen, ohne dass die geringen Diffusionslängen von 5-10 nm [89] die Bauteileigenschaften negativ beeinflussen.

Als Materialien kommen meist Mischungen aus gelösten Polymeren (z.B. P3HT) und Fullerenen (z.B. PCBM) zum Einsatz, die über ein Aufschleuderverfahren aufgebracht werden können. Ein Vorteil gegenüber Bauteilen mit Multischichtstrukturen ist der sehr viel einfachere Herstellungsprozess, der ohne Hochvakuumtechnik auskommt. Auch die in dieser Arbeit untersuchten organischen Fotodioden beruhen auf dem Prinzip der *Bulk-Heterojunction*.

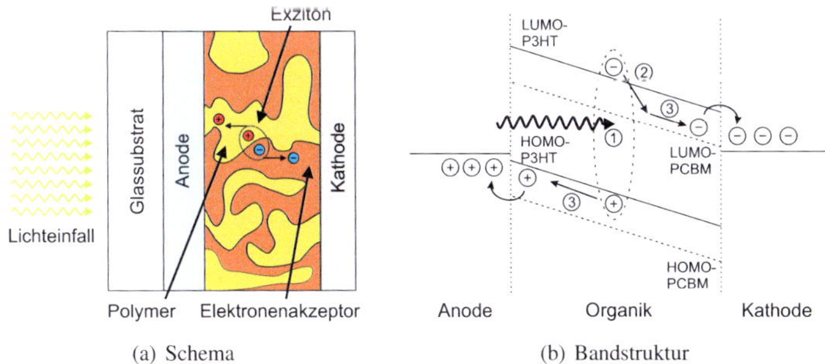

(a) Schema   (b) Bandstruktur

Abbildung 2.15: *Schema und Bandstruktur einer Bulk-Heterojunction-Fotodiode*
Das generierte Exziton wird an einer Grenzschicht zwischen Absorber und Akzeptor getrennt, die Ladungsträger bewegen sich unabhängig voneinander zu den Elektroden.

2.2.3 Einfluss der Morphologie

Bei der Betrachtung der Morphologie einer *Bulk-Heterojunction*-Fotodiode steht meist die nanoskalige Zusammensetzung der beiden Grundmaterialien im Vordergrund. Aber auch die Eigenschaften der Grenzen zwischen den aktiven Schichten und den Elektroden sind von Bedeutung für die Bauteileigenschaften.

Die Morphologie der aktiven Schicht wird während der Herstellung insbesondere durch folgende Einflüsse bestimmt:

- chemische Struktur der Materialien [94]

- eingesetztes Lösungsmittel [95], [96]

- Lösungsmittelkonzentration [97]

- Mischungsverhältnis zwischen Polymer und Fulleren [98]

- Aufschleuderparameter [99]

Nach der erfolgten Deposition der aktiven Schicht können außerdem folgende Parameter die Morphologie verändern:

- Lösungsmittelverdunstungszeit [73], [100]

- Tempervorgang vor oder nach der Deposition der Metallelektrode [72, 73, 101]

- angelegte Spannung beim Tempervorgang [102]

Viele der erstgenannten Einflussparameter hängen stark voneinander ab. Sie beeinflussen vor allem die Ausbildung des Phasengemisches zwischen Polymer und Fulleren. Ziel der Optimierungsbemühungen bei der Herstellung ist eine optimale innere „Struktur", d.h. eine gute Durchmischung der beiden Materialien, mit Domänen, die nicht größer als die Diffusionslänge der Exzitonen ist. Auf diese Weise werden Exzitonen an den nahen Grenzflächen getrennt, bevor sie wieder rekombinieren. Für den effektiven Ladungsträgertransport ist außerdem die Ausbildung von zusammenhängenden „Pfaden" eines Materials bis zu den Elektroden notwendig.

Die Morphologie kann auch nach der Deposition der aktiven Schicht beeinflusst werden. Vor allem ein Tempervorgang unmittelbar nach der Herstellung oder nach der Komplettierung mit der Elektrode verändert die Bauteileigenschaften.

Besonderheiten organischen Halbleiter bei der Verwendung in Fotodetektoren
Die Verwendung organischer Halbleiter stellt besondere Herausforderungen an das Bauteildesign und die Herstellung. Es gibt zahlreiche Unterschiede zu Bauteilen aus anorganischen Materialien, die beachtet werden müssen.
Schon die Menge an unterschiedlichen organischen Verbindungen macht einen Vergleich mit dem meist verwendeten Halbleitermaterial Silizium schwierig. Verschiedene organische Materialien weisen stark unterschiedliche Absorptionsspektren auf. Dies kann zum einen für spektral empfindliche Detektoren von Nutzen sein, zum anderen ermöglicht es eine große Auswahl für empfindliche Detektoren vom ultravioletten bis ins sichtbare Spektrum.

Die Vorgänge der Photonenabsorption und Ladungsträgergeneration unterscheiden sich stark von denen in anorganischen Halbleitern. Dies führt zu unterschiedlichen Konzepten des Aufbaus organischer Fotodetektoren wie Multischichtsystemen und der *Bulk-Heterojunction*. Aus diesem Grund spielt auch die Morphologie der aktiven Schicht eine große Rolle [95, 98].

Betrachtet man die Mobilitäten in organischen Halbleitermaterialien, liegen sie um Größenordnungen unter denen von herkömmlichen Halbleitermaterialien [103–105]. Organische Fotodioden sind daher oft durch die geringen Beweglichkeiten der Ladungsträger in ihrer Geschwindigkeit limitiert, was sich durch die sehr dünnen aktiven Schichten jedoch wieder relativiert.

Nicht nur die Vorgänge in der aktiven Schicht sondern auch der gesamte Aufbau unterscheidet sich zwischen anorganischen und organischen Bauelementen. Abbildung 2.16 soll diese Unterschiede verdeutlichen. Fotodioden aus anorganischen Materialien bestehen meist aus einem n-dotiertem Siliziumsubstrat. Durch eine p-Dotierung der oberen Schicht erfolgt die Herstellung eines *pn*-Übergangs. Einfallende Photonen werden absorbiert, Ladungsträger generiert und diese über die Elektroden in eine externe Schaltung eingespeist. Die p-Schicht ist < 1 µm dick, die n-Schicht je nach Ausführung circa 3-3000 µm [106]. Im Gegensatz dazu werden organische Fotodioden überwiegend auf Glassubstraten hergestellt, die mit einer transparenten Elektrode beschichtet sind. Die aktive Schicht ist nur wenige 100 nm dick. Die Kathode wird durch einen dünnen aufgedampften Metallkontakt gebildet. Die dünnen Schichten der transparenten Anode und der Kathode bewirken relativ hohe Leitungswiderstände. Die sehr dünne aktive Schicht wirkt zusammen mit den flächigen Elektroden als Kapazität, die das dynamische Verhalten einer organischen Fotodiode stark beeinflussen kann. In Kapitel 5 werden diese Besonderheiten und ihr Einfluss auf das Frequenzverhalten gezielt analysiert.

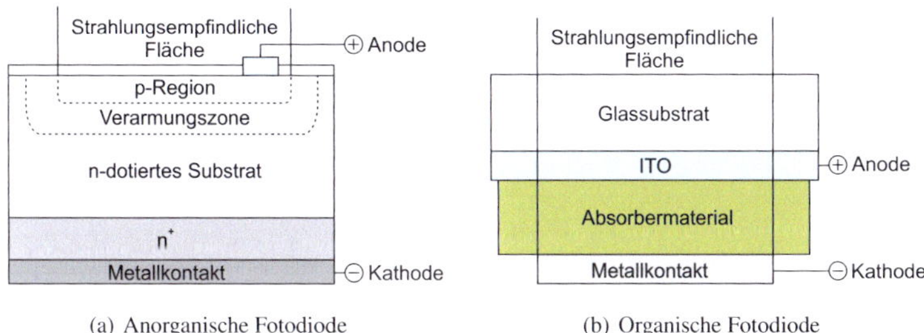

(a) Anorganische Fotodiode   (b) Organische Fotodiode

Abbildung 2.16: *Schema des Aufbaus einer anorganischen und einer organischen Fotodiode* (Nicht maßstabsgerecht)

2.2.4 Laser

Seit der ersten Entwicklung des Lasers (engl. *light amplification by stimulated emission of radiation - Laser*) [107] hat sich diese Technologie rasant weiterentwickelt. Laser werden heute in allen Bereichen des täglichen Lebens und der Forschung eingesetzt. Im folgenden Abschnitt wird auf die Grundlagen der Erzeugung von Laserlicht eingegangen. Als weiterführende Literatur empfehlen sich hier insbesondere die Werke von Siegmann [108] und Träger [109]. Im Speziellen werden Details organischer Laser erklärt. In diesem Gebiet gibt es eine Reihe von Arbeiten, die einen guten Überblick geben [110–113].

Grundprinzip

Ein Laser besteht grundsätzlich aus einem lichtverstärkenden Medium, einem Resonator für den Rückkopplungsprozess und einer Pumpquelle, die die notwendige Energie liefert (siehe Abbildung 2.17 a)). Alle diese Bestandteile können auf unterschiedlichste Art und Weise realisiert werden. Grundlage des sogenannten *Lasings* ist dabei immer der Prozess der stimulierten Emission. Abbildung 2.17 b) veranschaulicht diesen Prozess schematisch. Ein Atom oder Molekül wird über Energiezufuhr in einen angeregten Zustand gebracht (Übergang 0→3). Das angeregte Elektron relaxiert dann in einen Zustand mit niedriger Energie (3→2). Beim Übergang in Niveau 1 kommt es zur Aussendung eines Photons. Von Niveau 1 geht das System wieder in das Grundzustandsniveau 0 über. Damit es zu einem Verstärkungsprozess kommt, muss eine Besetzungsinversion zwischen dem Grundzustand und einem angeregten Zustand generiert werden. Da eine Besetzungsinversion nicht in einem Zwei-Niveau-System realisiert werden kann, benötigt man Materialien mit mindestens drei Energieniveaus. Bei organischen Materialien handelt es sich durch die vibronische Aufspaltung der Energieniveaus um Vier-Niveau-Systeme.

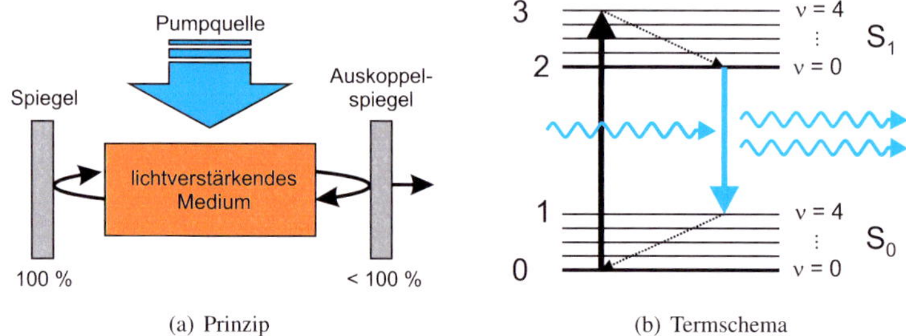

Abbildung 2.17: *Grundprinzip und Termschema eines Lasers*
Ein Laser besteht aus einem Lasermedium, einer Pumpquelle und einem Resonator, der durch die beiden Spiegel repräsentiert wird. Das Termschema zeigt das Prinzip eines Vier-Niveau-Lasersystems am Beispiel eines organischen Moleküls.

Photonen, die durch stimulierte Emission erzeugt werden, weisen die gleiche Phase, Frequenz und Richtung wie die Anregungsphotonen auf. Beim Durchgang der Photonen durch das Lasermaterial kommt es zu einer Verstärkung durch die stimulierte Emission. Voraussetzung ist die Energiezufuhr durch eine Pumpquelle. Die üblichsten Pumpmechanismen sind das elektrische und das optische Pumpen.

Wird das lichtverstärkende Medium in einen Resonator gebracht, kann sich eine Laseroszillation durch eine ständige Verstärkung und Rückkopplung aus dem Grundrauschen aufbauen. Der einfachste Fall ist ein Resonator bestehend aus zwei Spiegeln. Hier kann durch die Auskopplung an einem teildurchlässigen Spiegel ein Teil des Laserlichts aus dem Lasersystem austreten und genutzt werden. Dabei muss die Verstärkung im laseraktiven Medium die Verluste durch Absorption und Auskopplung überwiegen. Die Verstärkung $I(L)$ nach der Weglänge L beim Durchlauf durch das verstärkende Medium ist:

$$I(L) = I_0 \cdot exp\left[(g(\lambda) - \alpha(\lambda))L\right] \tag{2.14}$$

Der spektrale Gewinn $g(\lambda)$ wirkt der Absorption $\alpha(\lambda)$ im Material entgegen. Der Gewinn wird aus dem Wirkungsquerschnitt für die stimulierte Emission σ_{SE} und der Dichte der angeregten Zustände N_A gebildet:

$$g(\lambda) = \sigma_{SE} \cdot N_A \tag{2.15}$$

In organischen Materialien ist das optische Gewinnspektrum oft ähnlich zum Photolumineszenzspektrum. Experimentell bestimmt wird das Gewinnspektrum über die differentielle Transmissionsspektroskopie [114–117] oder die Strichlängenmethode [11].

Laserlicht zeichnet sich durch eine hohe zeitliche und räumliche Kohärenz aus. Durch diese monochromatische und gerichtete Abstrahlung unterscheidet sich ein Laser entscheidend von anderen Lichtquellen.

Weist das Lasermaterial eine hohe Verstärkung auf, kann es auch ohne einen Resonator zu einer intensiven und gerichteten Ausstrahlung kommen. Dabei werden spontan emittierte Photonen auf dem Weg durch das Material verstärkt. Eine gerichtete Ausstrahlung ist durch eine bestimmte Materialverteilung (z.B. in einem Wellenleiter) möglich. Dieser Vorgang wird spiegelloser Laser oder verstärkte spontane Emission (engl. *amplified spontaneous emission - ASE*) genannt [108]. Eine ASE-Quelle zeigt ein typisches Schwellenverhalten und eine spektrale Einschnürung der Emission. Ein bekanntes Beispiel für die Anwendung des ASE-Prozesses sind Stickstofflaser. Aber auch in organischen Halbleitermaterialien wird ASE beobachtet [118–120].

Organische Halbleiterlaser

Laser, die auf organische Farbstoffe als aktive Materialien zurückgreifen, haben eine weite Verbreitung gefunden. Sogenannte Farbstofflaser nutzen diese Materialien in einer Lösung [121]. Aufgrund der großen Verstärkungsbandbreite können relativ einfach durchstimmbare Laser in vielen Wellenlängen gebaut werden. Diese Laserklasse wird jedoch aufgrund ihrer schwierigen Handhabbarkeit zunehmend von Festkörper- und Halbleiterlasern verdrängt.

Farbstoffe können nicht direkt als Feststoffe verwendet werden, da sie eine große Fluoreszenzauslöschung (engl. *quenching*) zeigen, wenn die Moleküle sich zu dicht nebeneinander befinden. Daher müssen diese Materialien in eine Matrix gebracht werden, um Lasing im Festkörper zu ermöglichen [122].

Im Unterschied dazu können organische Halbleiter direkt als Lasermaterial in der festen Phase verwendet werden. Diese Materialien zeigen eine hohe Quantenausbeute, eine hohe Pumpstrahlabsorption auch in dünnen Filmen und daher niedrige Laserschwellen. Zusätzlich eröffnen sie durch ihre Halbleitereigenschaften die Möglichkeit des elektrischen Pumpens.

Diese Arbeit beschäftigt sich ausschließlich mit organischen Halbleiterlasern, daher werden diese im Folgenden näher behandelt.

Stand der Technik

Seit den ersten Demonstrationen von Lasing in organischen Halbleitermaterialien [110, 111, 123, 124] gab es eine Reihe von Forschungsarbeiten auf diesem Gebiet. Dabei standen im Wesentlichen die aktiven Lasermaterialien [110, 112] sowie verschiedene Resonatorstrukturen [125] im Mittelpunkt.

Besonders das Gebiet organischer DFB-Laser (engl. *distributed feedback - DFB*[7]) wurde intensiv untersucht [11, 28, 126, 127]. Organische DFB-Laser können über die Variation der

---

[7]Im Deutschen wird auch der Begriff „verteilte Rückkopplung" verwendet.

Gitterperiode und der Schichtdicke der Organik über einen großen Wellenlängenbereich durchgestimmt werden [14, 128]. Zusätzlich können sie geringe Laserschwellen aufweisen [129, 130]. Einen guten Gesamtüberblick über die Entwicklung organischer Laser geben Samuel und Turnbull [113].

Eine Besonderheit organischer Laser, im Vergleich zu anorganischen, ist der große Wellenlängenbereich, der mit diesen Materialien abgedeckt werden kann. Mit dem direkten Einsatz von Polymeren und *Small molecules* konnten bereits Laser bei vielen verschiedenen Wellenlängen realisiert werden [28, 131]. Über die Verbindung von *Small molecule*-Materialien mit Farbstoffen in *Förster*-Transfersystemen kann auf einfache Art und Weise fast der gesamte sichtbare Spektralbereich abgedeckt werden [11, 127]. Dabei ist nur ein Wirtsmaterial, das mit verschiedenen Dotierungen versehen wird, notwendig.

Wichtig für den kommerziellen Einsatz ist die Lebensdauer organischer Laser. Organische Materialien zeigen Fotooxidations-Reaktionen, wenn sie unter Sauerstoffeinfluss angeregt werden. Um dies zu verhindern, werden die Laser in Experimenten meist im Vakuum betrieben. Unter solchen Bedingungen konnten Lebensdauern von bis zu 10^7 Pulsen gezeigt werden [13, 23]. Die Verkapselung von organischen Lasern kann durch ähnliche Verfahren erfolgen, die auch bei OLEDs eingesetzt werden [132, 133].

Prinzip organischer DFB-Laser

DFB-Laser nutzen im Gegensatz zu den meisten anderen Laserklassen keine Spiegel zur Bildung eines Resonators. Stattdessen wird die *Bragg*-Streuung an periodischen Strukturen als Rückkopplungsmechanismus ausgenutzt. Diese Strukturen haben Periodizitäten, die in der Größenordnung der Wellenlänge von Licht liegen.

In organischen DFB-Lasern werden die Resonatorstrukturen in Verbindung mit Filmwellenleitern aus dem organischen Material verwendet.

Abbildung 2.18 zeigt den schematischen Aufbau eines organischen DFB-Lasers. Das aktive Lasermaterial ist als dünne Schicht (100-400 nm) auf ein strukturiertes Substrat aufgebracht. Licht, das sich in diesem Filmwellenleiter ausbreitet, wird durch die Strukturen der Periodizität Λ gestreut. Durch diese Rückstreuung kann es zur Kopplung von Wellen kommen, die sich entgegengesetzt bewegen. Dies kann passieren, wenn die *Bragg*-Bedingung erfüllt ist:

$$m\lambda_{Bragg} = 2n_{eff}\Lambda \qquad m = 1,2,\dots \qquad (2.16)$$

Die Wellenlänge des Lichts ist durch λ_{Bragg} gekennzeichnet, Λ ist die Periode des *Bragg*-Gitters und m ist die sogenannte Laserordnung. Der effektive Brechungsindex n_{eff} des Wellenleiters ergibt sich durch die Ausbreitung der geführten Wellen in Bereichen mit unterschiedlichen Brechungsindizes.

Erste-Ordung-Laser (m = 1) besitzen eine Rückkopplung in der Ebene (siehe Abbildung 2.18 a)). Laserlicht wird über die Seiten der Struktur ausgekoppelt. Bei DFB-Lasern zweiter Ordnung (m = 2) wird eine doppelt so große Periode benötigt. Hier kann es zusätzlich zu einer Auskopplung senkrecht zur Ebene kommen (siehe Abbildung 2.18 b)). Es entsteht ein oberflächenemittierender Laser.

Eine ausführliche Beschreibung der Theorie der gekoppelten Moden (engl. *coupled wave theory*) kann der Fachliteratur entnommen werden [134, 135]. Aus dieser Theorie ergibt sich im Fall einer reinen Brechungsindexmodulation (engl. *index coupling*) ein symmetrisches Modenspektrum um die *Bragg*-Wellenlänge. Licht dieser Wellenlänge kann sich nicht im Wellenleiter ausbreiten - es entsteht ein sogenanntes Stoppband. Am Rand dieses Stoppbandes können zwei

Moden anschwingen. Ein Phasensprung im DFB-Gitter führt zum Anschwingen nur einer Mode im Stoppband und wird daher oft zur Realisierung eines monomodigen Lasers genutzt [109]. Neben den eindimensionalen DFB-Gittern können auch komplexere Strukturen für die Rückkopplung eingesetzt werden. Zwei- bzw. dreidimensionale periodische Strukturen werden auch als Photonische-Kristalle (engl. *photonic crystal*) bezeichnet [136]. Der Einsatz solcher Strukturen in organischen Lasern ermöglicht u.a. die gezielte Beeinflussung der Abstrahlcharakteristik [127, 137, 138].

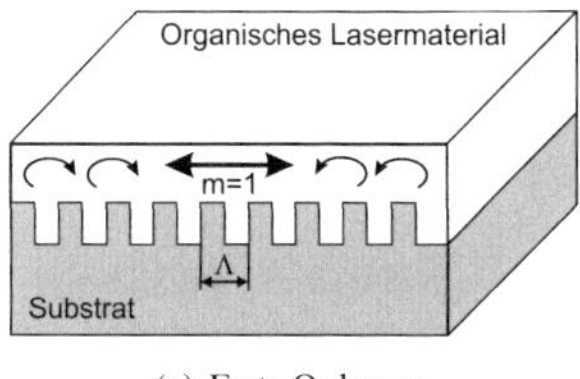

(a) Erste Ordnung

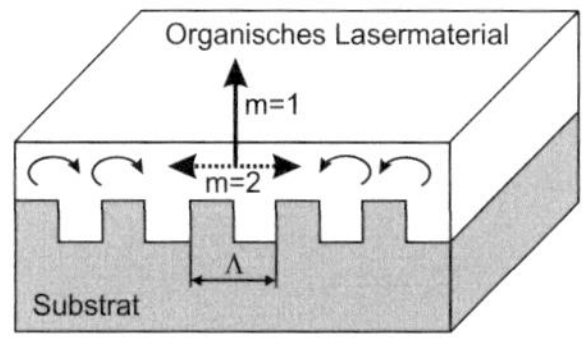

(b) Zweite Ordnung

Abbildung 2.18: *Prinzipieller Aufbau organischer DFB-Laser verschiedener Ordnung*
      In der Grafik ist die *Bragg*-Bedingung für m = 1 bzw. 2 erfüllt. Die Auskopplung erfolgt entweder parallel oder senkrecht zur Oberfläche.

Pumplichtquellen
Alle bisher realisierten organischen Laser wurden mit einer optischen Pumplichtquelle angeregt. Trotz großer Bemühungen ist die Herstellung eines elektrisch gepumpten organischen Lasers bis heute nicht gelungen. Grund dafür sind zahlreiche Verlustprozesse, die den Aufbau einer Besetzungsinversion verhindern [139, 140].
Als optische Pumplichtquelle werden verschiedene gepulste Laserquellen verwendet. Die Akkumulation von Triplett-Zuständen verhindert einen kontinuierlichen Betrieb organischer DFB-Laser. Das aktive Material braucht eine gewisse Zeit um die Triplett-Zustände abzubauen und kann daher nicht kontinuierlich angeregt werden. Üblicherweise werden organische Laser mit Lasern bei Repetitionsraten zwischen einigen Hertz und mehreren Kilohertz optisch gepumpt. Rabe und Mitarbeiter konnten den Betrieb bei einer Repetitionsrate von 5 MHz demonstrieren [141]. Eine Möglichkeit der Verhinderung der Akkumulation von Triplett-Zuständen ist die schnelle Bewegung des Lasermediums im Pumpstrahl [142].
Die Pumppulslänge hat großen Einfluss auf die Charakteristik des organischen Lasers. Optimal ist eine Pumppulsdauer die kürzer als die Lebensdauer des angeregten oberen Laserniveaus ist [11]. Sehr kurze Pulsdauern sind mit Femtosekundenlasern erreichbar, die allerdings sehr aufwändig und kostenintensiv sind. Daher wird zum größten Teil auf Festkörperlaser und neuerdings auch auf Laserdioden als Pumplichtquellen zurückgegriffen.
Diodengepumpte Festkörperlaser (engl. *diode pumped solid state - DPSS*) bieten eine kompakte Bauform, eine gute Strahlqualität und hohe Ausgangsleistungen. Im aktiven oder passiven gütegeschalteten Betrieb können kurze Pulsdauern von weniger als 5 ns erreicht werden. Weite Verbreitung finden Pumplaser, die als aktives Material mit Neodym dotierte Kristalle verwenden. Als Kristallmaterialien werden vor allem Yttrium-Aluminium-Granat (YAG), Yttrium-Vanadat (YVO_4) und Yttrium-Lithium-Fluorid (YLF) eingesetzt. Die im Infraroten emittierenden Neodym-Laser können über Frequenzvervielfachungsprozesse auch Strahlung im Grünen (≈ 530 nm) oder im UV-Bereich (≈ 350 nm) abgeben.

Die Kosten für Festkörperlaser zum Pumpen von organischen Lasern liegen bei mehreren tausend Euro. Für die Kommerzialisierung von organischen Lasern ist daher eine kostengünstigere Pumplichtquelle notwendig. Die Entwicklung leistungsstarker GaN-Laserdioden und niederschwelliger organischer Laser ermöglichen die Realisierung diodengepumpter organischer Laser [143–146]. GaN-Laserdioden emittieren bei circa 406 nm und sind aufgrund ihres geringen Preises und der kleinen Bauform ideal als Pumplichtquelle geeignet.

2.3 Mikrooptik

Die Kombination von organischen Bauteilen mit mikrooptischen Elementen verspricht die Realisierung von völlig neuartigen Systemen. Die Verwendung der Mikrooptik stellt dabei einen essentiellen Bestandteil des Gesamtsystems dar.

Mikrooptische Systeme unterscheiden sich in einigen Punkten von der herkömmlichen Freistrahloptik. Obwohl die gleichen grundlegenden physikalischen Prinzipien greifen, spielt in mikrooptischen Systemen die Beugung eine viel größere Rolle. Dies ist durch die Abmessungen der optischen Elemente im Mikrometer-Maßstab bedingt. Die Herstellung von mikrooptischen Komponenten geschieht auf Wafermaßstab (engl. *wafer scale*), d.h. es werden immer mehrere Bauteile auf einmal produziert [147]. Dies ist zum einen für eine kostengünstige Produktion und zum anderen für eine hohe Präzision notwendig.

Es gibt eine Vielzahl von mikrooptischen Bauelementen, die sowohl refraktive als auch diffraktive Prinzipien ausnutzten. Bekannte Beispiele sind Mikrolinsenarrays [148–150] und Beugungsgitter [151]. Für diese Arbeit spielen vor allem die bereits vorgestellten Oberflächengitter, zur Verwendung als DFB-Laserresonatoren, und optische Wellenleiter eine Rolle. Daher wird im Folgenden insbesondere auf die Wellenleitung genauer eingegangen. Ein Überblick über die Thematik der Mikrooptik gibt u.a. [152].

Da die Verwendung geeigneter optischer Materialien zur Realisierung der in dieser Arbeit vorgestellten Bauelemente sehr wichtig ist, werden einige optische Materialien näher betrachtet.

2.3.1 Wellenleitung

Die Wellenleitung ist ein grundlegendes Prinzip für viele mikrooptische Bauelemente. Elektromagnetische Wellen können durch transparente Materialien mit unterschiedlichem Brechungsindex gezielt geführt werden.

Abbildung 2.19 a) verdeutlicht dieses Prinzip. Eine Welle, die in Richtung z läuft, wird in der mittleren Schicht durch Totalreflexion an den Grenzflächen geführt. Voraussetzung dafür ist die Bedingung $n_2 > n_1, n_3$ und ein Ausbreitungswinkel unterhalb des Grenzwinkels der Totalreflexion.

Die auf beiden Seiten des Wellenleiters reflektierte Welle kann sich nur dann ausbreiten, wenn sich die reflektierten Wellen in einer bestimmten Phasenbeziehung zueinander befinden. Diese Bedingung lässt sich durch folgende Selbstkonsistenzgleichung ausdrücken [153]:

$$2kn_2h\cos\Theta - 2\Phi_{21} - 2\Phi_{23} = 2\pi m \qquad (2.17)$$

Der Betrag des Wellenvektors ist durch $k = 2\pi/\lambda$ gekennzeichnet, h ist die Dicke des Filmwellenleiters und n_2 der Brechungsindex der inneren Schicht. Die Phasensprünge an den Grenzflächen sind durch $2\Phi_{21}$ und $2\Phi_{23}$ gegeben. Für eine Ausbreitung muss die gesamte Phasenverschiebung für zwei Reflexionen ein Vielfaches von 2π betragen. Dabei ist ein m eine nicht negative ganze Zahl, die auch als sogenannte Ordnung der Mode bezeichnet wird.

Das bis hier beschriebene Modell der Wellenausbreitung basiert auf dem Ansatz der geometrischen Optik. Entspricht die Dicke der wellenführenden Schicht der Größenordnung der Lichtwellenlänge ist zur präzisen Berechnung der Feldverteilung im Wellenleiter die Lösung der Helmholtzgleichung notwendig [154]:

$$\nabla^2 \mathbf{E}\left(\mathbf{r}, t\right) = \frac{n^2\left(\mathbf{r}\right)}{c^2} \frac{\partial^2 \mathbf{E}\left(\mathbf{r}, t\right)}{\partial t^2} \tag{2.18}$$

$\mathbf{E}$ kennzeichnet den elektrischen Feldvektor, $\mathbf{r}$ den Ortsvektor, $n\left(\mathbf{r}\right)$ den Brechungsindex und c die Vakuumlichtgeschwindigkeit. Die Lösungen dieser Gleichung sind monochromatische Wellen mit der Kreisfrequenz ω und der Phase ϕ der Form:

$$\mathbf{E}\left(\mathbf{r}, t\right) = \mathbf{E}\left(\mathbf{r}\right) e^{i\left(\omega t - \phi(r)\right)} \tag{2.19}$$

Bei der Ausbreitung in z-Richtung ist die Phase als $\phi = \beta z$ mit der Ausbreitungskonstante β gekennzeichnet.

Als Bedingung für geführte Wellen ergibt sich wie in der geometrischen Betrachtung eine Gleichung der Form:

$$\beta h - \Phi_1 - \Phi_3 = \pi m \tag{2.20}$$

Die Feldverteilungen für die beiden ersten transversal elektrischen Moden sind in Abbildung 2.19 skizziert. Die Moden lappen zum Teil in die angrenzenden Schichten. Der Anteil der Mode in diesen Bereichen beeinflusst den effektiven Brechungsindex n_{eff}.

Moden, die Bedingung 2.20 nicht erfüllen, werden nicht geführt und bilden sogenannte Substrat- oder Strahlungsmoden. Diese Moden verlieren während der Ausbreitung ständig Energie und können daher nicht zur Wellenleitung genutzt werden.

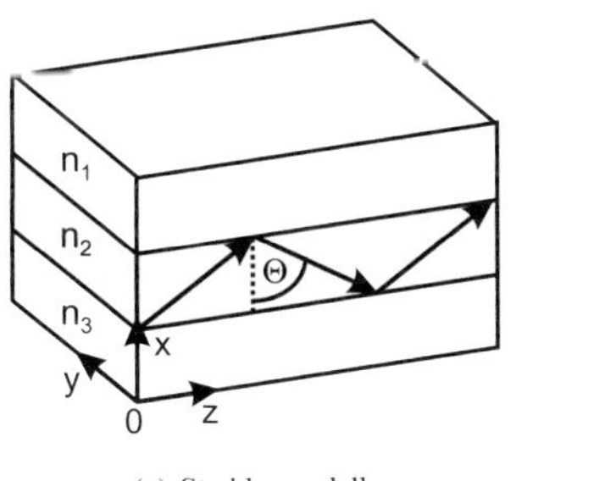

(a) Strahlenmodell   (b) Modenmodell

Abbildung 2.19: *Wellenleitermodelle*
        Das linke Bild zeigt das Schema eines Filmwellenleiters im Strahlenmodell. Im Bild rechts ist die Darstellung im Modenmodell gewählt.

In dieser Arbeit werden verschiedene Arten von Wellenleitern verwendet. Den einfachsten Fall bildet der Filmwellenleiter in Abbildung 2.20 a). Dies entspricht den Bedingungen wie sie in einem organischen DFB-Laser vorkommen. Das organische Material bildet den Wellenleiter zwischen Luft und dem Substrat. Der zweite Fall ist ein Streifenwellenleiter wie er in Kapitel 8 vorgestellt wird. Durch die Erhöhung des Brechungsindizes in einem bestimmten Bereich kann eine Welle gezielt über längere Strecken geführt werden. Im dritten Fall ist der Wellenleiter konzentrisch aufgebaut. Diese Art der Wellenführung ist charakteristisch für Faseroptiken.

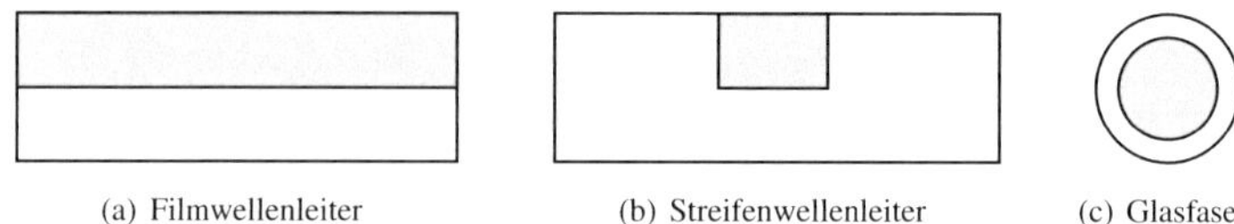

(a) Filmwellenleiter   (b) Streifenwellenleiter   (c) Glasfaser

Abbildung 2.20: *Schemata verschiedener Wellenleiterarten*
Die Region mit dem höchsten Brechungsindex ist jeweils grau gekennzeichnet.

2.3.2 Optische Materialien

Optische Materialien finden auf die unterschiedlichste Art und Weise Verwendung in mikrooptischen Systemen. Ebenso unterschiedlich sind ihre Eigenschaften. Besonders wichtig sind hier die bestimmenden optischen Eigenschaften wie die Transmission, Absorption und Reflexion sowie der Brechungsindex. Aber auch die einfache Verarbeitung und die Stabilität spielen eine große Rolle.

Die grundlegenden Eigenschaften der in dieser Arbeit verwendeten optischen Materialien sind in Tabelle 2.1 aufgeführt. Das bekannteste Material überhaupt ist sicherlich Glas, das in vielen Arten verwendet wird. Gläser sind hochtransparente Materialien mit hervorragenden optischen und mechanischen Eigenschaften. Neben den normalen Glassorten bilden u.a. Quarzglas und SiO_2-Schichten auf oxidierten Siliziumwafern spezielle Arten von Glas. Anwendung finden Gläser u.a. in Substraten und optischen Komponenten wie Linsen und Glasfasern. Nachteilig bei der Verwendung von Glas sind die relativ aufwändige Verarbeitung und die Kosten.

Polymere Materialen, wie das Polymethylmethacrylat (PMMA) und Cycloolefin-Copolymer (COC), sind dagegen leicht, kostengünstig und einfach durch verschiedene Methoden zu verarbeiten. Auch ihre optischen Eigenschaften können hervorragend sein. Anwendungen finden sie in Wellenleitern, Polymer-optischen Fasern und als Substratmaterialien. Ihre geringe Temperaturbeständigkeit und chemische Resistenz engen den Anwendungsbereich jedoch ein.

Eine dritte Klasse bilden spezielle Fotolacke, die als optische Materialien einsetzbar sind. Zwei Beispiele sind der chemisch verstärkte Epoxy SU-8 und das Sol-Gel-Material Ormocer© der Firma *Microresist*. Beide Materialien können durch UV-Strahlung ausgehärtet werden. Dadurch ergeben sich zusätzliche Möglichkeiten der Fertigung von mikrooptischen Komponenten z.B. durch die Laserlithografie. Diese Materialien sind chemisch stabil und vereinen somit einige der guten Eigenschaften von Gläsern und Polymeren. Insbesondere Ormocere wurden hinsichtlich ihrer optischen Eigenschaften optimiert und weisen eine hohe Transparenz auf [155]. Zusätzlich sind sie mit unterschiedlichen Brechungsindizes erhältlich, was die Fabrikation von Wellenleitern aus diesen Materialien ermöglicht [156].

| | Glas | Polymere | | Fotolacke | |
		PMMA	COC	SU-8	Ormocer
Brechungsindex (633 nm)	≈ 1,5	1,49	1,53	1,596	1,53
Dämpfung (dB/cm) (633 nm)	< 0,0001	0,65	0,5	> 1,4	0,06
Temperaturbeständigkeit	> 400 °C	80 °C	125 °C	> 200 °C	270 °C
Wasserabsorption	0 %	0,6 %	0,01 %	< 0,01 %	< 0,5 %
Chemische Resistenz					
Säuren	sehr gut	schlecht	gut	sehr gut	gut
Lösungsmittel	sehr gut	gering	gut	sehr gut	sehr gut
Kosten	mittel	günstig	mittel	teuer	teuer

Tabelle 2.1: *Eigenschaften ausgewählter optischer Materialien [109, 155, 157, 158]*

Kapitel 3

Materialien und Technologie

Zusammenfassung

Zur Herstellung von organischen Bauelementen werden eine Vielzahl verschiedener Materialien verwendet. Dabei spielen sowohl Substrat- und Elektrodenmaterialien als auch die aktiven organischen Halbleiterverbindungen eine Rolle. Diese Materialien und ihre Eigenschaften werden im folgenden Kapitel beschrieben.

Zur Herstellung organischer optoelektronischer Bauelemente werden die Dünnschichtdepositionstechniken des Aufschleuders und Aufdampfens verwendet, die hier vorgestellt werden.

Zur Integration organischer Bauelemente in mikrooptische Systeme ist eine gezielte Strukturierung der Bauteile notwendig. Die in dieser Arbeit entwickelten und eingesetzten Strukturierungsverfahren werden beschrieben.

3.1 Verwendete Materialien

Der folgende Abschnitt enthält eine Übersicht der in dieser Arbeit verwendeten Materialien für organische Bauelemente. Dazu zählen die Gruppen der Substratmaterialien, die organischen Halbleiter und die Elektrodenmaterialien.

Abbildung 3.1 verdeutlicht die Unterschiede in der Schichtstruktur zwischen den verschiedenen Bauelementen. Ein organischer Laser besteht aus einer einzigen aktiven Emitterschicht auf einem geeigneten Substrat. Im Gegensatz dazu sind die optoelektronischen Bauelemente OLEDs und OPDs aus mehreren Schichten aufgebaut. Gemeinsam ist hier das Substrat, das im Fall von ITO-beschichtetem Glas auch eine transparente Elektrode beinhaltet. Bei OLEDs und OPDs, die aus der Flüssigphase aufgebracht werden, wird meist das Material PEDOT:PSS als Lochtransportschicht auf die ITO-Anode abgeschieden. Die aktive Schicht besteht nur aus einer Lage.

OLEDs, die *Small molecules* als aktive Schichten verwenden, haben ein deutlich komplexeren Aufbau. Hier werden ein oder mehrere Transportschichten zur effizienten Ladungsträgerinjektion und -leitung der Löcher aufgebracht. Nach der Emitterschicht werden zusätzliche Elektronentransportschichten aufgebracht.

Den Abschluss der optoelektronischen Bauelemente bildet die Kathode, die aus verschiedenen Metallen bestehen kann.

Der in Kapitel 2.3.2 gegebene Überblick über optische Materialien wird hier im Fall der Substrateigenschaften nur um wichtige Punkte für aktive Bauelemente ergänzt.

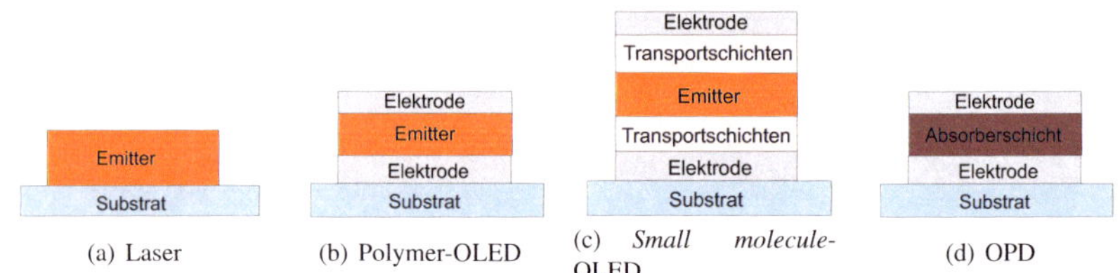

Abbildung 3.1: *Grundsätzlicher Schichtaufbau der verwendeten organischen Bauelemente*

3.1.1 Substratmaterialien

Der Abschnitt über Substratmaterialien gliedert sich in Materialien für Leucht- und Fotodioden sowie in Substrate für organische Laser.

OLED-Substratmaterial

Für den überwiegenden Teil der Experimente wird kommerziell erhältliches Borofloat-Glas mit einer ITO-Beschichtung verwendet (siehe auch Kapitel 3.1.4 - Elektrodenmaterialien). Dabei kommt zum einen als Standardmaterial ITO-Glas in einer Stärke von 1,1 mm von der Firma *Merck KGaA* zum Einsatz. Die ITO-Schichtdicke beträgt 130 nm und der Flächenwiderstand liegt bei $\approx 20\,\Omega/\square$. Das Transmissionsspektrum dieses Materials ist in Abbildung 3.2 a) zu sehen.

Für Spezialanwendungen in Bauelementen zur Datenübertragung (Kapitel 6) wird zusätzlich

0,4 mm dünnes ITO-Glas verwendet (*Präzisions Glas & Optik GmbH*). Es weist eine ITO-Schichtdicke von 140 nm und einen Flächenwiderstand von $\approx 15\,\Omega/\square$ auf.

Lasersubstrate

Als Substrat für organische Laser kommen verschiedene Materialien in Betracht. Dabei ist es wichtig, ob die Substrate nur als Träger für den Laserresonator dienen oder direkt den Resonator bilden. Oft werden Laserresonatoren verwendet, die Strukturen in oxidierten Siliziumwafern verwenden. Nachteilig sind hier die hohen Kosten und die nicht vorhandene Transparenz des Wafers. In dieser Arbeit wird vor allem das Material PMMA (*Notz Plastic Hesaglas VOS*) als Substrat, das auch den Resonator beinhalten kann, verwendet. Wie in Abbildung 3.2 zu sehen, weist PMMA nur eine geringe Absorption im sichtbaren Spektralbereich auf und eignet sich daher gut als Resonatormaterial. Ähnlich gute optische Eigenschaften hat das Ormocer©-Material Ormocomp, das sich außerdem durch andere Prozesse strukturieren lässt. Dieses Material kann sowohl auf Glas als auch auf Silizium zur Herstellung von Laserresonatoren eingesetzt werden.

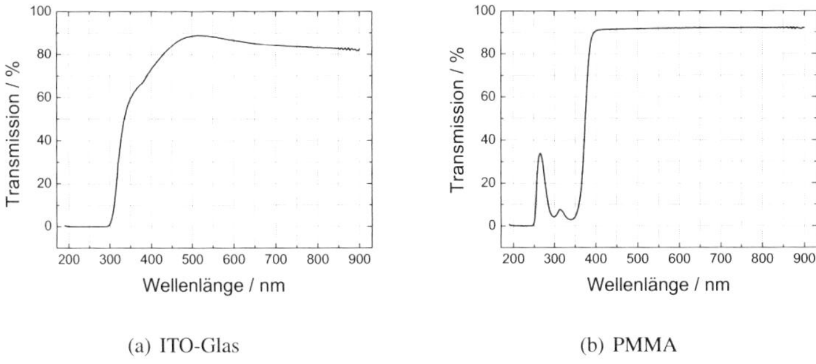

(a) ITO-Glas   (b) PMMA

Abbildung 3.2: *Transmissionsspektren von ITO-Glas und PMMA*
Links ist die Transmission von 1,1 mm dickem ITO-Glas, rechts die Transmission eines 0,5 mm dicken polierten PMMA-Substrates zu sehen.

3.1.2 Organische Halbleitermaterialien

Die aktiven Schichten der organischen Bauelemente werden hier vorgestellt. Dabei wird zwischen Materialien für Laser, OLEDs und OPDs unterschieden.

Laser-Materialien

Die in dieser Arbeit untersuchten Laser basieren ausschließlich auf dem Gast-Wirtssystem Alq_3:DCM. Das Metallchelat Alq_3 gehört zur Gruppe der *Small molecules* und ist eines der am häufigsten verwendeten Materialien in organischen Bauelementen [2, 44]. Alq_3 zeichnet sich durch eine hohe Glasübergangstemperatur von 175 °C aus und bildet strukturell stabile Schichten. Wie in Abbildung 3.3 a) gezeigt, emittiert es im grünen Spektralbereich.

Förster-Transfer-Systeme in organischen Lasern basieren oft auf Alq_3 als Wirtsmaterial in Verbindung mit einem organischen Farbstoff. Hier kommen vor allem die Gastmaterialien Coumarin, DCM und DCM2 zum Einsatz [23, 127, 159].

Das hier verwendete DCM (siehe Abbildung 3.3 b)) wird in einer Dotierung von 2-3 mol% zusammen mit dem Alq_3 in einem Aufdampfprozess aufgebracht. Es weist einen großen spektralen Gewinnbereich auf, der es ermöglicht organische Laser mit einem Abstimmbereich von über 100 nm zu realisieren [128, 160].

Die Möglichkeit Alq_3 auch in Verbindung mit anderen Farbstoffen zu nutzen, eröffnet die Ausnutzung des Spektralbereichs von circa 500 nm bis über 730 nm.

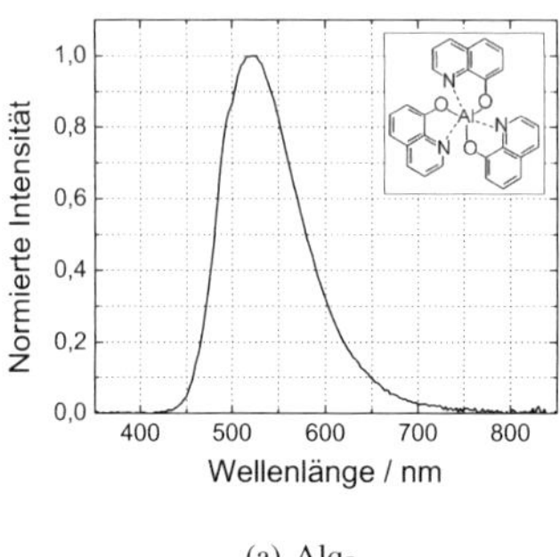

(a) Alq_3

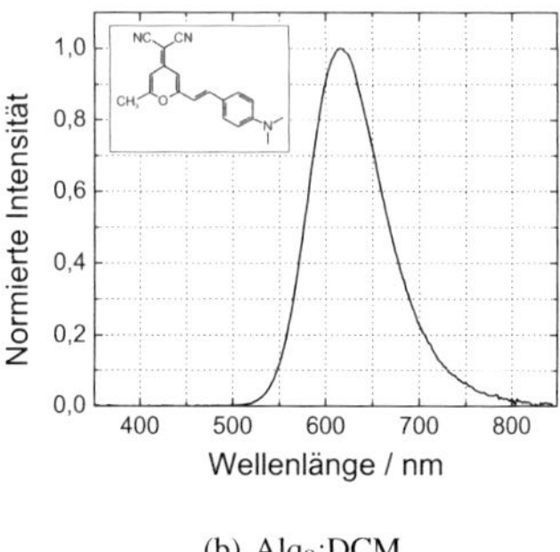

(b) Alq_3:DCM

Abbildung 3.3: *Emissionsspektrum und chemische Struktur von Alq₃ und DCM*
          Die Spektren sind an organischen Leuchtdioden vermessen, die als Emitterschicht pures
          Alq_3 oder das Materialsystem Alq_3:DCM aufweisen.

OLED-Materialien

Die aktiven Materialien für organische Leuchtdioden lassen sich in die zwei Klassen *Small molecules* und Polymer aufteilen. Bei den *Small molecules* wird zusätzlich zwischen Emitter- und Transportschichten unterschieden.

Emittermaterialien

Aluminium-tris(8-Hydroxychinolin) (Alq₃)
Das schon in den Lasermaterialien vorgestellte Alq_3 kommt auch in den hier eingesetzten *Small molecule*-OLEDs zum Einsatz. Hier wird es sowohl direkt als grüner Emitter eingesetzt, als auch als Wirtsmaterial für den Farbstoff DCM. Dadurch lässt sich eine orange-rote Emission generieren.

Polyfluoren (PFO)
Die Polymer-Materialklasse der Polyfluorene ist aufgrund ihrer blauen Emission für Anwendungen in Displays besonders interessant. Es existieren eine Reihe von Derivaten, die sich im Grundaufbau oder in den Endgruppen unterscheiden [27, 161, 162]. Das in Abbildung 3.4 a)

gezeigte Spektrum des Polyfluoren-Derivats PF6/2am4 hat ein typisches Maximum bei circa 420 nm.

Polyfluoren-Schichten können durch das gezielte Einbringen von fotovernetzbaren Gruppen durch UV-Licht chemisch stabilisiert werden. Auf diese Weise können mehrere Aufschleudervorgänge durchgeführt werden, ohne das die vernetzte Schicht angegriffen wird [163, 164].

Poly(p-phenylenvinylen) (PPV)
Die ersten Polymer-OLEDs gehen auf dieses Material zurück [46]. Durch die geringe Löslichkeit von purem PPV werden häufig PPV-Derivate eingesetzt. In dieser Arbeit wird das Derivat [3,7]-Dimethyl-Octoxy-Methyloxy-Poly-p-Phenylen-Vinylen (MDMO-PPV) eingesetzt, dessen Spektrum in 3.4 b) zu sehen ist. MDMO-PPV zeigt eine orange-rote Emission mit einem Maximum bei circa 560 nm.

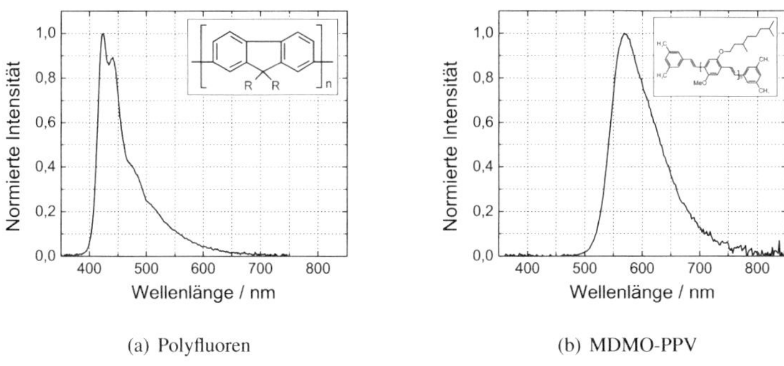

(a) Polyfluoren   (b) MDMO-PPV

Abbildung 3.4: *Emissionsspektrum und chemische Struktur von Polyfluoren und MDMO-PPV*

Poly(p-phenylen) (PPP)
Ein leiterartiges Polymer ist das PPP. Als ein gut lösliches Derivat kommt das methylsubstituierte Leiterpolymer MeLPPP zum Einsatz. Aufgrund seiner hohen Quanteneffizienz wird es auch als aktives Lasermaterial eingesetzt [131].

Transportschichten

Zur Erhöhung der Effizienz organischer Leuchtdioden werden verschiedene Transportschichten zwischen den Elektroden und der Emitterschicht genutzt. Man unterscheidet Loch- und Elektronentransportschichten (engl. *hole transport layer - HTL / electron transport layer - ETL*).

4,4',4"-Tris[(m-methylphenyl)phenylamino]triphenylamin (MTDATA)
Dieses HTL-Material gehört aufgrund seiner symmetrischen Form zu den sogenannten *Starburst*-Molekülen. Durch die kleine Barriere zwischen ITO und MTDATA ($\approx 0,1$ eV) eignet es sich hervorragend als Lochinjektions- und Transportschicht. MTDATA zeigt eine geringe Absorption überhalb 460 nm und bildet sehr stabile Schichten [62].

N,N'-Di(Naphthalene-1-yl)-N,N'-Diphenyl-Benzidin (NPB)

Das Material NPB wird im direkten Kontakt mit dem Emittermaterial eingesetzt. Sein hohes *LUMO*-Energieniveau (2,2 eV) verhindert effektiv den Transport von Exzitonen aus der Emitterzone. Zudem weist NPB eine hohe thermische Stabilität auf.

2,9-Dimethyl-4,7-Diphenyl-1,10-Phenanthrolin (BCP)

Auf der ETL-Seite wirkt BCP als guter Exzitonenblocker aufgrund seines tiefen *HOMO*-Niveaus (6,7 eV). In Verbindung mit Alq_3 als Emitter bzw. ETL wirkt sich der geringe Unterschied im *LUMO*-Niveau ($\approx 0{,}1$ eV) positiv aus.

Aluminium-tris(8-Hydroxychinolin) (Alq_3)

Dieses Material wird nicht nur in der Emitterschicht verwendet, sondern kommt zusätzlich als Elektronentransport- bzw. Injektionsschicht zum Einsatz. Alq_3 weist eine relativ hohe Elektronenbeweglichkeit von $\approx 10^6$ cm^2/Vs auf [2].

OPD-Materialien

Poly(3-Hexylthiophen) (P3HT)

Das Polymer P3HT kommt als Lichtabsorber und Elektronendonator in organischen *Bulk-Heterojunction*-Fotodetektoren zum Einsatz. Es besteht aus einer Basisgruppe, die in der Polymerkette unterschiedlich angeordnet sein kann. Die optische und elektronische Qualität von P3HT erhöht sich mit einem steigenden Anteil von regioregulären Polymerketten [94]. P3HT weist eine sehr hohe Löcherbeweglichkeit auf, die seine Verwendung sowohl in Fotodetektoren als auch in organischen Feldeffekttransistoren interessant macht [165].

[6,6]-Phenyl-C_{61}-Butylsäure-Methylester (PCBM)

PCBM basiert auf dem Fulleren C_{60}. Fullerene sind Moleküle aus Kohlenstoffatomen, die eine hohe Elektronenaffinität aufweisen. Für die Anwendung in Fotodetektoren wird C_{60} durch eine Methylester-Gruppe in eine lösliche Form gebracht. Es dient dann als effizienter Elektronenakzeptor in der Mischung mit lichtabsorbierenden Polymeren.

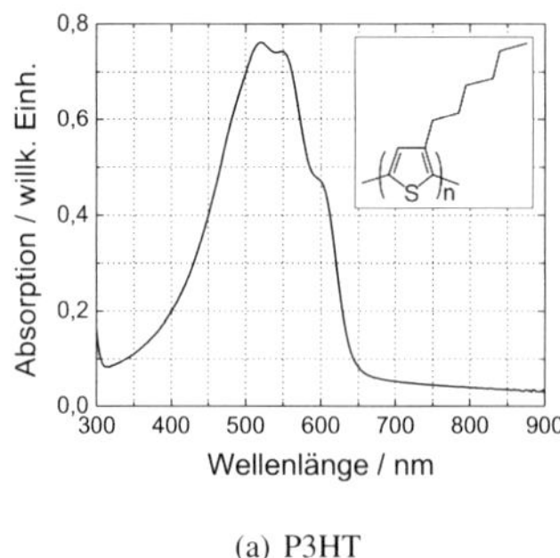

(a) P3HT

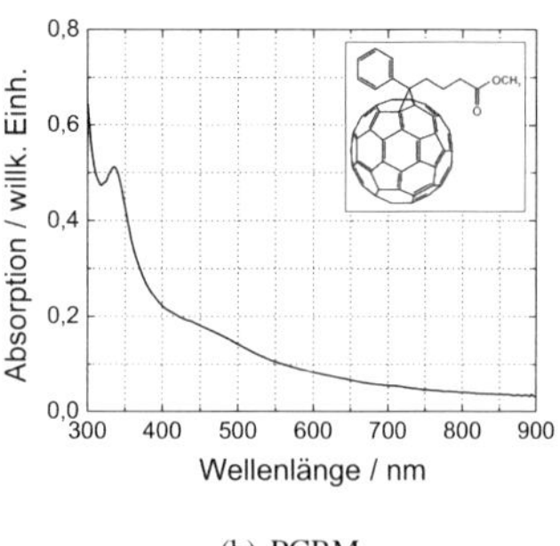

(b) PCBM

Abbildung 3.5: *Absorptionsspektrum und chemische Struktur des Polymers P3HT und des Fulleren-Derivats PCBM [166]*

3.1.3 PEDOT:PSS

PEDOT:PSS ist eine Mischung aus einem Polystyrolsulfonat (PSS) und dem konjugierten Polymer Polyethylendioxythiophen (PEDOT). Dieses Materialsystem ist stark leitfähig und in dünnen Schichten nahezu transparent. Es wird sowohl in PLEDs als auch Fotodioden als transparente Anode bzw. Lochtransportschicht verwendet. PEDOT:PSS glättet die relativ rauhe ITO-Oberfläche und bewirkt eine Absenkung der Potentialbarriere zwischen ITO und dem *HOMO*-Niveaus der organischen Halbleiterschichten.

PEDOT:PSS wird aus einer wässrigen Lösung mittels Aufschleudern aufgebracht. Wasserreste werden in einem Vakuumofen ausgeheizt.

3.1.4 Elektrodenmaterialien

Indiumzinnoxid (ITO)
Zur effektiven Absorption von einfallendem Licht ist eine Elektrode der organischen Fotodiode transparent. Als Material kommt das Mischoxid ITO (In_2O_3) und Zinn(IV)oxid (SnO_2) zum Einsatz. Es hat eine hohe Transparenz ($> 80\,\%$) im sichtbaren Spektralbereich und einen relativ geringen Flächenwiderstand ($< 20\,\Omega/\square$). ITO wird durch einen Sputter-Prozess aufgebracht.

Um die Benetzbarkeit einer ITO-Schicht zu erhöhen, wird häufig eine Behandlung mit einem Sauerstoff-Plasma oder eine UV-Ozon-Bestrahlung durchgeführt [167–169]. Dabei werden vor allem Verunreinigungen mit organischen Verbindungen entfernt. In dieser Arbeit wurde bei der fotolithografischen Strukturierung von ITO das Substrat mit einer Excimer-Lampe (*Radium Xeradex*) bei 172 nm bestrahlt (siehe Abbildung 3.6). Es konnte eine deutliche Verbesserung der Benetzbarkeit und der Lackhaftung auf den behandelten ITO-Substraten festgestellt werden [170, 171]. Ein weiterer Effekt, der bei diesen Prozessen auftritt, ist die Erhöhung der Austrittsarbeit von ITO [169]. Dies kann vorteilhaft für die Bauteileigenschaften sein [172].

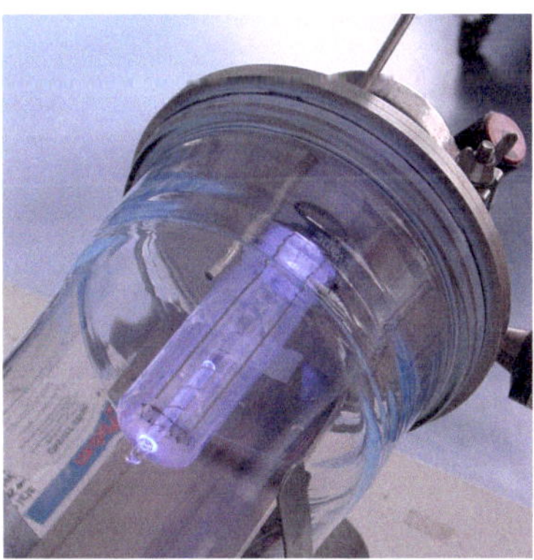

Abbildung 3.6: *Fotografie eines Excimer-UV-Strahlers*
Der Strahler wird in einem Niederdruck-Gefäß betrieben, um eine übermäßige Absorption der UV-Strahlung in Luft zu vermeiden. Die Wirkung wird durch die Kombination von harter UV-Strahlung und Ozon-Erzeugung erzielt.

Aluminium

Als Kathodenmaterial in organischen Halbleiterbauelementen kommt häufig Aluminium zum Einsatz. Aluminium ist kostengünstig und relativ stabil in der Raumatmosphäre. Daher wird dieses Material oft für Testbauteile verwendet, die nicht verkapselt werden können.

Weitere Kathodenmaterialien

Um die Effizienz der organischen Bauteile zu erhöhen, ist es notwendig die Barriere der Austrittsarbeiten zwischen den Organikschichten und der Kathode gering zu halten. Häufig verwendete Kathodenmaterialien sind Metalle mit einer sehr niedrigen Austrittsarbeit wie Kalzium oder Magnesium. Der Nachteil dieser Stoffe ist ihre große Reaktivität mit Sauerstoff und Wasser. Eine sehr gute Verkapselung ist daher unbedingt notwendig. Eine Alternative bildet das relativ stabile Material Lithiumfluorid (LiF), das als Übergangsschicht zwischen Organik und Aluminium aufgebracht wird [173, 174].

3.2   Dünnschichtdepositionstechniken

Es existieren eine Reihe von Verfahren zur Deposition von dünnen Schichten mit Dicken von Nanometern bis zu Mikrometern. Für die Herstellung von organischen Bauelementen wird vor allem die Aufschleudertechnik für Organik in Lösung sowie das thermische Aufdampfen verwendet.

3.2.1   Aufschleudern

Ein einfaches und kostengünstiges Verfahren ist die Aufschleudertechnik (engl. *spincoating*). Dabei wird eine flüssige Lösung auf ein Substrat aufgebracht. Das Substrat wird mittels Unterdruck an einen Halter angesaugt und anschließend bei mehreren tausend Umdrehungen pro Minute rotiert. Die Lösung verteilt sich so gleichmäßig auf dem Substrat. Die gewünschte Schichtdicke hängt dabei von der Viskosität der Lösung und der Umdrehungsgeschwindigkeit ab [175]. Das restliche Lösungsmittel verdunstet meist während einer thermischen Nachbehandlung. Das Prinzip ist in Abbildung 3.7 schematisch dargestellt.

Dieser Prozess wird großtechnisch in der Fotolithografie zur Realisierung dünner Fotolackschichten eingesetzt. Viele organische Materialien (vor allem Polymere) lassen sich in Lösung bringen und können dann mit der Aufschleudertechnik aufbracht werden. Allerdings können nur Materialien in mehreren Schichten übereinander aufgebracht werden, die orthogonale Lösungsmittel verwenden, da ansonsten die untere Schicht angegriffen würde. Ein weiterer Nachteil des Verfahrens ist die komplette Benetzung des Substrates mit der aufgeschleuderten Schicht. Eine Strukturierung der Schicht ist nicht ohne weiteres möglich.

3.2.2   Aufdampfen

Eine weitere Möglichkeit zur Abscheidung dünner Schichten ist die Aufdampftechnik. Prinzipiell wird dabei das gewünschte Material aus einer Quelle verdampft und kondensiert auf dem darüber befindlichen Substrat. Dieser Prozess findet immer in einer Hochvakuumanlage statt. So kann das verdampfte Material ungehindert auf das Substrat treffen und Verunreinigungen der Schicht durch andere Materialien werden verhindert. Ein großer Vorteil dieser Technik ist die Möglichkeit mehrere Materialien parallel oder hintereinander, durch den Einsatz verschiedener

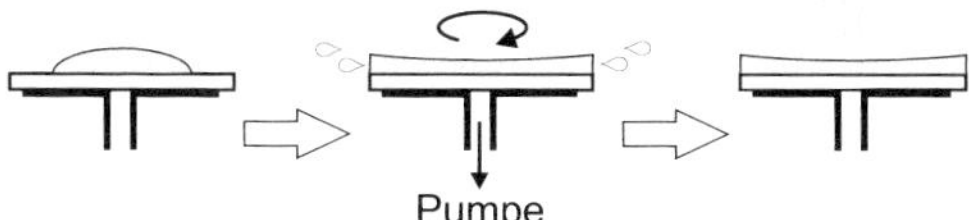

Abbildung 3.7: *Prinzip des Aufschleuderverfahrens*
Eine Lösung wird auf das Substrat aufgebracht. Anschließend wird die Probe sehr schnell rotiert und das Lösungsmittel verdampft.

Quellen mit den entsprechenden Materialien, aufzudampfen. Auf diese Weise ist die Herstellung von Legierungen bzw. dotierten Schichten und Mehrschichtsystemen möglich [175].

Das Erhitzen des aufzudampfenden Materials kann auf verschiedene Arten erfolgen. Üblich sind die Elektronenstrahlverdampfung und die Erhitzung eines Tiegels mit Heizwendeln. Die erste Technik wird meist für Dielektrika verwendet, die Zweite zum Aufdampfen von Metallen und Organika. Die in dieser Arbeit verwendeten Aufdampfschichten wurden in einer Anlage der Firma *Lesker* mit vier Quellen für Organika und zwei Quellen für Metalle hergestellt. Die Anlage ist in Abbildung 3.8 a) gezeigt. Der Substrathalter wird während des Prozesses rotiert um eine homogene Schichtverteilung zu erreichen.

(a) Aufdampfanlage

(b) Schattenmaske

Abbildung 3.8: *Fotografie der verwendeten Aufdampfanlage und einer Schattenmaske*
In a) ist der Vakuumrezipient der *Lesker*-Aufdampfanlage zu sehen. Im Inneren befinden sich die thermischen Quellen, die mit bewegbaren Abdeckungen versehen sind. In b) ist eine Schattenmaske gezeigt, die mittels Laserschneiden aus Edelstahl hergestellt wurde. Die Detailaufnahme zeigt die Auflösungsgrenze dieser Masken. Die Kantenrauhigkeit liegt bei circa 10 µm.

Eine Besonderheit beim Aufdampfprozess von organischen Materialien und Metallen ist die Möglichkeit der Strukturierung durch die Abdeckung von bestimmten Substratbereichen. Dazu werden Schattenmasken verwendet, die möglichst nah am Substrat anliegen und sehr dünn sind, um Abschattungseffekte an den Kanten zu vermeiden. Durch den Einsatz von lasergeschnittenen Edelstahlblechen mit einer Dicke von 180 µm ist eine Strukturierung der gewünschten Bereiche bis circa 200 µm möglich. Die in dieser Arbeit verwendeten Schattenmasken zeigen eine geringe Kantenrauhigkeit von circa 10 µm. Wie die Abbildung einer Schattenmaske 3.8 b) zeigt, können so auch komplexe Strukturen erzeugt werden.

3.3 Fotolithografische Strukturierung organischer Bauelemente

Für viele Anwendungen organischer Bauelemente ist es notwendig die Bauteilform und -position auf dem Substrat oder andere Eigenschaften gezielt zu beeinflussen. Daher spielt die Strukturierung eine große Rolle für die Nutzung der Bauelemente.

Organische Materialien sind meist empfindlich gegen Umwelteinflüsse. Um eine lange Lebensdauer zu gewährleisten, müssen sie durch eine Verkapselung geschützt werden. Hierzu ist nur eine einfache Strukturierung bzw. Beschränkung der Organika innerhalb des Bauteils notwendig. Dies kann man durch Maskierungsprozesse während des Aufdampfprozesses erreichen.

Die aktive Fläche von optoelektronischen Bauelementen wie OLEDs und OPDs wird oft nur durch den Kreuzungsbereich der zwei Elektroden definiert. Durch die niedrige Mobilität der Ladungsträger ist das Bauteil nur in diesem Bereich aktiv. Diese Methode hat jedoch einige Nachteile. Die Größe und Formgebung des Bauteils ist sehr eingeschränkt und von der Struktur der Elektroden vorgegeben. Kleine (< 500 µm) Bauelemente lassen sich kaum realisieren. Eine gezielte Positionierung ist nur schwierig zu erreichen. Zusätzlich wirkt sich ein weiterer Effekt nachteilig auf die Bauteileigenschaften aus. Insbesondere bei OLEDs treten an den Kanten von Elektroden und an den Überlappbereichen zwischen den Elektroden Feldüberhöhungen auf, die zu einer Bauteilschädigung und damit zu einem vorzeitigen Ausfall führen können. Die problematischen Bereiche sind in Abbildung 3.9 schematisch dargestellt.

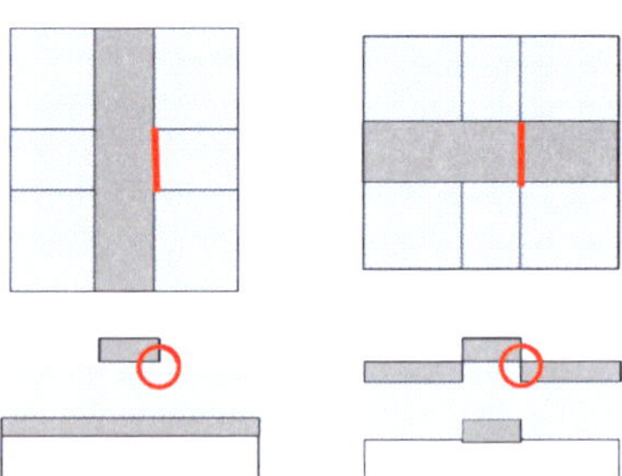

Abbildung 3.9: *Problematik der Elektrodenkanten in organischen Bauelementen [176]*
        Dargestellt sind die Bereiche an organischen Halbleiterbauelementen, an denen eine Feldüberhöhung auftritt. An diesen Stellen kann oft ein Durchbruch und damit ein Ausfall des Bauteils beobachtet werden.

Zur gezielten Strukturierung wurde während dieser Arbeit eine Kombination aus einer fotolithografisch hergestellten Strukturierungsschicht und einem Schattenmasken-Aufdampfprozess eingeführt und verwendet.

Unter Lithografie versteht man einen Prozess, bei dem eine entworfene Struktur in ein bestimmtes Material übertragen wird [175]. Dabei kann das so strukturierte Material selbst eine Funktion ausüben oder als physikalische Maske für einen weiteren Prozessschritt dienen.

Bei der Fotolithografie wird die Strahlung einer UV-Quelle durch eine Maske auf einen strahlungsempfindlichen Fotolack geleitet. Der Fotolack wird chemisch so verändert, dass belichtete oder unbelichtete Bereiche in einem Entwicklungsschritt abgelöst werden können. Man spricht je nach Reaktion von Positiv- bzw. Negativ-Fotolack.

Abbildung 3.10: *Verlauf des Fotolithografieprozesses*
　　　　　　Die Prozessschritte sind vereinfacht dargestellt und werden im Text näher erläutert.

Der Fotolithografieprozess ist in Abbildung 3.10 noch einmal schematisch zusammengefasst. Nachdem das gewünschte Substrat mittels der Aufschleudertechnik mit einer dünnen Fotolackschicht versehen wird, erfolgt oft noch ein Ausheizschritt, um das Lösungsmittel komplett zu verdampfen.

Für den folgenden Belichtungsschritt wird eine sogenannte Fotomaske benötigt. Diese Maske besteht meist aus Quarzglas, das mit einer strukturierten Chromschicht versehen ist. Der Fotolack wird nur an den Stellen belichtet, an denen kein Chrom auf der Maske vorhanden ist. Die Strukturierung der Chromschicht erfolgt in einer aufwändigen und kostenintensiven Prozesskette.

Für eine Strukturierung mit kritischen Maßen > 10 μm wird in dieser Arbeit eine neue Maskenart verwendet. Im Offsetdruckverfahren ist es möglich, Strukturen auf eine transparente Folie zu drucken, die minimale Abmaße von circa 100 μm bei einer Kantenrauhigkeit von 10 μm aufweisen. Auf diese Weise ist die Herstellung einer Fotolithografiemaske sowohl schnell als auch kostengünstig möglich. Wie in Abbildung 3.11 a) zu sehen, wird diese Folienmaske in Kombination mit einem handelsüblichen Platinenbelichter verwendet. Dies erlaubt eine schnelle Prozessierung auch von größeren Substraten, allerdings mit einer eingeschränkten Justagegenauigkeit [171]. Üblicherweise wird ein Maskenjustagegerät (engl. *mask aligner*) verwendet, das eine hochpräzise Ausrichtung der Maske zum Substrat ermöglicht.

Im folgenden Schritt wird der Fotolack mit der UV-Strahlung belichtet. Das Substrat wird dann in eine Entwicklungslösung gegeben. Das vorstrukturierte Substrat kann danach weiterverwendet werden.

Der Prozess der Fotolithografie wird in dieser Arbeit vor allem zur Strukturierung der ITO-Anode und der Definition der aktiven Fläche der Bauelemente verwendet.

Bei der ITO-Strukturierung wird eine Fotolackstruktur auf ein gereinigtes ITO-Glassubstrat aufgebracht. Verwendung finden hier die Positiv-Fotolacke *Kontaktchemie Positiv 20* oder *Microresist ma-p 1225*, da im Allgemeinen Positiv-Fotolacke eine höhere chemische Beständigkeit als Negativ-Fotolacke aufweisen. Die Fotolackschicht dient als Schutz für das anschließende Ätzen in konzentrierter Salzsäure. Das ungeschützte ITO wird abgetragen und somit erfolgt der Übertrag der Fotolackstruktur in die ITO-Schicht. Nach dem Ätzprozess wird das Substrat vom restlichen Fotolack gereinigt und den folgenden Prozessen zugeführt.

Um eine genaue Definition der aktiven Fläche der organischen Bauelemente zu erreichen und die bereits diskutierte Problematik der Felderhöhung an den Elektrodenkanten zu vermeiden, ist die Strukturierung mit einer Fotolackschicht notwendig. Abbildung 3.11 b) zeigt das Prinzip im Schema. Die aktive Fläche des Bauteils wird durch eine Fotolackstruktur definiert. Gleichzeitig werden Kanteneffekte vermieden, da die Elektroden durch den nicht leitenden Fotolack räumlich weit von einander getrennt werden. Auf diese Weise können sowohl sehr kleine als auch frei definierbare aktive Bauteilflächen realisiert werden.

Der verwendete Fotolack ist ein chemisch verstärkter Epoxy (*Microresist SU-8 2005*), der für diese Anwendung gut geeignet ist. SU-8 ist sowohl mechanisch als auch chemisch sehr stabil und durch unterschiedliche Viskositäten lassen sich nahezu beliebige Schichtdicken realisieren. Zur Strukturierung wird eine Schichtdicke von circa 5 µm verwendet.

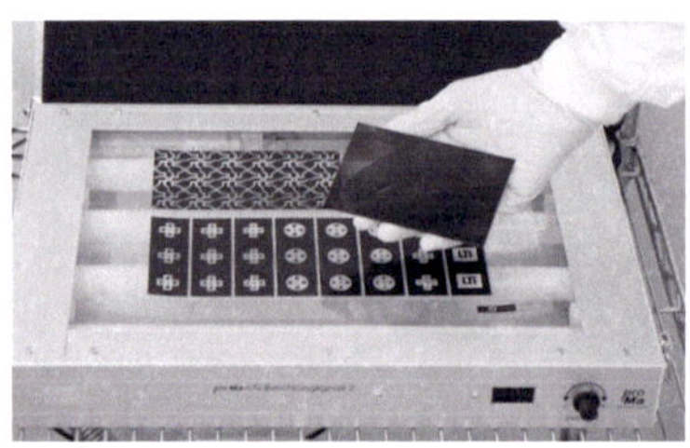

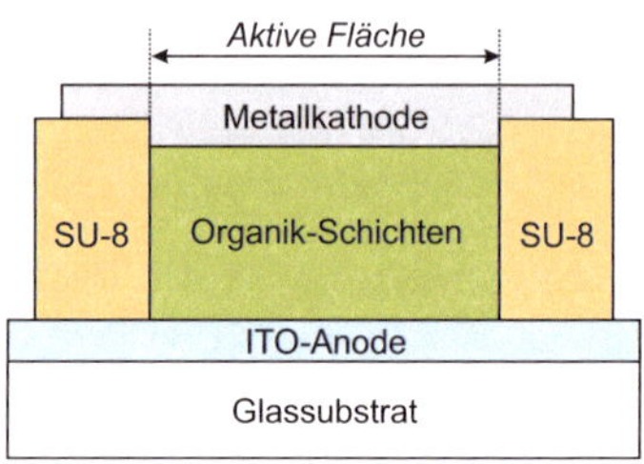

(a) Fotografie des Strukturierungsprozesses   (b) Schema der fotolithografischen Strukturierung

Abbildung 3.11: *Fotolithografische Strukturierung*
Eine Folienmaske auf einem Platinen-Belichter ist in a) zu sehen. Das Schema in b) demonstriert das Prinzip der Definition der aktiven Fläche eines organischen Bauelements durch eine fotolithografische Strukturierung.

Die Fotografien in Abbildung 3.12 zeigen realisierte OLEDs mit einer Teststrukturierung. Die Pixel sind durch eine fotolithografisch strukturierte SU-8-Schicht definiert. Die kleinste erreichte Pixelgröße liegt bei 5×5 µm. Die Pixelgröße ist in diesem Fall durch die Auflösung der Strukturierung begrenzt. Boroumand und Mitarbeiter konnten eine OLED mit 100 nm Durchmesser durch die Strukturierung von Siliziumdioxid realisieren [177].

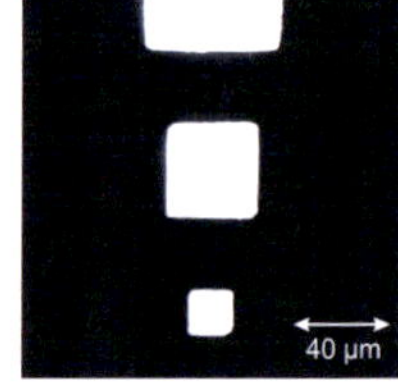

(a) Alq$_3$:DCM-OLED   (b) Polyfluoren-OLED   (c) Mikroskopaufnahme

Abbildung 3.12: *Fotografien mikrostrukturierter OLEDs*
Die Pixelgröße variiert von 5×5 µm bis 2,5×2,5 mm. Die s/w-Mikroskopaufnahme zeigt die Detailaufnahme einiger Pixel.

Kapitel 4

Organische Leuchtdioden für die optische Datenübertragung

Zusammenfassung[1]

Im Mittelpunkt dieses Abschnittes steht die Untersuchung organischer Leuchtdioden, mit dem Ziel sie als Sender in optischen Datenübertragungssystemen einzusetzen. Für diese Anwendung sind insbesondere die Effizienz und die dynamischen Eigenschaften der OLEDs wichtig. Ein optimiertes Probenlayout und eine angepasste Treiberelektronik macht die schnelle Modulation und somit die Untersuchung dynamischer Vorgänge der Bauteile möglich. Die OLEDs zeigen schnelle Anstiegs- und Abfallzeiten im Bereich von 40 ns. Es werden Modulationsfrequenzen von über 5 MHz mit diesen OLEDs erreicht, was den Einsatz in der optischen Datenübertragung ermöglicht.

[1]Teile dieses Kapitels wurden bereits in folgender Publikation veröffentlicht:
(a) M. Punke *et al.*, *Organic semiconductor devices for micro-optical applications*, Proc. SPIE 6185, 618505 (2006)

Organische Leuchtdioden sind die wohl am besten untersuchte Klasse von organischen Bauelementen. Sie werden vor allem als Lichtquellen in organischen Displays verwendet. Der Einsatz von organischen Leuchtdioden in mikrooptischen Systemen wurde bislang wenig untersucht. Da die in dieser Arbeit hergestellten Leuchtdioden neue Anwendungsbereiche erschließen sollen, mussten eine Reihe von neuen Methoden zur Herstellung und Strukturierung eingeführt und optimiert werden. Der vorgestellte Einsatz der OLEDs in der Datenübertragung hat eine Reihe von Anforderungen, die von der Lichtquelle erfüllt werden müssen. Wichtig sind vor allem die Ausgangsleistung, das Emissionsspektrum und das dynamische Verhalten der Bauteile. Auch die Herstellungsmethodik spielt eine Rolle. Das Hauptaugenmerk dieses Kapitels liegt auf der Optimierung und Untersuchung des dynamischen Verhaltens organischer Leuchtdioden.

4.1   Herstellung von OLEDs für die optische Datenübertragung

Für die Verwendung von organischen Leuchtdioden in optischen Datenübertragungssystemen (engl. *optical interconnect - OI*)[2] sind bestimmte Erfordernisse zu erfüllen. Um eine möglichst hohe Datenrate zu erzielen, muss das dynamische Verhalten der Bauelemente optimiert werden. Neben der intrinsischen Ladungsträgerdynamik im Bauteil, die in Kapitel 4.3 behandelt wird, ist das Bauteillayout hinsichtlich möglichst geringer parasitärer Widerstande und Kapazitäten anzupassen. Das im Folgenden vorgestellte Probenlayout ist im Laufe der Arbeit über mehrere Optimierungsschritte entstanden. In Kapitel 4.3.3 wird ein kurzer Vergleich zwischen einem anfänglichen und dem letztendlichen Layout gezogen.

Der zweite wichtige Parameter ist das Emissionsspektrum der OLED. Dieses muss an das Absorptionsspektrum des Detektors auf der Empfängerseite der Datenübertragungsstrecke angepasst sein (siehe Kapitel 6 *Optische Datenübertragung*). Organische Materialien bieten hier eine große Auswahl an Emittern, die diese Voraussetzung erfüllen.

4.1.1   Materialauswahl

Als Materialien werden beide lichtemittierenden Gruppen organischer Halbleiter, Polymere als auch *Small molecules*, untersucht. Die aktiven Schichten in Polymer-OLEDs sind relativ einfach über das Aufschleuderverfahren aufzubringen. Daher wurden viele Tests in der Designphase an solchen Bauteilen vorgenommen. Allerdings haben Polymer-OLEDs zwei Nachteile: Zum einen ist ihre Effizienz nicht so hoch, wie bei optimierten Leuchtdioden aus *Small molecule*-Materialien. Zum anderen hat das verwendete Aufschleuderverfahren einige Nachteile wie z.B. ungleichmäßige Schichtdicken auf Strukturen und die Benetzung des gesamten Substrates. Als Materialien stehen für PLEDs die schon in Kapitel 3.1.2 vorgestellten Polyfluoren-, PPP- und PPV-Verbindungen zur Verfügung. Auf der Seite der *Small molecules* werden Alq_3 und Alq_3:DCM verwendet.

Eine Übersicht über die Spannbreite der Emissionsspektren der untersuchten OLED-Materialien bietet Abbildung 4.1. Dargestellt ist die Emission von untersuchten Polymer- als auch *Small molecule*-OLEDs. Mit diesen Materialien wird fast der gesamte sichtbare Spektralbereich (380-780 nm) abgedeckt.

---

[2]Diese Art der organischen Leuchtdioden wird im Folgenden teilweise einfach OI-OLED, als Abkürzung für *Optical Interconnect*-OLED, genannt.

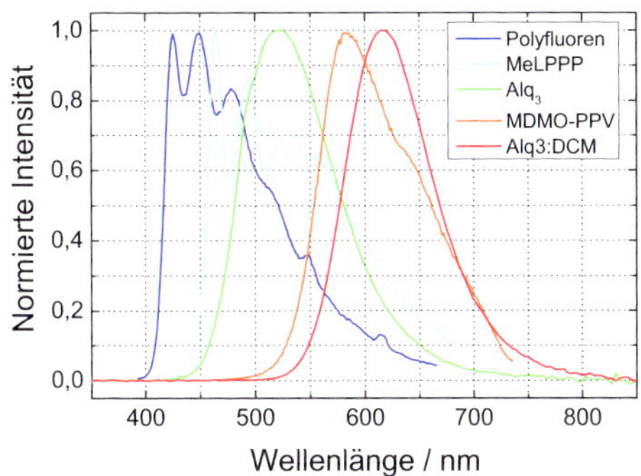

Abbildung 4.1: *Emissionsspektren verschiedener OLEDs*
Gezeigt sind Spektren von PLEDs (Polyfluoren, MeLPPP, MDMO-PPV) und SMOLEDs (Alq_3, Alq_3:DCM).

4.1.2 Probenlayout und Strukturierung

Eine Leuchtdiode muss eine genügend hohe Ausgangsleistung besitzen um eine sichere Datenübertragung zu gewährleisten. Hierzu wurden verschiedene Schichtstrukturen und Materialien getestet um eine ausreichende Strahlungsdichte zu erreichen. Obwohl die meisten der im letztem Abschnitt vorgestellten Materialien kurze Ansprechzeiten zeigen, genügt die Ausgangsleistung den Ansprüchen der Anwendung in der optischen Datenübertragung nicht. Durch die gezielte Auswahl und Optimierung einer OLED-Schichtstruktur, können die Anforderungen, sowohl was das Spektrum als auch die Ausgangsleistung angeht, erfüllt werden. Daher wird hier nur auf diese Struktur näher eingegangen.

OLED-Struktur

Die verwendete OLED besteht aus einer Doppel-Heterostruktur aus aufdampfbaren *Small molecule*-Materialien, die auf die Möglichkeiten der verwendeten Aufdampfanlage angepasst wurde. Die Struktur verwendet das Material Alq_3 als Emitter. Die externe Quanteneffizienz einer einfachen Alq_3-OLED ist relativ gering ($\approx 1\,\%$ [178]) Eine optimierte Struktur bietet hier deutliches Verbesserungspotenzial [179]. Die Fluoreszenzlebensdauer von $\approx 16\,ns$ [44] diese Materials verspricht die Realisierung von schnellen OLEDs.
In Abbildung 4.2 sind die Schichtstruktur und das Energiediagramm der hier verwendeten optimierten OLED-Struktur schematisch dargestellt.
Die Schichten in der OLED erfüllen unterschiedliche Aufgaben zur Optimierung der Lichtausbeute. Wichtig sind hier vor allem drei Punkte [180]:

- effiziente Ladungsträgerinjektion von den Elektroden bei niedrigen Spannungen

- ein ausgeglichenes Ladungsträgerverhältnis

- Konzentration der Ladungsträger auf die Emitterschicht, um die Rekombinationswahrscheinlichkeit zu erhöhen

Die MTDATA- und NPB-Schichten dienen zur effektiven Injektion von Löchern aus der ITO-Elektrode in das Bauteil. Die schrittweise Absenkung des *HOMO*-Niveaus vom ITO zur Alq_3-Emitterschicht sorgt für einen verlustarmen Lochtransport. Auf der Kathodenseite sorgt der Einsatz des Materials LiF in Zusammenspiel mit Alq_3 als Elektronentransportschicht für eine effiziente Elektroneninjektion. Über die BCP-Schicht können Elektronen mit sehr kleinen Energiebarrieren in die Emitterschicht transportiert werden.

Ein ausgeglichenes Ladungsträgerverhältnis wird durch ähnliche Löcher- und Elektronengeschwindigkeiten in den Transportschichten erreicht. Die Materialien mit den geringsten Löcher- bzw. Elektronen-Mobilitäten in diesem Schichtaufbau sind dabei MTDATA und Alq_3. Die Löchermobilität ist in MTDATA rund dreimal so hoch wie in Alq_3 ($\approx 2,7 \times 10^{-5}\,\mathrm{cm^2 V^{-1} s^{-1}}$) [181], was sich durch die unterschiedlichen Schichtdicken wieder ausgleicht.

Der dritte Optimierungsschritt wird durch die NPB und die BCP-Schicht erreicht. Durch die hohen Energiebarrieren zur Alq_3-Emitterschicht für die Elektronen bzw. Löcher in diesen Materialien werden die injizierten Ladungsträger in dieser Doppel-Heterostruktur gehalten. Die Wahrscheinlichkeit für eine strahlende Rekombination wird so stark erhöht.

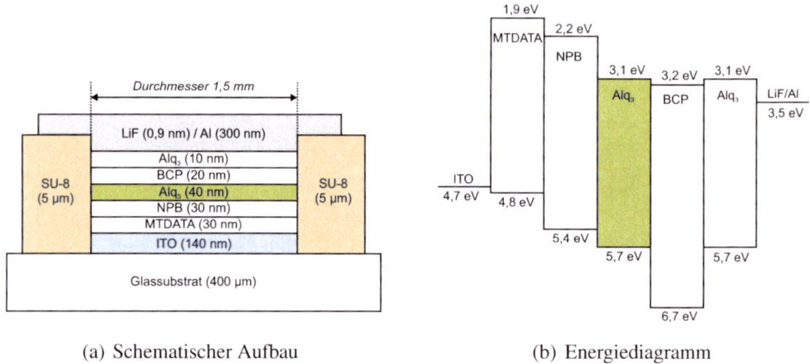

(a) Schematischer Aufbau   (b) Energiediagramm

Abbildung 4.2: *Aufbau, Schichtdicken und Energiediagramm der OLEDs für die optische Datenübertragung*
    Der Schnitt durch die OLED in a) zeigt die Strukturierung durch die SU-8-Schicht und die Schichtdicken. In b) sind die *HOMO-LUMO*-Werte der einzelnen Schichten in der Doppel-Heterostruktur angegeben.

Probenlayout

In vielen Arbeiten wird die aktive Fläche des organischen Bauelements einfach über sich zwei überlappende Elektroden definiert. Ein solches Layout bringt zwei Probleme mit sich. Zum einen ist die Größe und die Lage der aktiven Fläche oft nicht genau definiert, zum anderen führen die relativ langen Zuleitungen zu unerwünschten Effekten. Die dünnen Elektrodenleitungen (insbesondere ITO) haben eine relativ schlechte Leitfähigkeit, was sich in einem erhöhten Serienwiderstand der Bauteile und damit in einer höheren *RC*-Zeitkonstante widerspiegelt.

Zur Lösung dieser Probleme und Einschränkungen wurde in dieser Arbeit ein koaxiales Probenlayout entwickelt. Durch die Kontaktierung mit einem Hochfrequenzkontaktstift (*Ingun HFS 110*) können so lange Zuleitungen komplett vermieden werden.

Das optimierte Probenlayout ist in Abbildung 4.3 schematisch dargestellt. Auf dem Substrat finden 16 OLEDs in einer 4×4-Anordnung Platz. Auf diese Weise können immer mehrere OLEDs auf einem Substrat hergestellt und später einzeln getestet werden. Die Definition der runden aktiven Fläche mit einem Durchmesser von 1,5 mm erfolgt durch eine 5 µm dicke SU-8-Schicht. Die aktiven OLED-Schichten und die Metallelektrode werden durch eine auf das Substrat justierte Schattenmaske aufgedampft. Die Aufdampfmaske hat 1,65 mm große Öffnungen. Die Abbildungen 4.2 a) und 4.4 verdeutlichen den Aufbau im Schnitt und in der Aufsicht. Die Fotografie in Abbildung 4.4 b) zeigt eine Mikroskopaufnahme beim Justagevorgang der Schattenmaske zum vorstrukturierten Substrat. Die Kathode darf dabei auf keinen Fall über die SU-8-Struktur herausragen, da sonst Kurzschlüsse zur Anode auftreten.

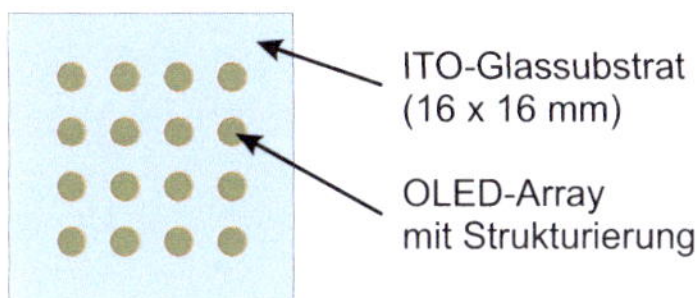

Abbildung 4.3: *Herstellungs-Layout der OI-OLEDs*
Träger ist ein ITO-Substrat, auf 16 OLEDs in einem Array angeordnet sind.

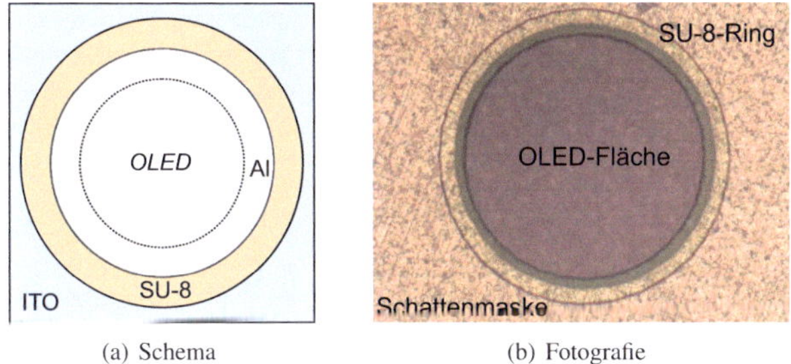

(a) Schema   (b) Fotografie

Abbildung 4.4: *Schema und Fotografie der Strukturierung der OI-OLEDs*
Die Abbildungen zeigen die Aufsicht auf eine OLED. Die unterschiedlichen Durchmesser der SU-8-Strukturierung, der Kathode bzw. der Schattenmaske und der eigentlichen OLED-Fläche betragen 1,8 mm, 1,65 mm und 1,5 mm.

Eine Fotografie einer OI-OLED in Abbildung 4.5 zeigt die helle, grüne Emission der optimierten Leuchtdiode.

4.2   Charakterisierung des statischen Verhaltens

Die Bestimmung der Strom-Spannungskennlinie und des Spektrums der OLED ist für den späteren Einsatz wichtig. Die Größe der Einsatzspannung ist ein entscheidender Parameter bei der Ansteuerung der organischen Leuchtdioden im modulierten Betrieb.
Für die Charakterisierung wird das OLED-Substrat in einen Haltemechanismus eingelegt. Ein

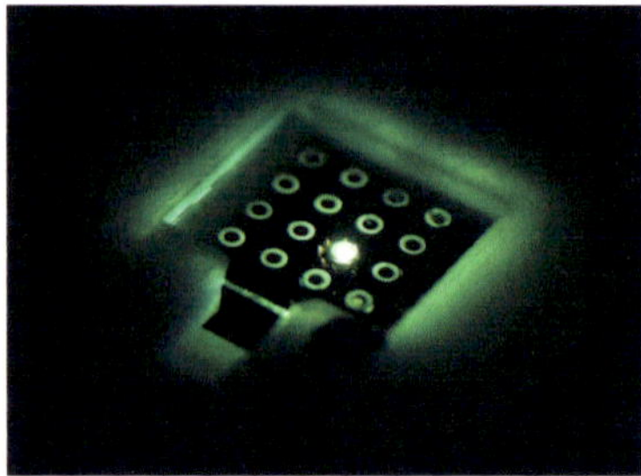

Abbildung 4.5: *Fotografie einer OI-OLED im Betrieb*
Das Bild zeigt eine von unten kontaktierte OLED für die Anwendung in der Daten-übertragung. Das eingesetzte Emitter-Material ist Alq_3 und die aktive Fläche hat einen Durchmesser von 1,5 mm.

Kontaktstift kann von unten über eine xyz-Verschiebeeinheit an die OLED herangefahren werden. Der Bereich unter der OLED bildet eine Kammer, die mit Stickstoff geflutet wird. Auf diese Weise können die OLEDs auch ohne Verkapselung unter Sauerstoffausschluss betrieben werden um eine Fotooxidation der organischen Schichten zu vermeiden.
Die Messung der I-U-Kennlinie erfolgt über eine Strom-Spannungsquelle (*Keithley SMU 238*). Wie in Abbildung 4.6 schematisch dargestellt, wird das emittierte Licht zur einfacheren Messung in eine Polymer-optische Faser (POF) mit einem Durchmesser von 1 mm gekoppelt. Das Spektrum und die Ausgangsleistung in Abhängigkeit von der angelegten Spannung können dann über fasergekoppelte Messgeräte (Spektrometer: *Jobin Yvon Triax 320 + Symphony-CCD-Kamera*, Optisches Leistungsmessgerät: *Melles Griot 13PDH001*) bestimmt werden.

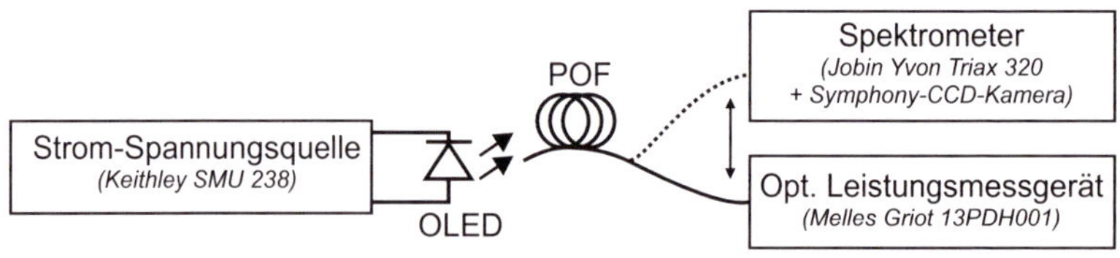

Abbildung 4.6: *Schema des Messaufbaus zur Charakterisierung von OI-OLEDs*
Eine Strom-Spannungsquelle dient zur Spannungsversorgung und I-U-Kennlinienmessung. Das Licht der OLED wird durch eine 1 mm-POF zu einem Spektrometer oder zu einem optischen Leistungsmessgerät geführt.

Das in Abbildung 4.7 a) gezeigte Spektrum der Alq_3-OLED hat ein Maximum bei 522 nm und eine Halbwertsbreite von 75 nm. Die Strom-Spannungskennlinie in Abbildung 4.7 b) weißt das typische exponentielle Verhalten von organischen Leuchtdioden auf. Die Einsatzspannung für die Lichtemission liegt bei ≈ 6 V. Die Stromdichten erreichen Werte von 90 mA/cm^2 bei 20 V. Auch die Ausgangsleistung zeigt ein exponentielles Verhalten mit steigender Betriebsspannung.

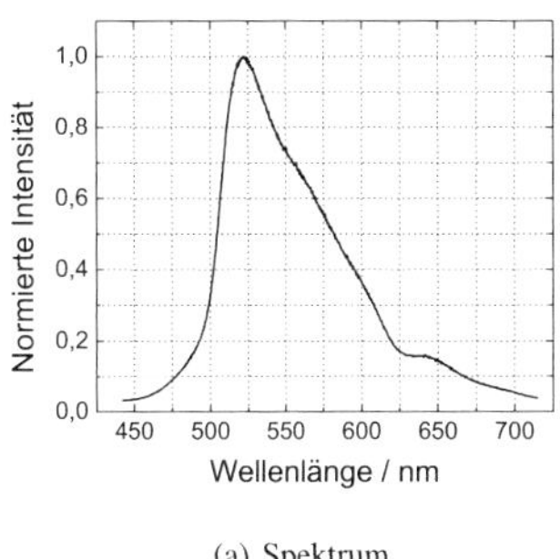

(a) Spektrum

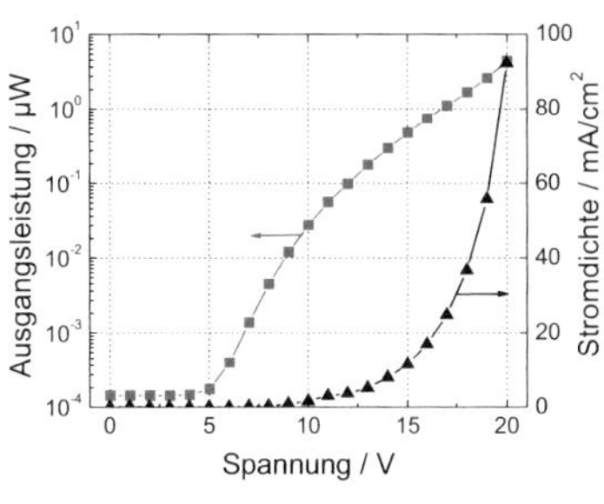

(b) Kennlinie und Ausgangsleistung

Abbildung 4.7: *Spektrum, Kennlinie und Ausgangsleistung der OI-OLED*

4.3 Untersuchung des dynamischen Verhaltens

Die Nutzung organischer OLEDs zur Datenübertragung erfordert eine Optimierung hinsichtlich des dynamischen Verhaltens und der Ausgangsleistung der verwendeten Bauelemente. Neben der Datenübertragung spielen diese Parameter der OLED auch eine große Rolle in der Displaytechnik, da dort oft mit Zeitmultiplexing gearbeitet wird [182, 183].
Dieses Kapitel gibt Einblick in grundsätzliche Überlegungen zum transienten Verhalten von OLEDs unter gepulster Anregung. Ein experimenteller Aufbau zur Charakterisierung des dynamischen Verhaltens wird vorgestellt. Die Ergebnisse der Untersuchungen von OLEDs unter verschiedenen Bedingungen werden im experimentellen Teil präsentiert.

4.3.1 Dynamik der Elektrolumineszenz

Das Verhalten der Elektrolumineszenz einer OLED hängt sowohl von der äußeren Beschaltung als auch von den Vorgängen im Bauelement ab. Die folgenden Abschnitte erläutern diese Einflüsse und ihre Auswirkung auf das dynamische Verhalten organischer Leuchtdioden.

Äußere Beschaltung

Zur Bestimmung des Dynamikverhaltens von OLEDs wird meist das Verfahren der Anregung mit einem Rechteckspannungsimpuls verwendet. Durch dieses Verfahren lassen sich die charakteristischen Kenngrößen wie die Anstiegszeit t_r (engl. *rise time*), die Abfallzeit t_f (engl. *fall time*) und die Halbwertsbreite t_{FWHM} (engl. *full-width at half-maximum*) bestimmen. Die Anstiegs- und Abfallzeiten sind als Zeitspannen definiert in der sich das Elektrolumineszenzsignal von 10 % auf 90 % und von 90 % auf 10 % seines Endwertes nach dem Einschalten bzw. Ausschalten eines Rechteckspannungsimpulses ändert. Abbildung 4.8 veranschaulicht die charakteristischen Größen.
Vorteil dieses Verfahrens ist die direkte und anschauliche Bestimmung des Bauteilverhaltens unter rechteckförmiger Modulation, die auch für viele Signalübertragungsarten verwendet

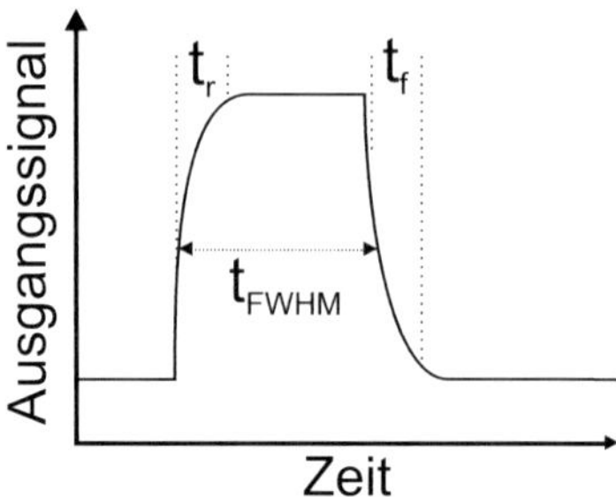

Abbildung 4.8: *Verfahren zur dynamischen Charakterisierung von OLEDs mittels rechteckförmiger Anregung*

Die OLED wird mit einem Rechteckspannungsimpuls angesteuert und die charakteristischen dynamischen Größen werden aus dem Elektrolumineszenzsignal ermittelt.

wird. Auch das in Kapitel 6 realisierte Datenübertragungssystem beruht auf einer Rechteckmodulation. Nachteilig ist der große Systemaufwand um sehr kurze Anstiegs- und Abfallzeiten des Rechteckspannungsimpulses sicherzustellen. Der notwendige Spannungsgenerator muss die Fähigkeit besitzen sehr kurze Pulsflanken ($< 10\,\mathrm{ns}$) bei relativ großen Spannungen ($> 15\,\mathrm{V}$) zu erzeugen.

Eine OLED kann stark vereinfacht durch das in Abbildung 4.9 gezeigte Ersatzschaltbild (ESB) beschrieben werden. Die OLED wird als Parallelschaltung eines Widerstandes R_P und eines Kondensators C betrachtet. Hinzu kommt der Serienwiderstand R_S. R_P kennzeichnet den Widerstand der organischen Schichten. Die Kapazität C entsteht durch die zwei parallelen Elektroden mit der Organik als Dielektrikum. Der Serienwiderstand R_S wird vor allem durch die Widerstände der Zuleitungen bestimmt. In der Realitäten kommen meist noch eine Reihe von parasitären Größen hinzu. So entsteht zum Beispiel durch sich überlappende Elektroden in inaktiven Bereichen der OLED eine zusätzliche parasitäre Kapazität.

Im ESB ist die Spannungsquelle mit ihrem Ausgangswiderstand R_{Quelle} angedeutet. Für eine Abschätzung der Anstiegszeit der OLED ist die Berechnung der RC-Zeitkonstante t_{RC} des Bauteils notwendig. Diese ergibt sich aus der nötigen Zeit für das Umladen der OLED-Kapazität C in Verbindung mit dem Serienwiderstand R_S und dem Quellenwiderstand R_{Quelle} [184]:

$$\frac{1}{t_{RC}} = 2{,}2 \left(\frac{1}{(R_S + R_{Quelle})C} + \frac{1}{R_P C} \right) \qquad (4.1)$$

Im spannungslosen Zustand können die Organikschichten als Dielektrika angenommen werden, die einen großen Widerstand aufweisen. Daher kann der zweite Teil von Gleichung 4.1 gegenüber dem ersten Teil vernachlässigt werden. Dann ergibt sich für t_{RC}[3]:

$$t_{RC} = 2{,}2(R_S + R_{Quelle})C \qquad (4.2)$$

---

[3]Betrachtet wird hier das Umladen um 80 %, von 10 % auf 90 %, daher der Vorfaktor 2,2 ($= e^{0,8}$).

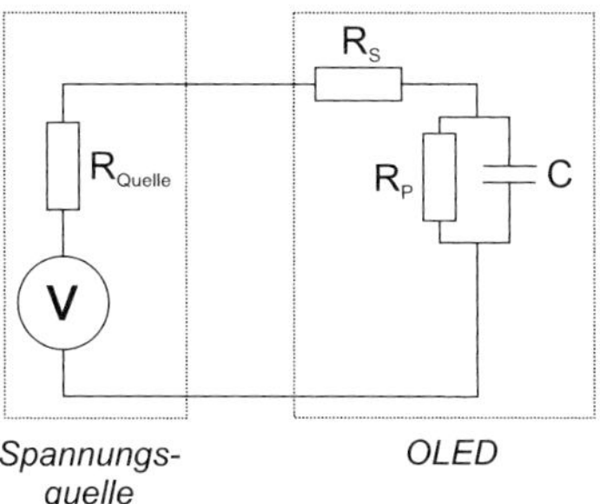

Abbildung 4.9: *Ersatzschaltbild einer OLED*
Auf der linken Seite ist die Spannungsversorgung mit einem charakteristischen Ausgangswiderstand dargestellt. Die OLED rechts im Bild wird als eine Kombination aus
einem Serienwiderstand, einem Parallelwiderstand und einer Kapazität angenommen.

Die Kapazität C der OLED kann über folgende Gleichung abgeschätzt werden:

$$C = \epsilon_0 \epsilon_r \frac{A}{d} \tag{4.3}$$

In diese Gleichung gehen die Dielektrizitätskonstante des Vakuums ϵ_0 und der Organika ϵ_r sowie die Größe der aktiven OLED-Fläche A und die Dicke der Organikschichten d ein. Als ϵ_r
wird für organische Halbleiter üblicherweise ≈ 3 angenommen [19]. Die auf diese Weise abge-
schätzten OLED-Kapazitäten stimmen gut mit den realen Werten überein [184].
Aus diesen Betrachtungen lassen sich einige Folgerungen für eine möglichst kleine *RC*-
Zeitkonstante des Gesamtsystems ziehen:

- R_{Quelle}: Der Ausgangswiderstand der Signalquelle muss möglichst klein sein, um a) die
  Messung der Dynamik der OLED nicht zu verfälschen und b) in der Anwendung das
  Gesamtsystem nicht zu limitieren.

- R_S: Alle Zuleitungen zur OLED sind zu minimieren um den Serienwiderstand klein zu
  halten. Besondere Beachtung sollte die ITO-Elektrode genießen, da dieses Material eine
  relativ schlechte Leitfähigkeit aufweist.

- A: Für eine schnelle Antwortzeit sollte die Fläche einer OLED möglichst klein sein. Dies
  steht jedoch in Kontrast mit der Forderung nach einer lichtstarken Quelle für rauscharme
  Messungen und die Applikation in Systemen.

- d: Die Dicke der Organikschichten sollte groß sein. Ein optimale Bauteileffizienz ergibt
  sich jedoch nur für bestimmte Schichtdicken. Die Freiheiten sind hier also eingeschränkt.
  Außerdem beeinflusst auch die Ladungsträgerbewegung im Bauteil die Dynamik der
  OLED.

Dynamik organischer Leuchtdioden

Die dynamischen Vorgänge in organischen Leuchtdioden wurden von mehreren Forschergruppen unter Einsatz von Rechteckimpulsen untersucht. Im Mittelpunkt stand dabei oft die Ermittlung der Ladungsträgerdynamik im Bauteil [111, 183, 185, 186]. Einen guten Überblick verschaffen die Arbeiten von Braun [187], Savveteev [188], Pinner [182] und Wang [184]. Hier wurden sowohl PLEDs als auch SMOLEDs untersucht. Mehrere Gruppen entwickelten Modelle der Vorgänge im Bauteil [182, 184, 189, 190].

Die meisten der untersuchten OLEDs zeigen ein dynamisches Verhalten, welches in Abbildung 4.10 schematisch wiedergegeben ist. Die OLED fängt erst nach einer Verzögerungszeit t_D an zu leuchten. Die in die OLED injizierten Ladungsträger bewegen sich aufeinander zu und rekombinieren nach einer gewissen Zeit. In Multischichtsystemen kann es außerdem zu Ansammlungen der schnelleren Ladungsträger (meist Löcher) an Grenzflächen in der OLED kommen [183]. Die Zeit t_D hängt stark von der angelegten Spannung ab, da mit größerer Spannung höhere Driftgeschwindigkeiten erreicht werden und zudem die Ladungsträgermobilitäten zunehmen [183, 185, 191]. Für die Anwendung spielt dieser Effekt nur eine untergeordnete Rolle. Limitierend ist meist die Anstiegszeit der OLED. Diese setzt sich aus einer sehr schnellen Zeitkonstanten t_1 und einem langsameren Anstieg mit der Zeitkonstante t_2 zusammen. Der schnelle Anstieg ist durch das Aufeinandertreffen und die Rekombination der Ladungsträger zu erklären. Die Ladungsträgerarten bewegen sich allerdings unterschiedlich schnell, was zu einer unterschiedlichen Ladungsträgersverteilung und zum Aufbau einer Raumladung führt. Dies ruft einen langsamen Anstieg bis zu einer Plateauregion hervor [184, 189]. Der Abfall der Elektrolumineszenz nach dem Ausschalten des Spannungsimpulses zeigt zwei charakteristische Zeitkonstanten. Der fast instantane erste Abfall t_3 erklärt sich durch den plötzlichen Wegfall des elektrischen Feldes und der daraus folgenden Auslöschung der bimolekularen Rekombination [111]. Diese Zeitkonstante ist fast ausschließlich von der Fluoreszenzlebensdauer abhängig. Der langsame Abfall t_4 wird durch noch vorhandene Ladungsträger, die langsam rekombinieren, hervorgerufen [182], [192].

Das dynamische Verhalten von organischen OLEDs wird insbesondere durch die Zeitkonstanten t_2 und t_4 limitiert. Erstere kann durch eine optimierte Ansteuerung verringert werden, wie in Abschnitt 4.3.3 gezeigt wird.

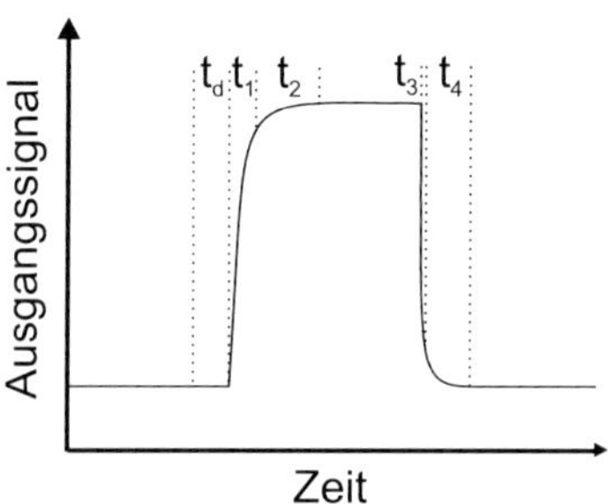

Abbildung 4.10: *Schema des transienten Elektrolumineszenzsignals einer OLED*
OLEDs weisen charakteristische Zeitkonstanten bei der Ansteuerung mit einem Rechteckspannungsimpuls auf.

4.3.2 Experimenteller Messaufbau

An den Messaufbau zur Charakterisierung der dynamischen Eigenschaften der OLEDs werden besondere Anforderungen gestellt. Sowohl die Treiberelektronik zur Erzeugung von steilflankigen Spannungsimpulsen als auch die hochfrequenztaugliche Kontaktierung der OLEDs stellen Herausforderungen dar. Dieser Abschnitt erläutert diese Bestandteile des Messsystems zusammen mit der Detektionsseite.

Treiberelektronik

Da es keine kommerziell erhältliche Pulsquelle für diese Anwendung gab, wurde eine eigene Treiberelektronik für die Ansteuerung der OLEDs entwickelt. Folgende grundsätzliche Ansprüche wurden an das realisierte System gestellt:

- maximale Ausgangsspannung von bis zu 30 V

- einstellbare Offset-Spannung

- ausreichende Maximalströme

- kurze Anstiegs- und Abfallflanken des Spannungsimpulses ($< 10\,\mathrm{ns}$)

- geringer Ausgangswiderstand, um die *RC*-Zeitkonstante der Gesamtschaltung klein zu halten

Diese Anforderungen sind mit herkömmlichen Signalgeneratoren kaum zu erreichen. Der beste am Institut zur Verfügung stehende Funktionsgenerator (*HP 8116A*), erfüllt zwar die Forderung nach kurzen Impulsflanken (spezifiziert $< 7\,\mathrm{ns}$), jedoch nicht die Vorgaben für die Spannungs- und Stromfestigkeit.

Ein weiteres Problem, dass die Verwendung von Funktionsgeneratoren zur Versorgung von OLEDs darstellt, ist der Ausgangswiderstand der Spannungsquelle. Selbst kleine OLEDs ($< 5\,\mathrm{mm}^2$) können Kapazitäten von mehreren nF aufweisen. Zusammen mit dem üblichen $50\,\Omega$-Ausgangswiderstand eines Funktionsgenerators können sich *RC*-Zeitkonstanten von einigen $10\,\mathrm{ns}$ ergeben[4]. Dies würde das Ausgangsignal der OLED stark beeinflussen, so dass keine Aussage über die eigentliche Bauteilcharakteristik möglich wäre.

Um die Anforderungen dennoch zu erfüllen, wird der *HP*-Funktionsgenerator mit einem speziellen Treiber kombiniert. Verwendung findet eine schnelle Treiberstufe für MOSFETs (*IXYS RF DEIC420*). Dieser Treiber wird zur hochfrequenten Schaltung einer externen Spannungsquelle (*Manson SPS 9602*) am *VCC*-Eingang genutzt. Er weist sehr kurze Anstiegs- und Abfallzeiten ($< 4\,\mathrm{ns}$ bei einer 4 nF-Last) bei hohen Spitzenströmen von bis zu 20 A auf [193]. Für die Anwendung in diesem Messsystem ist der Ausgangswiderstand von nur $0{,}6\,\Omega$ ein großer Pluspunkt. Mit diesem Wert und der Bauteilkapazität errechnet sich die *RC*-Zeitkonstante des Stromkreises zu 8 ns und spielt daher nur eine untergeordnete Rolle.

Der Eingang (*IN*) der Treiberstufe wird über den *HP*-Funktionsgenerator, mit einer Spannung zwischen - 3 und 8 V angesteuert. Die zu vermessende OLED ist am Ausgang (*OUT*) des Treibers angeschlossen. Dabei wird auf möglichst kurze und massive Leitungen auf dem Weg zur

---

[4]Für die vorgestellten OI-OLEDs ergibt sich rechnerisch nach Gleichung 4.3 eine Kapazität von 0,36 nF. Dies würde bei einem (bereits optimierten) Serienwiderstand von $10\,\Omega$ immer noch eine *RC*-Zeitkonstante von 47 ns bei $50\,\Omega$-Ausgangswiderstand des Funktionsgenerators bedeuten.

OLED-Kontaktierung, die im folgenden Kapitel beschrieben wird, geachtet. Die großen Schaltleistungen des Treibers machen eine Kühlung nötig, daher wird eine thermoelektrische Kühlung genutzt, die aktiv überwacht und geregelt wird.

Um die OLEDs mit einer Offset-Spannung beaufschlagen zu können, ist unmittelbar hinter der Treiberstufe eine regelbare Spannungsquelle (*Keithley SMU 238*) über ein *Bias-T*-Netzwerk angeschlossen. Dieses Netzwerk entkoppelt die Offset-Gleichspannung von der Wechselspannung der Treiberstufe und macht so eine unabhängige Einspeisung möglich. In Abbildung 4.11 ist die gesamte Treiberschaltung schematisch dargestellt. Insgesamt sind alle Kabel und Zuleitungen auf eine möglichst gute Hochfrequenztauglichkeit ausgelegt. Gewisse Störungen insbesondere durch das hochfrequente Schalten von hohen Spannungen mit der Treiberstufe lassen sich allerdings nicht komplett ausschließen.

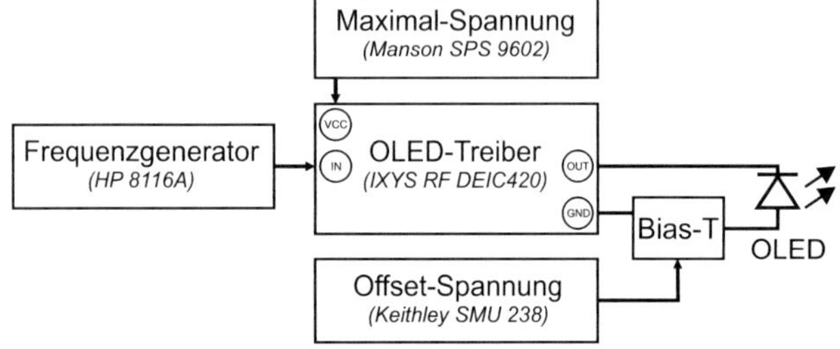

Abbildung 4.11: *Schaltbild der OLED-Treiberelektronik*
Ein Treiberbaustein sorgt für die Erzeugung steilflankiger Spannungsimpulse. Die Maximal-Spannung wird durch eine lineare Spannungsquelle erzeugt. Das Ansteuerungssignal erzeugt ein Funktionsgenerator. Eine zusätzliche Spannungsquelle kann über eine *Bias-T*-Netzwerk zur Einspeisung einer Offset-Spannung genutzt werden.

Kontaktierung

Die im Herstellungsabschnitt 4.1 beschriebene OLED-Struktur wird über einen Hochfrequenzkontaktstift (*Ingun HFS 110*) an die Treiberelektronik angeschlossen. Das Prinzip zeigt Abbildung 4.12 a). Dieser Stift besitzt gefederte Kontaktspitzen und kann so unter geringem Druck an die OLED herangeführt werden. Der verwendete Stift hat einen gezahnten Außenkontakt (Innendurchmesser: 1,9 mm) um eine zuverlässige Kontaktierung auch durch eventuell vorhandene Organikschichten zu gewährleisten. Der Innenkontakt ist als flacher Stift (Durchmesser: 0,5 mm) ausgelegt. Der Kontaktstift weist einen kleinen Widerstand von 20 mΩ auf und ist für Frequenzen bis zu 700 MHz spezifiziert [194].

Da die Elektroden des Kontaktstiftes sich in unmittelbarer Nähe zum Bauteil befinden werden mögliche Serienwiderstände minimiert. Dies ist ein entscheidender Vorteil dieser Kontaktierungsart. Zusätzlich sind die Stromleitungen zwischen der Treiberelektronik und dem Kontaktstift kurz gehalten und kommen ohne zusätzliche Kabel aus.

Diese Art der Kontaktierung ist vor allem für Testzwecke und Experimente geeignet. Der Kontaktstift muss auf die Probe ausgerichtet werden und ist nicht fest mit der OLED verbunden. Die Kontaktierung erfordert Vorsicht um die dünnen Schichten der OLED nicht zu beschädigen. Teilweise kann ein guter Kontakt nur nach etwas Bewegung des Kontaktstiftes hergestellt

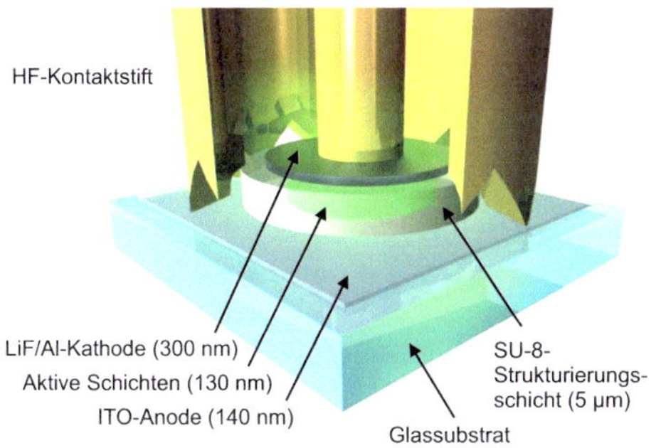

Abbildung 4.12: *Schema der Hochfrequenzkontaktierung organischer Leuchtdioden*
Der Kontaktstift stellt über die eng zusammenliegenden Innen- und Außenelektroden eine Kontaktierung mit sehr kleinen Serienwiderständen her.

werden, die wahrscheinlichste Ursache hierfür ist eine dünne Oxidschicht auf der Kathode. Für die hier präsentierten Experimente stellt sie nichtsdestotrotz eine hervorragende Möglichkeit dar, OLEDs schnell, verlässlich und hochfrequenztauglich zu kontaktieren.

Bei dieser Kontaktierungsart sind die Bauelemente nicht ohne weiteres verkapselbar. Für den Einsatz in Produkten könnte diese Art des Probenlayouts allerdings mit einer Bonddrahtverbindung zu den Elektroden versehen werden, wie sie auch in anorganischen LEDs eingesetzt wird. Dann ist auch hier eine Verkapselung möglich.

Messaufbau

Zur Charakterisierung wird die Emission der OLED in eine Polymer-optische Faser eingekoppelt. Der Faserausgang kann dann entweder an ein optisches Leistungsmessgerät (*Melles Griot 13PDH001*) oder an eine Silizium-Fotodiode mit kurzer Ansprechzeit (*Thorlabs DET10A*, $t_r = 1$ ns) angeschlossen werden. Diese Fotodiode dient in Verbindung mit einem Hochfrequenzverstärker (*Femto DHPCA-100*) und einem 1-GHz-Oszilloskop (*Agilent 54832D*) zur Charakterisierung der Dynamik des OLED-Elektrolumineszenzverhaltens. Das Oszilloskop wird durch den Frequenzgenerator getriggert. Der Messaufbau ist schematisch in Abbildung 4.13 skizziert.

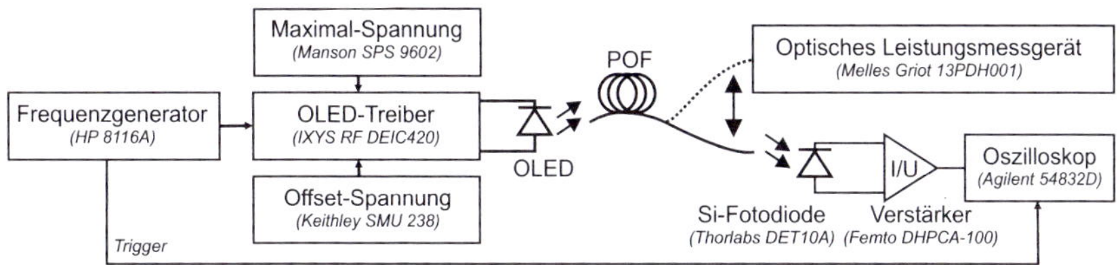

Abbildung 4.13: *Messaufbau zur dynamischen OLED-Charakterisierung*
Ein Funktionsgenerator und eine Treiberelektronik versorgt die OLED, deren Ausgangssignal von einer Fotodiode detektiert und mit einem Oszilloskop ausgewertet wird. Die Lichtleistung kann mit einem optischen Leistungsmessgerät ermittelt werden.

4.3.3 Dynamisches Verhalten von OLEDs

Zur Untersuchung des dynamischen Verhaltens der organischen Leuchtdioden werden diese mit unterschiedlichen Rechteckimpulsfolgen unterschiedlicher Periode angesteuert. Dabei wird ein Tastverhältnis von 1:1 gewählt um damit die Situation in der Anwendung nachzubilden. Die Maximal-Spannung beträgt 18 V. Dies stellt ein Kompromiss zwischen ausreichender Signal-stärke und Beanspruchung der OLEDs dar.

Wichtige Ergebnisse dieser Messungen sind die Antwortzeiten der OLEDs in Abhängigkeit der Frequenz und der angelegten Spannung. Für die Messungen wird aufgrund der geringen Signal-stärke eine Mittelung über 1024 Einzelmessungen vorgenommen.

Abbildung 4.14 zeigt eine Periode des transienten Elektrolumineszenzsignals einer OI-OLED. Die Antwort auf das Rechteckeingangssignal mit einer Periode von 10 µs ist sowohl in einer linearen als auch semilogarithmischen Darstellung gezeigt, um die charakteristischen Größen besser zu verdeutlichen. Die OLED zeigt einen schnellen Anstieg der Elektrolumineszenz in-nerhalb von ≈ 40 ns. Es folgt ein langsamer Anstieg in die Plateauregion. Nach Abschalten des Spannungssignals fällt die Ausgangsleistung rapide in einer Zeit von 40 ns ab. Am Ende des Rechteckimpulses ist ein langsamer, exponentieller Abfall der Elektrolumineszenz zu erkennen. Die Form der Dynamik der OLED ist in Einklang mit den Beobachtungen in der Literatur, die in Abschnitt 4.3.1 beschrieben werden. Die Zeitkonstanten des Anstiegs und Abfalls von 40 ns sind eine Superposition der Fluoreszenzlebensdauer von Alq_3 (16 ns) und der Systemantwort.

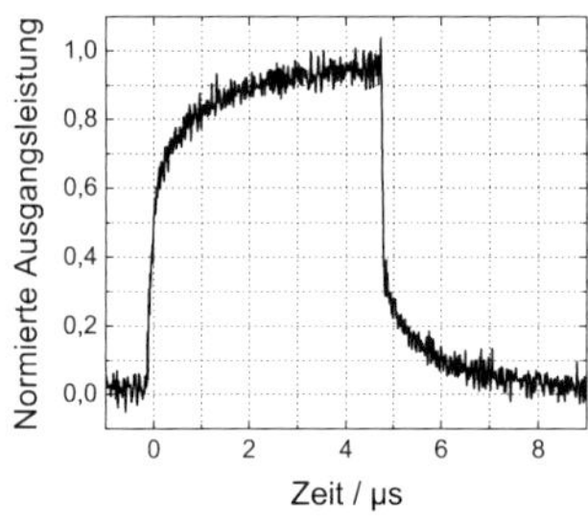
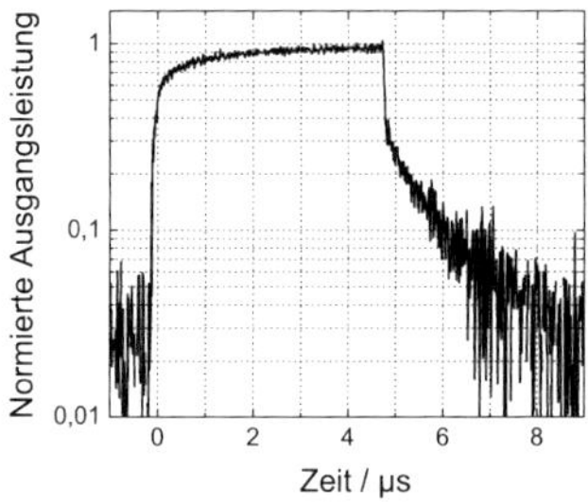

(a) Lineare Darstellung   (b) Semilogarithmische Darstellung

Abbildung 4.14: *Dynamik der Alq₃-OLED auf eine Rechteckeingangsfunktion*
    Die OLED wird mit einer Rechteckimpulsfolge mit einem Taktverhältnis von 1:1 und einer Modulationsfrequenz von 100 kHz betrieben. (Parameter: Mittelung aus 1024 Ein-zelmessungen, Offset-Spannung: 0 V, Maximal-Spannung: 18 V)

Abhängigkeit von elektrischen Kenngrößen

Zur Optimierung der Bauteilcharakteristik wird zusätzlich eine Offset-Spannung über ein *Bias-T*-Netzwerk in das Ansteuerungssignal der OLED eingespeist. Die Größe dieser Offset-Spannung wird so gewählt, dass sie im ersten Fall null ist, im zweiten Fall mit der Einsatzspan-nung (6 V) der OLED übereinstimmt und im dritten Fall darüber liegt (10 V).

In Abbildung 4.15 wird das Ergebnis dieser Spannungsvariation bei einer Modulationsfrequenz von 100 kHz gezeigt. Die Anstiegsflanke wird mit zunehmender Offset-Spannung deutlich steiler. Dabei sinkt jedoch die initiale Anstiegszeit t_1 (siehe Abschnitt 4.3.1) nicht. Der langsame Anstieg zur Plateauregion wird jedoch deutlich verkürzt.

Beim Einschaltvorgang baut sich langsam eine Raumladung im Bauteil auf. Durch das Anlegen der Offset-Spannung wird diese Raumladungskapazität schon vor dem Anlegen eines Spannungsimpulses geladen [184]. Daher kann auf diese Weise die Anstiegszeit der OLED signifikant verkürzt werden.

Im Gegensatz zur Anstiegsflanke ändert sich die abfallende Flanke des Pulses mit zunehmender Offset-Spannung kaum. Sowohl der instantane als auch der langsame Abfall bleiben nahezu unverändert. Dies ist zu erwarten, da das Ausschalten der Maximal-Spannung einen sofortigen Rückgang der Rekombinationsrate hervorruft und dies nicht von der Höhe der Offset-Spannung abhängt [184].

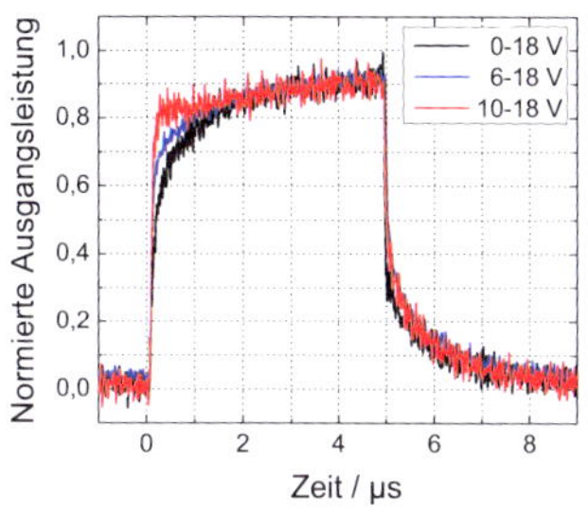

(a) Lineare Darstellung

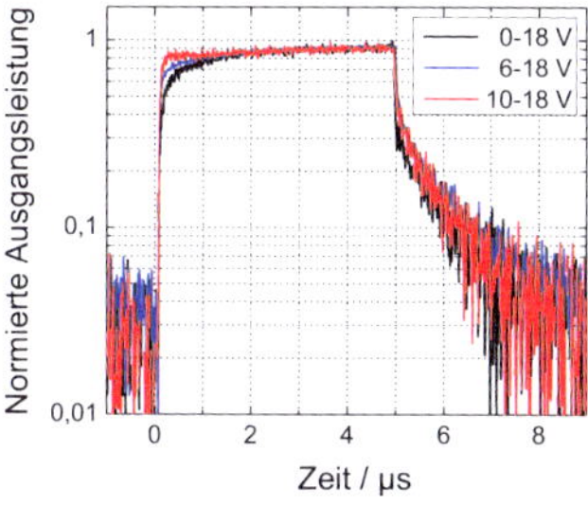

(b) Semilogarithmische Darstellung

Abbildung 4.15: *Dynamisches Verhalten der OLED in Abhängigkeit von der Offset-Spannung*
Die Modulationsfrequenz liegt bei 100 kHz. (Parameter: Mittelung aus 1024 Einzelmessungen, Maximal-Spannung: 18 V)

Um die Grenzen der Modulationsfähigkeit der OLEDs zu testen, werden die OLEDs mit Rechteckimpulsfolgen unterschiedlicher Frequenzen angesteuert. Die Ergebnisse dieser Messungen sind in Abbildung 4.16 wiedergegeben. Während bei Frequenzen von 10 kHz und 100 kHz noch eindeutige Rechteckausgangssignale zu erkennen sind, führt insbesondere der langsame Abfall der Elektrolumineszenz zu einer zunehmenden Verwaschung der Pulse bei höheren Frequenzen. Eine deutliche Modulation der OLED-Ausgangsleistung war bis zu einer Frequenz von sieben Megahertz messbar.

Vergleich mit herkömmlichen OLEDs

Im letzten Abschnitt soll der Unterschied zwischen herkömmlichen OLEDs und dem optimierten Bauteillayout aufgezeigt werden. Abbildung 4.17 a) zeigt das Layout einer organischen Leuchtdiode vor der Optimierung. Es ähnelt einer normalen OLED-Struktur mit relativ langen Zuleitungen. Es wurde bereits eine Strukturierungsschicht eingebracht, die eine kleine OLED-Fläche definiert. Alleine durch die Zuleitungen entstehen allerdings schon Serienwiderstände in der Größenordnung von 50 Ω. Dagegen vermeidet das optimierte Design längere Zuleitungen durch das koaxiale Layout der OLED-Struktur.

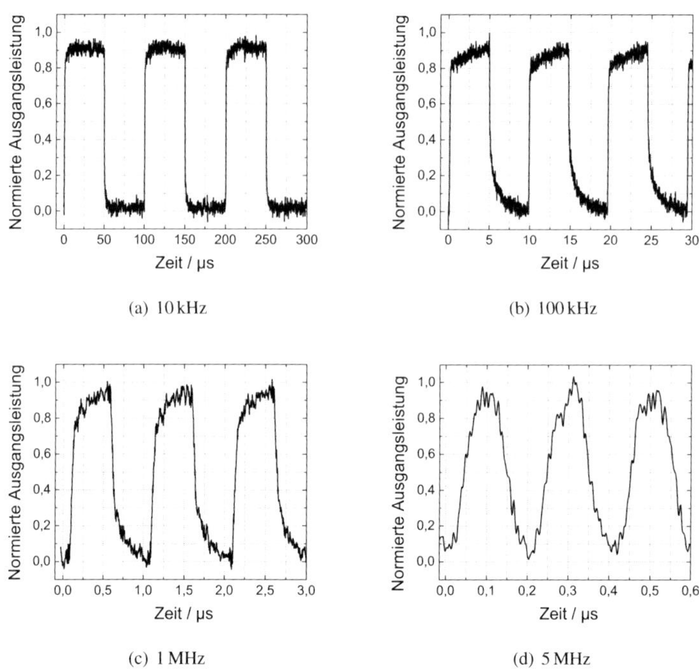

Abbildung 4.16: *Dynamik der Elektrolumineszenz der OI-OLEDs bei verschiedenen Frequenzen*
Die Frequenz der Rechteckimpulsfolge wird von 10 kHz - 5 MHz variiert. (Parameter: Mittelung aus 1024 Einzelmessungen, Offset-Spannung: 10 V, Maximal-Spannung: 18 V)

Zusätzlich werden parasitäre Kapazitäten durch sich überlappende Elektrodenzuleitungen vermieden. Die Kalkulation der parasitären Kapazität in diesen Bauteilen ergibt, bedingt durch den geringen Überlapp am Rand der OLED, einen Wert von nur 2 pF. Dies liegt zwei Größenordnungen unter der Bauteilkapazität und ist damit vernachlässigbar.

Das Ergebnis der Optimierung lässt sich in Abbildung 4.17 betrachten. Hier wird das Antwortsignal auf ein 1-MHz-Rechtecksignal zwischen OLEDs mit herkömmlichen und optimierten Layout dargestellt. Als Emittermaterial wird jeweils Alq$_3$ verwendet. Die Verbesserung des Ausgangssignals ist deutlich zu erkennen.

4.4   Zusammenfassung und Ausblick

Die Untersuchung der dynamischen Eigenschaften von OLEDs gibt Einblick in die Vorgänge im Bauteil und mögliche Optimierungsstrategien. Nach der Entscheidung für eine OLED-Schichtstruktur wurde das Bauteillayout optimiert. Dabei spielte die Betrachtung der Einfluss-

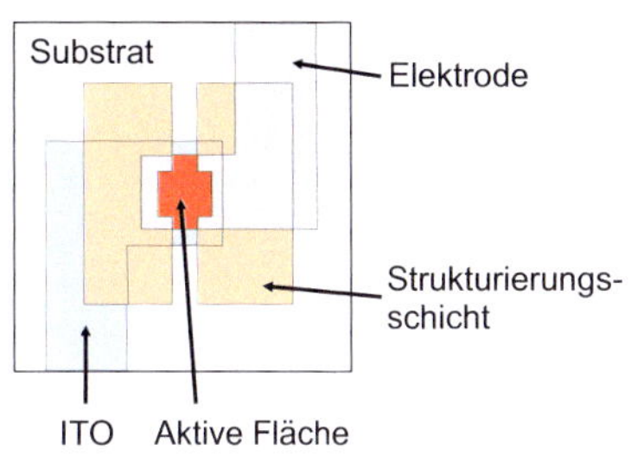

(a) Nicht-optimiertes Layout

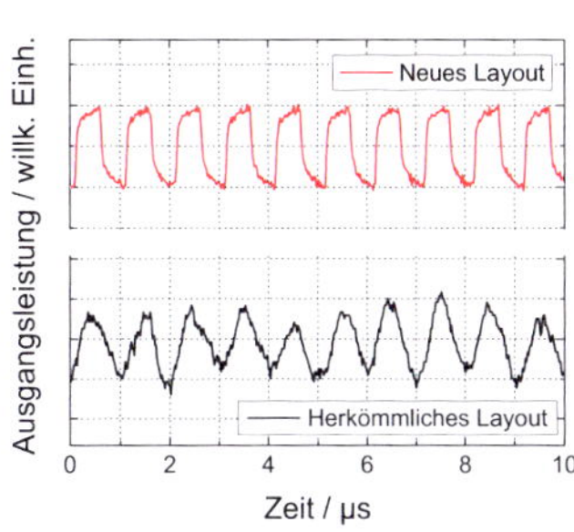

(b) Vergleich des dynamischen Verhaltens

Abbildung 4.17: *Nicht-optimiertes Bauteillayout und Vergleich des dynamischen Verhaltens von Alq$_3$-OLEDs*
Links ist das herkömmliche Bauteillayout dargestellt. Die rechte Seite zeigt den Vergleich des dynamischen Verhaltens von Bauteilen mit dem herkömmlichen und optimierten Layout auf eine Rechteckimpulsfolge bei 1 MHz. (Parameter: *Herkömmliches Layout*: Offset-Spannung 0 V, Maximal-Spannung: 17 V; *Neues Layout*: Offset-Spannung: 10 V, Maximal-Spannung: 18 V)

parameter auf das dynamische Verhalten eine große Rolle. Das entwickelte OLED-Layout vermeidet konsequent parasitäre Widerstände und Kapazitäten. In Verbindung mit einer speziellen Kontaktierung und Treiberelektronik sind somit nur die Vorgänge im Bauteil selbst von Bedeutung. Dies zeigt sich in der Analyse der Experimentalergebnisse. So wurde das transiente Verhalten von OLEDs bei Modulationsfrequenzen von bis zu 5 MHz gezeigt. Anstiegs- und Abfallzeiten im Bereich von 40 ns wurden demonstriert. Das Dynamikverhalten kann durch Anlegen einer Offset-Spannung zusätzlich verbessert werden.

Das vorgestellte Zusammenspiel aus optimiertem Bauteildesign und auf die Besonderheiten von OLEDs angepasster Treiberelektronik eröffnet neue Möglichkeiten für die Anwendung von organischen Leuchtdioden. Mit den demonstrierten Modulationsfrequenzen im MHz-Bereich ist die Verwendung dieser OLEDs in Datenübertragungssystemen möglich.

Durch zusätzliche Optimierungsschritte, wie z.B. den Einsatz eines Emittermaterials mit kürzerer Fluoreszenzlebensdauer, sollten sich noch höhere Modulationsfrequenzen erzielen lassen.

Kapitel 5

Organische Fotodioden für die optische Datenübertragung

Zusammenfassung[1]

Die dynamischen Eigenschaften von organischen Bulk-Heterojunction-Fotodioden basierend auf dem Materialsystem P3HT:PCBM werden in diesem Kapitel untersucht. Das Ansprechverhalten der Fotodioden ist insbesondere wichtig für einen Einsatz in der optischen Datenübertragung.

Zur Herstellung der Fotodioden wird ein spezielles Probenlayout verwendet, das den Einfluss von parasitären Widerständen und Kapazitäten auf die Experimente vermeidet. Es werden statische und dynamische Messungen an diesen P3HT:PCBM-Fotodioden demonstriert. Die Fotodioden zeigen hohe externe Quanteneffizienzen bei geringen Dunkelströmen. Die Antwortzeiten auf einen Laserimpuls können unter 10 ns liegen.

Durch ein Drift-Diffusions-Modell können die Vorgänge in den organischen Fotodioden und ihr Einfluss auf das dynamische Verhalten erklärt werden. Der Vergleich zwischen Experiment und simulierten Daten zeigt eine gute Übereinstimmung.

---

[1]Teile dieses Kapitels wurden bereits in folgender Publikation veröffentlicht:
(a) M. Punke *et al.*, *Dynamic characterization of organic bulk heterojunction photodetectors*, Applied Physics Letters, 91, 071118 (2007)

Fotodetektoren werden u.a. in der optischen Nachrichtentechnik und der Sensorik eingesetzt. Die dynamischen Eigenschaften und die Empfindlichkeit dieser Detektoren sind für solche Systeme entscheidend. Der Einsatz von organischen Fotodetektoren in diesen Anwendungsfeldern wurde bisher wenig untersucht. Das folgende Kapitel beschäftigt sich im speziellen mit den Eigenschaften organischer P3HT:PCBM-*Bulk-Heterojunction*-Fotodioden. Durch ein spezielles Bauteildesign ist möglich, die dynamischen Eigenschaften solcher Fotodioden auf einer Zeitskala von wenigen Nanosekunden zu erforschen.

5.1 P3HT:PCBM-*Bulk-Heterojunction*-Fotodioden

Die derzeit effizientesten organischen *Bulk-Heterojunction*-Solarzellen basieren auf einem Materialgemisch des Polymers P3HT und des Fulleren-Derivates PCBM. Insbesondere die Verwendung von P3HT hat aufgrund seiner vorteilhaften Eigenschaften einen großen Effizienzsprung für polymerbasierte Solarzellen gebracht [71,73,101]. Hervorzuheben sind die hohe Stabilität, ein hoher Absorptionskoeffizient und die relativ hohen Löcher-Mobilitäten von P3HT. Die hohen Mobilitäten führten auch zur Verwendung dieses Materials in organischen Feldeffekttransistoren [38].

In Verbindung mit PCBM bildet P3HT daher ein viel versprechendes Materialsystem für schnelle Fotodetektoren. Ein weiterer Vorteil für die Verwendung ist die einfache Herstellung einer aktiven Einzelschicht durch Aufschleuder- oder Rakeltechniken.

5.1.1 Fotostrom und Ladungstransport

Für die Betrachtung der Eigenschaften organischer Fotodetektoren ist ein Verständnis der Vorgänge in der fotoaktiven Zone wichtig. Obwohl organische Fotodioden ein ähnliches Bauteilverhalten wie ihre anorganischen Verwandten haben, gibt es bei der Generierung des Fotostroms und beim Ladungstransport grundsätzliche Unterschiede.

Das Modell eines einfachen *pn*-Übergangs trifft bei einer *Bulk-Heterojunction*-Fotodiode nicht mehr zu. Die organischen Halbleitermaterialien sind üblicherweise intrinsischer Natur, d.h. sie sind nicht dotiert und sind relativ schlechte Leiter. Daher wird oft das Metall-Isolator-Metall (MIM)-Modell zur Beschreibung des Ladungstransports verwendet [70]. Wie in Abbildung 2.15 b) gezeigt, besteht das Bauteil aus einem Halbleiter zwischen zwei Elektroden[2]. Der Unterschied in den Austrittsarbeiten der Elektrodenmaterialien ruft ein internes Feld E_{int} hervor, das bewirkt, dass sich freie Ladungsträger zu den Elektroden des Bauteils bewegen. Diese Feld-induzierte Drift kann durch eine angelegte Spannung in Rückwärtsrichtung noch verstärkt werden.

Ein zweiter Effekt, der zum Ladungstransport beitragen kann, ist die Diffusion aufgrund von Ladungsträgergradienten. In dünnen Bauelementen (< 100 nm) oder bei angelegter Rückwärtsspannung dominiert jedoch der Drift-Effekt [71].

Im Unterschied zu anorganischen Fotodioden ist eine *Bulk-Heterojunction*-Fotodiode überwiegend Drift-dominiert und man kann somit von einer Raumladungszone sprechen, die die ge-

---

[2]Im Fall der *Bulk-Heterojunction* liegt eine Mischung zwischen zwei intrinsischen Halbleitern (P3HT und PCBM) vor. Diese organischen Halbleiter weisen jedoch stark unterschiedliche Ladungsträgerbeweglichkeiten für Elektronen und Löcher auf. So ist P3HT ein guter Lochleiter und PCBM ein guter Elektronenleiter. Man spricht daher auch teilweise von p- bzw n-Materialien. Diese Tatsache wird von Waldauf [195] für ein Modell eines ausgedehnten *pn*-Übergangs genutzt.

samte aktive Schicht umfasst [75].

Zur Beschreibung der Fotostrom-Kennlinie organischer Fotodetektoren wurden verschiedene Modelle entwickelt [196], [197]. Der überwiegende Teil dieser Arbeiten beschäftigt sich allerdings mit der Modellierung von Solarzellen, d.h. ohne angelegte Spannung und im stationären Betrieb. In der Arbeit von Mihailetchi [89] wird die Abhängigkeit des Fotostroms von der angelegten Rückwärtsspannung näher betrachtet.

Das Feld E im Bauteil ist die Differenz der internen U_{int} und angelegten Spannung U_{bias}, die über die Schichtdicke d abfällt:

$$E = \frac{U_{int} - U_{bias}}{d} \tag{5.1}$$

Unter Vernachlässigung der Rekombination von freien Ladungsträgern ist der Fotostrom:

$$I_{ph} = q \cdot G(E, T) \cdot d \tag{5.2}$$

Diese Gleichung zeigt die Abhängigkeit des Fotostroms von der Elementarladung q, der feld- und temperaturabhängigen Ladungsträgergenerationsrate G und der Schichtdicke d. Die mittlere freie Driftlänge l_m muss idealerweise größer sein als die Dicke des Bauteils d.

$$l_m = \mu \tau E \tag{5.3}$$

Das Produkt aus der Ladungsträgermobilität μ und der Ladungsträgerlebensdauer τ ist in P3HT:PCBM-Mischungen bei Raumtemperatur bereits so groß, dass $l_m > d$ [89]. So können, insbesondere bei angelegter Rückwärtsspannung, Bauteildicken $> 300\,\text{nm}$ verwendet werden [198].

Wie Gleichung 5.2 zeigt, hängt die für den Fotostrom wichtige Ladungsträgergenerationsrate sowohl vom Feld als auch von der Temperatur ab. Nach der Exzitonentrennung an der Grenzfläche zwischen Donator und Akzeptor entsteht ein gebundenes Ladungsträgerpaar. Dieses kann nach der Onsager-Theorie [77, 89] rekombinieren oder durch ein angelegtes Feld dissoziert werden. Einen deutlichen Effekt dieses Vorgangs sieht man in der Größe der externen Quanteneffizienz, die bei angelegter Rückwärtsspannung stark ansteigt. Dies kann bei vorgespannten Fotodioden im Gegensatz zu Solarzellen gut ausgenutzt werden.

Für die Eigenschaften von organischen Fotodioden im dynamischen und stationären Fall sind die Ladungsträgermobilitäten von Bedeutung. Elektronen (μ_e)- und Löcher (μ_h)-Mobilitäten können sowohl innerhalb eines Materials als auch zwischen verschiedenen Materialien stark unterschiedlich sein. In konjugierten Polymeren kann bei hohen Feldern auch eine Feldabhängigkeit der Löchermobilität auftreten [89, 103].

$$\mu(E) = \mu_0 \cdot \exp(\gamma \sqrt{E}) \tag{5.4}$$

Die feldlose Löchermobilität μ_0 wird durch einen sogenannten Feldaktivierungsfaktor γ beeinflusst.

Viele der hier betrachteten Vorgänge hängen stark vom Aufbau der Fotodiode ab (Bauteildicke, Materialzusammensetzung usw.). Da eine *Bulk-Heterojunction*-Fotodiode aus einer Mischung amorpher organischer Halbleiter besteht, hat die innere Morphologie einen entscheidenden Einfluss auf das Bauteilverhalten.

Im Falle einer P3HT:PCBM-Mischung wird die Morphologie insbesondere durch einen Tempervorgang beeinflusst. Die Eigenschaften des Polymers P3HT können sich dabei stark verändern. Insbesondere die Löchermobilität kann nach dem Tempern stark ansteigen [89]. Als Ursache wird eine Erhöhung der Kristallinität des Polymers diskutiert [98]. Eine erhöhte Kristallinität von P3HT ruft auch eine Veränderung des Absorptionsspektrums der Fotodioden hervor. Die Absorption im sichtbaren Spektralbereich ist erhöht und rotverschoben [72]. Verbesserte Bauteileigenschaften ergeben sich auch durch einen optimierten Kontakt zwischen der aktiven Schicht und der Metallelektrode nach dem Tempern [72, 98].

5.2   Herstellung

Im folgenden Abschnitt wird die Herstellung von organischen Fotodioden erläutert. Dabei liegt der Schwerpunkt neben der eigentlichen Probenpräparation auf der Vorstellung eines optimierten Probenlayouts zur Untersuchung der dynamischen Eigenschaften.

5.2.1   Probenlayout und Strukturierung

Das Probenlayout der organischen Fotodioden muss verschiedenen Ansprüchen genügen. Wichtig ist vor allem der möglichst geringe Einfluss des Bauteildesigns auf die grundsätzlichen Eigenschaften der Fotodioden. Dies ist insbesondere für die Bauteilcharakterisierung von Bedeutung. Daneben spielen die Reproduzierbarkeit und die einfache Herstellung ein große Rolle. Für die Anwendung der organischen Fotodetektoren in optischen Datenübertragungssystemen ist ein optimales Bauteildesign hinsichtlich der Effizienz und der dynamischen Eigenschaften wichtig.

Die Kontaktierung spielt eine entscheidende Rolle für ein optimales Dynamikverhalten der Fotodioden. Daher wird das bereits im OLED-Kapitel 4.1 vorgestellte koaxiale Probenlayout und Kontaktierungsverfahren zur Vermeidung von langen Elektrodenzuleitungen genutzt.

Die Größendefinition der aktiven OPD-Fläche erfolgt entweder über die Elektrodengröße oder durch eine SU-8-Strukturierungsschicht. In Abbildung 5.1 sind beide Konzepte dargestellt. Die Strukturierungsschicht kommt bei Fotodioden mit einer aktiven Fläche von $< 500\,\mu m$ zur Anwendung. Größere Fotodioden werden direkt durch Elektroden, die durch lasergeschnittene Schattenmasken aufgedampft sind, definiert.

Bei der Verwendung einer zusätzlichen Strukturierungsschicht ist eine Besonderheit zu beachten. Meist ist die Elektrode bedeutend größer als die aktive Fläche der Fotodiode. Die nichtaktiven Bereiche zwischen der ITO-Schicht und der Aluminiumelektrode können eine parasitäre Kapazität bilden, was in Abbildung 5.2 schematisch dargestellt ist. Dort sind diese Bereiche schraffiert dargestellt.

Bei dem hier vorgestellten Konzept wird diese parasitäre Kapazität durch zwei Dinge gering gehalten. Das Probenlayout ist so gewählt, dass sich die Elektroden möglichst wenig überlappen. Außerdem ist die verwendete Strukturierungsschicht relativ dick ($> 5\,\mu m$) um die parasitäre Kapazität zusätzlich zu verkleinern.

Die Reproduzierbarkeit und die einfache Vermessung wird durch ein standardisiertes Probenlayout erreicht. Auf einem $16 \times 16\,mm$-Substrat sind acht Fotodioden in einem Kreis angeordnet. Auf diese Weise ist eine konstante Schichtdicke auf allen Fotodioden des Substrates gegeben. In Abbildung 5.3 ist das Layout einer Schattenmaske zur Elektrodendefinition und ein komplettes Fotodiodensubstrat zu sehen.

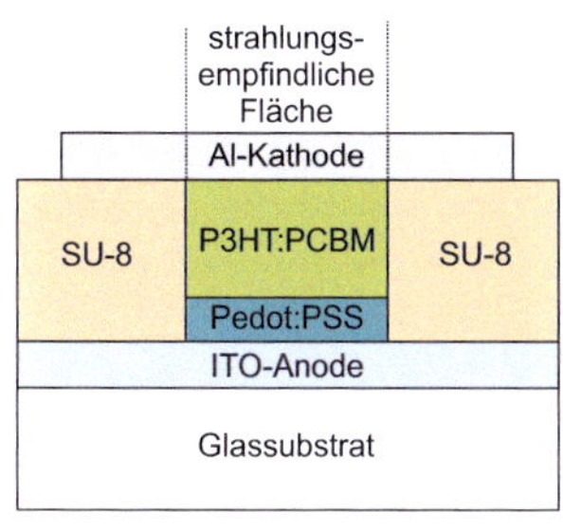
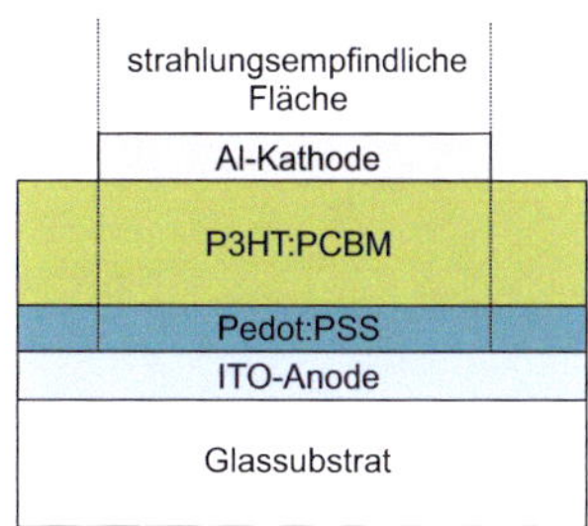

(a) Mit Strukturierungsschicht (b) Ohne Strukturierungsschicht

Abbildung 5.1: *Schema der Strukturierung von OPDs*
Die strahlungsempfindliche Fläche der organischen Fotodiode wird entweder durch eine Strukturierungsschicht (a) oder direkt durch die Kathode (b) definiert. (Nicht maßstabsgerecht)

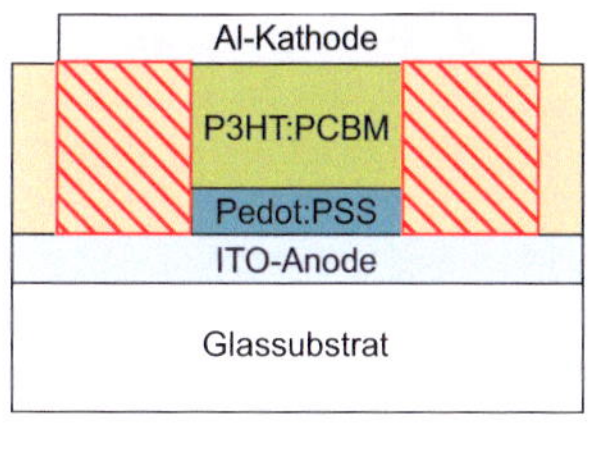
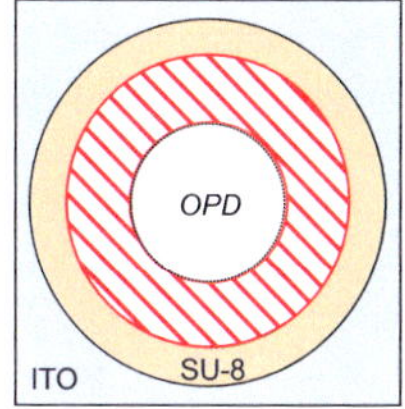

(a) Schnitt (b) Ansicht von oben

Abbildung 5.2: *Parasitäre Kapazität einer OPD*
Die schraffierten Bereiche markieren die Stellen in einer organischen Fotodiode, an denen sich eine parasitäre Kapazität zwischen den beiden Metallelektroden bildet.

5.2.2 Probenpräparation

Basis der organischen Fotodioden bildet ein ITO-beschichtetes Glassubstrat. Für die Charakterisierung der OPDs und Testmessungen kommt ITO-Glas mit einer Glasdicke von 1,1 mm zum Einsatz. Für die Anwendung in der realisierten optischen Datenübertragungstrecke wird dünneres (400 µm) ITO-Glas verwendet, das ähnliche Eigenschaften aufweist.

Die folgenden Prozessschritte werden in einer Stickstoffatmosphäre innerhalb einer Handschuhbox durchgeführt. Die Schicht aus dem Lochtransporter PEDOT:PSS wird aus einer wässrigen Lösung auf das ITO-Substrat aufgeschleudert. Um die Benetzung auf dem Substrat zu verbessern, wird diese vorher mit einem Sauerstoff-Plasma behandelt. Nach dem Aufschleudervorgang wird überschüssiges Wasser in einem Vakuumofen ausgeheizt. Die typische Dicke der resultierenden PEDOT:PSS-Schichten liegt bei $\approx 40\,\text{nm}$.

Die aktiven Materialien P3HT und PCBM sind in einem Mischungsverhältnis von 1:1 in dem Lösungsmittel Chlorbenzol angesetzt. Der Gesamtanteil der Materialien im Lösungsmittel liegt

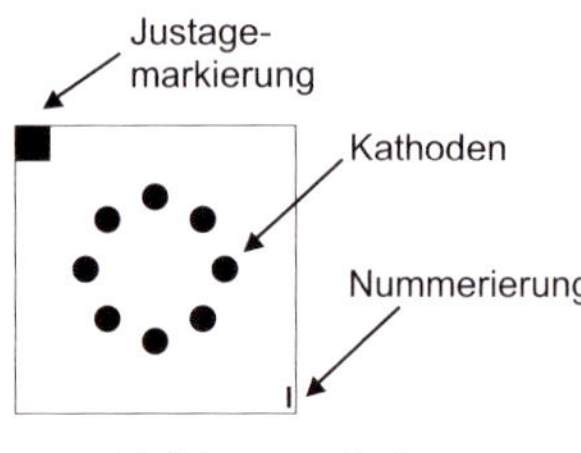

(a) Schattenmaskenlayout

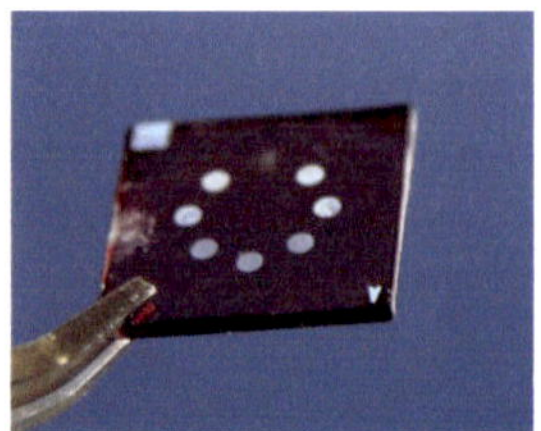

(b) Fotografie einer OPD

Abbildung 5.3: *Bauteillayout der organischen Fotodioden*
Links ist das Layout der Schattenmaske zur Definition der Metallelektroden gezeigt. Rechts ist ein komplettes Substrat mit mehreren Fotodioden zu sehen.

bei 40 mg/ml. Auf die mit PEDOT:PSS beschichteten Substrate wird dann die aktive Schicht aus der angesetzten Lösung aufgeschleudert. Die durch die Aufschleuderdrehzahl bestimmten Schichtdicken werden in einem Bereich von circa 80-300 nm variiert.

Als Elektrode wird Aluminium in einer Hochvakuumanlage *Lesker Spectros* mit einer Schichtdicke von 300 nm aufgedampft. Tests zeigten verbesserte Eigenschaften dieser Bauteile bei Verwendung von anderen Kathodenmaterialien (z.B. Kalzium) [174]. Diese erklärt sich durch die geringere Potenzialbarriere zwischen dem *LUMO* von PCBM und der Austrittsarbeit der Metallelektrode. Da Aluminium allerdings eine sehr hohe Stabilität an normaler Atmosphäre zeigt, wird nur Aluminium als Kathodenmaterial verwendet. Somit ist eine Vermessung der Bauteile an Luft möglich, ohne dass eine signifikante Degradation feststellbar ist.

5.3   Parameter des statischen und dynamischen Verhaltens

Im Folgenden sollen die Einflussparameter auf die statischen und dynamischen Bauteileigenschaften analysiert werden. Dabei werden sowohl Abhängigkeiten von Bauteilparametern wie der Größe der aktiven Fläche als auch innere Vorgänge in den Fotodioden beschrieben.

Betrachtet man zunächst das Ersatzschaltbild einer Fotodiode (Abbildung 5.4), zeigen sich einige charakteristische Bauteilelemente. Der generierte Fotostrom wird durch die Stromquelle gekennzeichnet. Dieser Strom ist direkt von den Absorptionseigenschaften und der effektiven Fotostromgeneration im Bauteil abhängig. Der Gesamtstrom im Bauteil lässt sich folgendermaßen beschreiben [71]:

$$I(U) = I_S \left\{ \exp\left(\frac{q}{nk_BT}(U - IR_S) \right) - 1 \right\} + \frac{U - IR_S}{R_{sh}} - I_{ph} \tag{5.5}$$

Der Gesamtstrom ist abhängig vom Fotostrom I_{ph}, dem Sperrsättigungstrom I_S und der Temperatur T in Zusammenhang mit der Elementarladung q, dem Dioden-Idealitätsfaktor n und der Boltzmannkonstante k_B. Die Kennlinie wird außerdem stark durch die Widerstände R_S und R_{sh} beeinflusst.

Der Shuntwiderstand R_{sh} wirkt sich auf die Leerlaufspannung aus. Um Leckströme zu verhindern, sollte er möglichst groß sein. Ein großer Serienwiderstand R_S verringert den Kurzschluss-

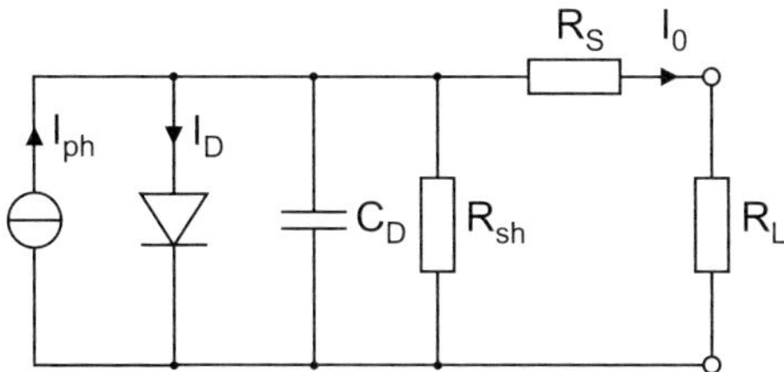

Abbildung 5.4: *Ersatzschaltbild einer Fotodiode*

strom und wirkt sich somit negativ auf die Bauteileigenschaften aus. Zusätzlich beeinflusst er das zeitliche Ansprechverhalten über die *RC*-Zeitkonstante des Bauteils. In organischen Fotodioden wird der Serienwiderstand durch den Ladungsträgertransport in der Fotodiode und durch die Grenzschichten, Leitungswiderstände der Elektroden und von Kontaktwiderständen bestimmt [71, 199].

Bei angelegter Rückwärtsspannung fließt ein Dunkelstrom auch ohne Bestrahlung der Fotodiode. Dieser Dunkelstrom wirkt als Rauschquelle und erhöht somit das minimal detektierbare Signal.

Für die Detektion schneller Ereignisse und die optische Datenübertragung ist das Anwortverhalten des Fotodetektors auf einen Eingangspuls von großer Bedeutung. Charakteristische Kenngrößen sind hier die Anstiegszeit t_r, die Abfallzeit t_f, die Halbwertsbreite t_{FWHM} und die -3-dB-Grenzfrequenz f_{3dB}.

Analog zu den Betrachtungen der Dynamik von OLEDs sind hier die Anstiegs- und Abfallzeit als Zeiten definiert, in der sich das Ausgangssignal des Detektors von 10 % auf 90 % und von 90 % auf 10 % seines Endwertes nach dem Einschalten bzw. Ausschalten eines Lichtimpulses ändert. Aus der Impulsantwort einer Fotodiode kann man mit Hilfe der Fourier-Transformation den Frequenzgang bestimmen. Der Wert an dem der Frequenzgang der Fotodiode um 50 %, also drei Dezibel, abgefallen ist, definiert die -3-dB-Grenzfrequenz (engl. *cut-off frequency*).

In organischen Fotodioden wird das dynamische Zeitverhalten vor allem von drei Faktoren bestimmt:

- Transitzeit t_{dr}

- Diffusionszeit t_{diff}

- *RC*-Zeitkonstante t_{RC}

Die Exzitonenerzeugung und -trennung erfolgt auf einer sehr schnellen Zeitskala von $\approx 45\,\text{fs}$. Im Polymer erzeugte Elektron-Loch-Paare haben eine Diffusionslänge von circa $10\,\text{nm}$ und werden beim Auftreffen auf eine Polymer-Fulleren-Grenzfläche sofort getrennt. Daher spielt die Diffusionszeit für das dynamische Verhalten nur eine untergeordnete Rolle. Entscheidenden Einfluss hat die Driftgeschwindigkeit der freien Ladungsträger in den Materialien. Diese hängt von der jeweiligen Ladungsträgermobilität μ und dem elektrischen Feld E im Bauteil ab. Unter der vereinfachten Annahme eines konstanten elektrischen Feldes über der Bauteildicke d, das nur von der angelegten Spannung U_{bias} abhängt, ergibt sich die Transitzeit der Ladungsträger durch:

$$t_{tr} = \frac{d^2}{\mu U_{bias}} \tag{5.6}$$

Die RC-Zeitkonstante wird von den Werten des Serien- und Lastwiderstandes und der Kapazität des Bauteils bestimmt (Gleichung 5.7). Die Kapazität setzt sich dabei aus der eigentlichen Bauteilkapazität C_D und parasitären Anteilen C_{par} zusammen. Nach Gleichung 5.8 hängt C_D direkt von der Bauteilfläche A, der Dicke d und den Werten für die Dielektrizitätskonstante des Vakuums ϵ_0 und des Materials ϵ_r ab.

$$t_{RC} = 2{,}2(R_S + R_L)(C_D + C_{par}) \tag{5.7}$$

$$C_D = \epsilon_0 \epsilon_r \frac{A}{d} \tag{5.8}$$

Die beiden Zeitkonstanten für die Transitzeit und die RC-Zeit haben ein gegenläufiges Verhalten in Bezug auf die Schichtdicke. So erhöht sich die Transitzeit mit zunehmender Schichtdicke, während durch die verringerte Kapazität die RC-Zeitkonstante abnimmt. In der Kombination ergibt sich die Gesamtantwortzeit t_r zu:

$$t_r = \sqrt{t_{RC}^2 + t_{tr}^2} \tag{5.9}$$

Eine Abschätzung der Zeitkonstanten wird an einem Beispielbauteil verdeutlicht. Die Größenordnungen der einzelnen Parameter und getroffene Annahmen werden dabei näher erläutert.

Parameter	Wert
Bauteildurchmesser	1 mm
Aktive Fläche A	0,008 cm^2
Schichtdicke P3HT:PCBM d	170 nm
Dielektrizitätskonstante P3HT:PCBM ϵ_r	3,4
Vorspannung U_{bias}	- 5 V
Lastwiderstand R_L	25 Ω
Serienwiderstand R_S	$\approx 15\,\Omega$

Tabelle 5.1: *Parameter einer Beispiel-OPD*

Für ein typisches kreisrundes Bauteil mit einem Durchmesser von 1 mm ergibt sich eine Bauteil-Kapazität von 139 pF. Dieser Wert liegt etwas über den üblichen Werten von Silizium-Fotodioden in dieser Größe von circa 10-20 pF.

Zur Bestimmung der RC-Zeitkonstante werden noch die Werte für die parasitäre Kapazität und den Serienwiderstand benötigt. Die parasitäre Kapazität wird in dieser Abschätzung vernachlässigt, da von einem Bauteil ohne Strukturierungsschicht ausgegangen wird[3].

Die Abschätzung des Serienwiderstandes gestaltet sich schwieriger. Die Kontakte zwischen den organischen Schichten und den Elektroden können als ohmsch und vernachlässigbar klein angenommen werden. Die Beiträge der Elektroden (ITO, PEDOT:PSS, Aluminium) sind sehr unterschiedlich. Während die Widerstände der dünnen PEDOT:PSS- und Aluminium-Schichten

---

[3]Die Größe der parasitären Kapazität von OPDs mit Strukturierungsschicht liegt je nach Bauteilgröße und Strukturierungsschichtdicke bei einigen pF.

vernachlässigbar klein sind, trägt vor allem die ITO-Schicht zum Serienwiderstand bei, da hier auch der laterale Widerstand eine Rolle spielt. Eine Messung des Widerstandes mit dem verwendeten Kontaktstift ergibt einen Wert von 10-15 Ω. Die Kontaktwiderstände zwischen Aluminium und Kontaktstift sowie die Kabelwiderstände werden vernachlässigt. Dies bedeutet, dass der Serienwiderstand bei dem verwendeten Probenlayout fast ausschließlich durch den Widerstand der ITO-Elektrode bestimmt wird.

Die Berechnung der RC-Zeitkonstante ergibt mit den aufgeführten Parametern einen Wert von $\approx 12\,\text{ns}$. Die Transitzeit für ein solches Bauteil beträgt bei einer Ladungsträgermobilität von $2 \times 10^{-7}\,\text{m}^2\text{V}^{-1}\text{s}^{-1}$ circa 29 ns. Die Antwortzeit der Fotodiode wird in diesem Fall von der Drift-Zeit der Ladungsträger limitiert. Die Abschätzung der Transitzeit liefert allerdings nur eine unsichere Aussage, da sich die Mobilitäten der beiden Ladungsträger stark unterscheiden und oft nicht genau bestimmbar sind.

Zur Veranschaulichung sind in Abbildung 5.5 die unterschiedlichen Antwortzeiten bei verschiedenen Schichtdicken, Bauteilgrößen und Mobilitäten aufgetragen. Auf der linken Seite ist eine Ladungsträgermobilität von $2 \times 10^{-7}\,\text{m}^2\text{V}^{-1}\text{s}^{-1}$ angenommen. Dies entspricht in etwa den üblichen Literaturwerten [89], [200]. Der zunehmende Einfluss der Transitzeit mit zunehmender Schichtdicke ist deutlich zu erkennen. Der Anteil der Transitzeit an der Gesamtzeit hängt allerdings stark vom Bauteildurchmesser ab. Die RC-Zeit nimmt mit größerem Durchmesser und dünneren Schichten massiv zu.

Zum Vergleich sind in Abbildung 5.5 b) die Abhängigkeiten bei einer Ladungsträgermobilität von $2 \times 10^{-8}\,\text{m}^2\text{V}^{-1}\text{s}^{-1}$ gezeigt. Übliche Löcherbeweglichkeiten in P3HT bewegen sich in diesem Rahmen. Durch die sehr viel geringere Mobilität der Ladungsträger dominiert die Transitzeit in dieser Berechung.

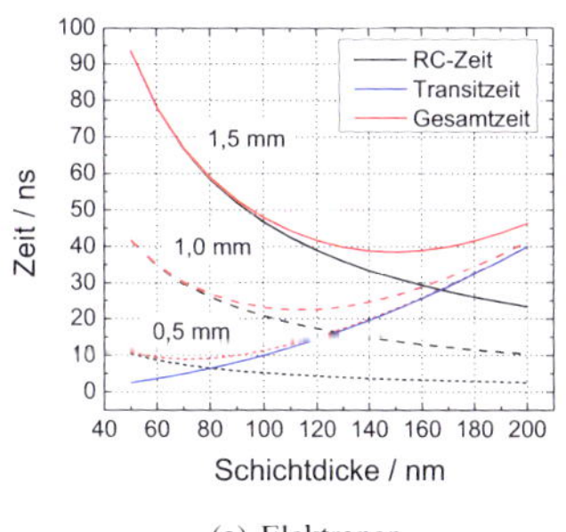

(a) Elektronen

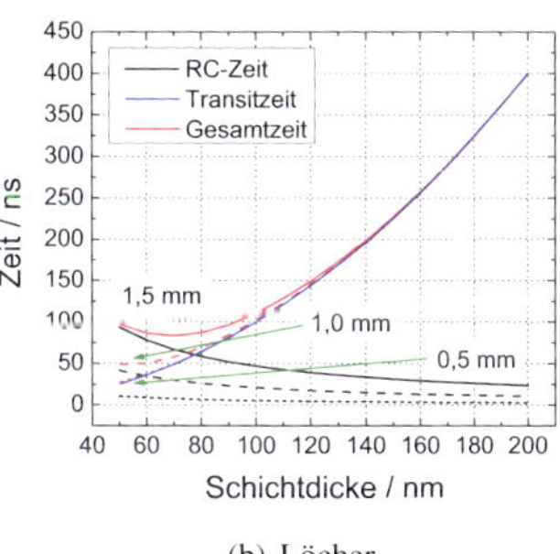

(b) Löcher

Abbildung 5.5: *Abschätzung der Antwortzeiten einer organischen Fotodiode*
Die Graphen zeigen die berechneten Antwortzeiten in Abhängigkeit der Schichtdicke und des Bauteildurchmessers. In a) wird eine Elektronen-Mobilität von $2 \times 10^{-7}\,\text{m}^2\text{V}^{-1}\text{s}^{-1}$ angenommen. In b) beträgt die Löcher-Mobilität $2 \times 10^{-8}\,\text{m}^2\text{V}^{-1}\text{s}^{-1}$. Alle anderen Parameter siehe Tabelle 5.1.

Für eine erste Abschätzung der Antwortzeiten sind diese Berechnungen sehr hilfreich. Allerdings werden die Vorgänge im Bauteil nur ungenügend abgebildet. Daher wird in einer Simulation die Fotodiode präzise modelliert. Das dafür verwendete Modell beinhaltet sowohl die räumlichen als auch zeitlichen optischen Anregungs- und Drift-Diffusionsvorgänge. Die Simulation und der Vergleich zu experimentellen Ergebnissen wird in Kapitel 5.7 beschrieben.

5.4 Experimenteller Messaufbau

Zur Charakterisierung der Bauteileigenschaften sowohl im statischen als auch im gepulsten Betrieb wird ein Messsystem verwendet, das speziell auf die notwendigen Anforderungen angepasst ist. Das gesamte System ist komplett automatisiert um eine schnelle und reproduzierbare Messung zu gewährleisten. Die Kontaktierung der Fotodioden und die Verkabelung ist für Hochfrequenzmessungen ausgelegt.

Das Schema des Messsystems ist in Abbildung 5.6 dargestellt. Die Fotografie des Aufbaus in Abbildung 5.7 verdeutlicht die Umsetzung des Optikaufbaus. Als Anregungslichtquellen kommen ein Dauerstrichlaser (*Spectra-Physics Millenia Xs*) und ein Kurzpulslaser (*Crystal-Laser FTSS355-Q*) zum Einsatz. Beide Laser emittieren Licht bei einer Wellenlänge von 532 nm. Somit ist ein direkter Vergleich zwischen statischer und gepulster Anregung möglich. Diese Wellenlänge liegt zudem im Maximum der Absorption der P3HT:PCBM-Fotodioden.

Die Laser können über zwei computergesteuerte Shutter nacheinander auf die Probe eingestrahlt werden. Die Laserstrahlen durchlaufen einen verstellbaren Absorptionsfilter, der die Messung der Lichtabhängigkeit des Fotostroms ermöglicht. Das Laserlicht wird durch eine 2,5 mm-Lochblende geleitet, bevor es auf einen Strahlteilerwürfel trifft. Hier wird der Laserstrahl aufgeteilt - der eine Teil wird auf die Fotodiode gelenkt, der andere mit einem kalibrierten optischen Leistungsmessgerät detektiert. Das Leistungsmessgerät wird vom Messprogramm ausgelesen, so dass eine ständige Kontrolle der eingestrahlten Laserleistung möglich ist. Als zusätzliche Referenz ist eine anorganische Fotodiode im Optiksystem integriert.

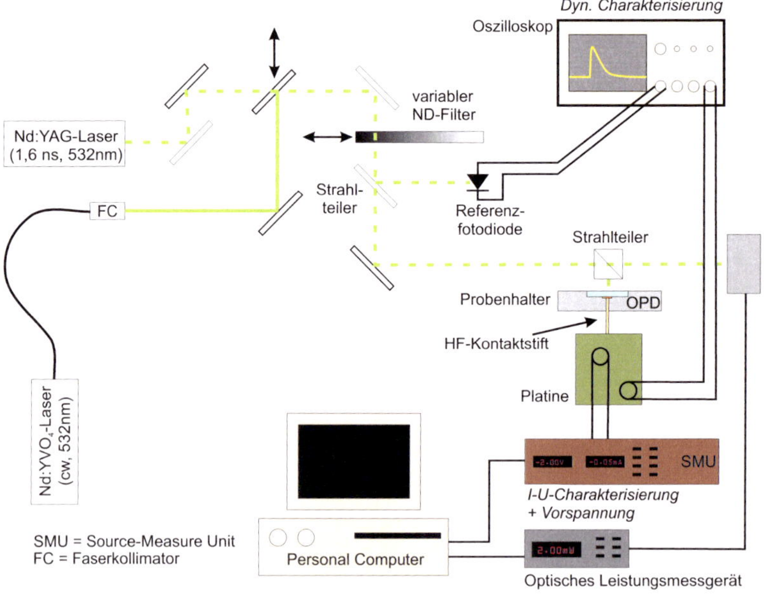

Abbildung 5.6: *Schema des Messaufbaus zur Charakterisierung der organischen Fotodioden*

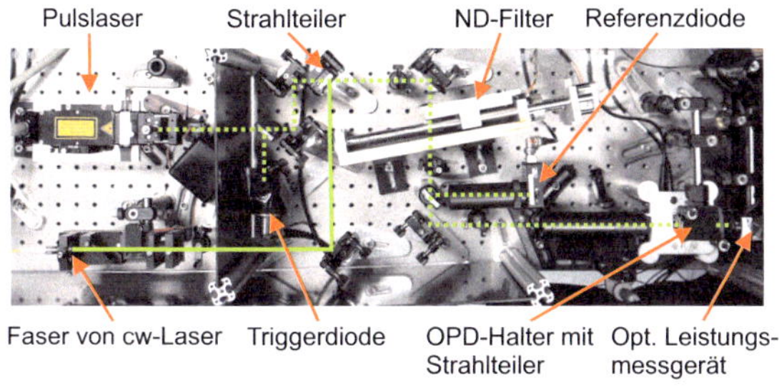

Abbildung 5.7: *Fotografie des OPD-Charakterisierungsmessplatzes*

Die organische Fotodiode wird in einem wechselbaren Probenhalter befestigt. Die Kontaktierung erfolgt über einen Hochfrequenzkontaktstift, wie in Abbildung 5.8 schematisch gezeigt. Diese bereits bei den OLEDs verwendeten Kontaktstifte ermöglichen eine hochfrequenztaugliche Kontaktierung, die die Messung der Impulsantwort der Fotodiode nicht beeinflusst. Wichtig für eine gute Kontaktierung ist die genaue Positionierung und das Durchdrücken der Kontaktstiftspitzen bis zur ITO-Elektrode. Der Kontaktstift ist daher auf einer Platine befestigt, die mit einer Positioniereinheit bewegbar ist. Der Kontaktstift wird bis zum Kontakt der außen liegenden Spitzen mit der Organikschicht an die Fotodiode bewegt. Durch eine leichte laterale Bewegung des Stiftes wird die Organik abgetragen und eine einwandfreie Kontaktierung erfolgt. Der gefederte Kontaktstift wird weiter an die OPD herangefahren, bis auch die Mittelelektrode mit der OPD in Kontakt ist. Eine Beschädigung der dünnen Organikschichten durch den Kontaktstift wird nur selten beobachtet und durch eine relativ dicke Aluminiumelektrode ($>300\,$nm) vermieden.

Der Schaltplan zur Messung der elektrischen Eigenschaften der Fotodioden ist in Abbildung 5.9 zu sehen. Zur Vermessung der I-U-Kennlinie wird ein ansteuerbares Strom-Spannungs-Messgerät (*Keithley SMU236*) verwendet. Dieses ist über einen Schutzwiderstand an die Fotodiode angeschlossen. Das Gerät dient zusätzlich bei der Vermessung der Impulsantwort als Quelle für die Vorspannung der Fotodiode. Das hochfrequente Antwortsignal der Fotodiode wird über einen Kondensator von der Vorspannungsquelle entkoppelt. Die Strom-Impulsantwort der Fotodiode fällt über einen $50\,\Omega$-Lastwiderstand ab und wird mit einem schnellen Oszilloskop (*Agilent Infiniuum 54832B*, 1 GHz Bandbreite) aufgenommen. Zur Triggerung des Oszilloskops ist eine schnelle Fotodiode im Strahlengang integriert. Das Oszilloskop hat eine Abtastrate von 4 GS/s, es stehen somit Messpunkte mit einem zeitlichen Abstand von 0,25 ns zur Verfügung.

5.5   Charakterisierung des statischen Verhaltens

Die Untersuchung des Verhaltens organischer Fotodioden unter dauerhafter Bestrahlung, d.h. das statische Verhalten, ist für eine Verwendung der Bauteile sehr wichtig. Durch die im Folgenden diskutierten Messungen und Ergebnisse lassen sich Rückschlüsse auf die Bauteilparameter wie z.B. den Kurzschlussstrom und den Shuntwiderstand ziehen. Für die Anwendung sind insbesondere die Werte für die externe Quanteneffizienz, die Empfindlichkeit und die Linearität von Bedeutung.

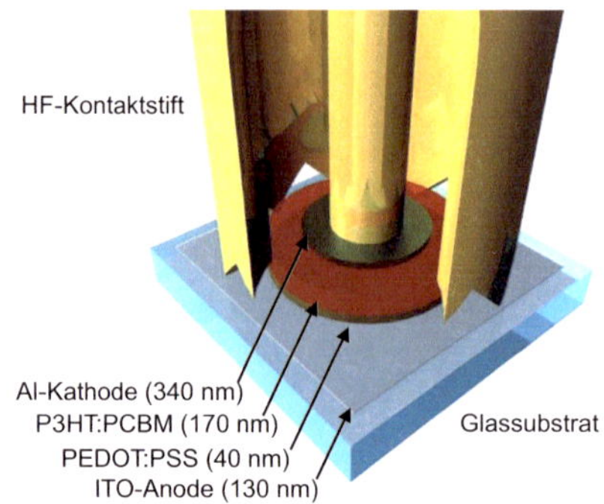

Abbildung 5.8: *Schema der Hochfrequenzkontaktierung einer organischen Fotodiode*
Die Elektroden der Fotodiode werden durch den Kontaktstift mit dem Messsystem verbunden. Das Anregungslicht trifft durch das Substrat auf die Fotodiode. (Nicht maßstabsgerecht)

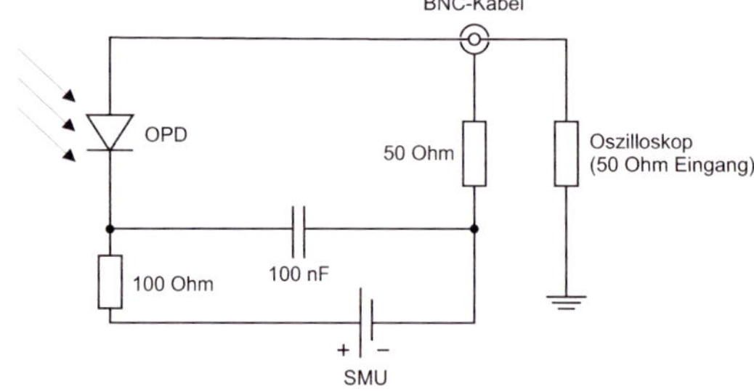

Abbildung 5.9: *Messschaltung zur Charakterisierung der OPD*
Die organische Fotodiode ist über einen $50\,\Omega$-Lastwiderstand mit dem Oszilloskop zur Vermessung der Impulsantwort verbunden. Eine Vorspannung kann über eine Strom-Spannungs-Quelle (SMU) an die Fotodiode angelegt werden.

Ein grundsätzliches Experiment zur Charakterisierung einer Fotodiode ist die Messung der Strom-Spannungs-Kennlinie. Eine exemplarische Messung an einer Fotodiode mit einer P3HT:PCBM-Schichtdicke von 170 nm und einer aktiven Fläche von $0{,}002\,\text{cm}^2$ (Durchmesser: 0,5 mm) ist in Abbildung 5.10 a) zu sehen. Es sind die Kurven für den Dunkelfall und bei einer Bestrahlungsstärke von $380\,\mu\text{W/cm}^2$ aufgetragen. Die Fotodiode zeigt ein klassisches Diodenverhalten mit einem geringen Sperrstrom und einem großen Fotostrom in Durchlassrichtung. Ohne Beleuchtung fließt ein Dunkelstrom von 51 pA. Er ist ungefähr eine Größenordnung größer als in kommerziellen Si-Fotodioden. Der Dunkelstrom steigt allerdings mit zunehmender Rückwärtsspannung an, was in der logarithmischen Darstellung in Abbildung 5.10 b) gut zu erkennen ist. Aus dem Kennlinienverlauf um 0 V kann man den Wert des inneren Shuntwiderstandes bestimmen. Dieser liegt hier bei circa $150\,\text{M}\Omega$, was mit anorganischen Si-Fotodioden vergleichbar ist.

Die I-U-Kennlinie bei Bestrahlung steigt im Sperrbetrieb deutlich an. Dies liegt an der erhöhten Ladungsträgergenerationsrate mit angelegter Rückwärtsspannung. In der semilogarithmischen Darstellung der I-U-Kennlinie ist das Verhältnis zwischen generiertem Fotostrom und Dunkelstrom gut zu erkennen. Zur besseren Verdeutlichung ist dieses Verhältnis in Abbildung 5.11 a) nochmals aufgetragen. Das Kontrastverhältnis hat sein Maximum bei 0 V und fällt sowohl zu angelegten Vorwärts- als auch Rückwärtsspannungen stark ab. Dies bedeutet für die Anwendung, dass ein Kurzschlussbetrieb ideal für ein großes Signal-Rausch-Verhältnis wäre. Voraussetzung für den reellen Betrieb an einem externen Stromkreis wäre allerdings ein minimaler Lastwiderstand um den Arbeitspunkt nicht in den 4. Quadranten zu verschieben und somit das Kontrastverhältnis zu verringern. Realisierbar ist ein solcher Betrieb durch die Verwendung eines Transimpedanzverstärkers.

Weitere wichtige Kenngrößen für den Einsatz der Fotodiode sind die spektrale Empfindlichkeit, die rauschäquivalente optische Leistung und die externe Quanteneffizienz. Die spektrale Empfindlichkeit bei der Anregungswellenlänge von 532 nm beträgt bei 0 V nur 0,04 A/W. Bei angelegter Rückwärtsspannung erhöht sich dieser Wert auf 0,15 A/W. Dies liegt in der Nähe der Werte von Si-Fotodioden von üblicherweise 0,2-0,3 A/W.

Die rauschäquivalente optische Leistung bei 0 V unter Annahme einer Messbandbreite von 1 Hz beträgt 0,28 pW/$\sqrt{\text{Hz}}$. Dieser Wert liegt circa 1-2 Größenordnungen über den Werten von Si-Fotodioden. Mit reineren Materialien und weiteren Optimierungsschritten sollte sich dieser Wert allerdings verbessern lassen. Die Berechnung des NEP-Wertes bei -5 V ergibt, trotz deutlich höherem Dunkelstrom, 0,37 pW/$\sqrt{\text{Hz}}$. Die höhere spektrale Empfindlichkeit sorgt für dieses vergleichsweise gute Ergebnis[4].

In Abbildung 5.11 b) ist der Verlauf der externen Quanteneffizienz in Abhängigkeit von der Rückwärtsspannung dargestellt. Da dieser Wert mit der spektralen Empfindlichkeit $R(\lambda)$ zusammenhängt[5], steigt auch die EQE mit zunehmender Rückwärtsspannung. Bei einer Vorspannung von -5 V beträgt der Wert der externen Quanteneffizienz 36 %. Allerdings werden bei dieser Schichtdicke ($\approx$ 170 nm) nicht alle Photonen absorbiert, so dass die interne Quanteneffizienz dieser Bauteile circa 20 % höher ist. Die Ursache für den Anstieg der EQE mit zunehmender Rückwärtsspannung liegt u.a. in der verringerten Rekombination von gebundenen Ladungsträgerpaaren durch das angelegte Feld. Die Ladungsträgerpaare werden effektiver dissoziiert und die Ladungsträger schneller zu den Elektroden transportiert.

Für die Messung von relativen Strahlungsstärkeänderungen und somit für Anwendungen in der Sensorik ist die Linearität einer Fotodiode von entscheidender Bedeutung. Für die Messung der Linearität wird die auf die organische Fotodiode fallende Lichtintensität mit einem variablen Neutraldichte-Filter variiert. Als Referenz kommt ein kalibriertes optisches Leistungsmessgerät zum Einsatz, das parallel zur organischen Fotodiode bestrahlt und ausgelesen wird.

Die I-U-Kennlinien bei verschiedenen Lichtintensitäten sind in Abbildung 5.12 a) gezeigt. Sowohl die Leerlaufspannung als auch der Kurzschlussstrom nehmen mit zunehmender Bestrahlung zu. Im Linearitätsdiagramm in Abbildung 5.12 b) ist die Sperrstromdichte in Abhängigkeit von der einfallenden Lichtleistung logarithmisch aufgetragen. Das untere Limit der Linearität ist durch den Dunkelstrom gegeben. Ist der Fotostrom größer als der Dunkelstrom, steigt der Ausgangsstrom der Fotodiode nahezu linear mit ansteigender Lichtintensität über mehrere Dekaden an. Während sich bei hohen Vorspannungen die Linearität im unteren Bereich verschlechtert, bewirkt das Vorspannen eine Erhöhung der Linearität bei hohen Strahlungsleistungen.

---

[4]Die Berechnung des NEP-Wertes wird mit Hilfe der Gleichungen (2.10)-(2.13) durchgeführt.

[5]Definition der externen Quanteneffizienz: $\eta_{ext} = R(\lambda)\frac{hc}{\lambda q} = 1240\frac{I_{ph}}{\lambda[nm]P}$

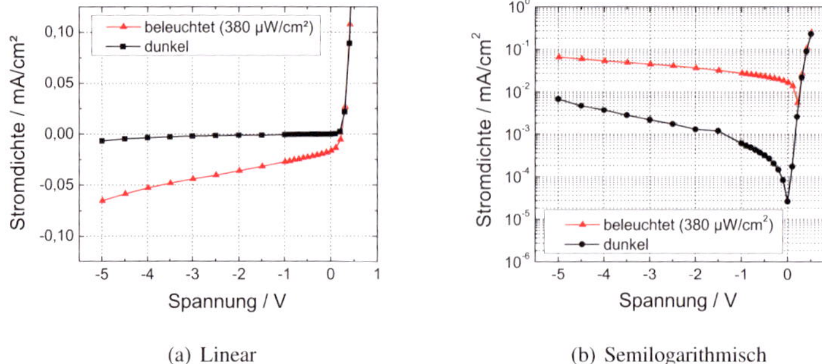

(a) Linear   (b) Semilogarithmisch

Abbildung 5.10: *I-U-Kennlinie einer P3HT:PCBM-OPD bei einer Bestrahlungsstärke von $380\,\mu W/cm^2$* (Parameter: OPD-Durchmesser: 0,5 mm, P3HT-PCBM-Schichtdicke: 170 nm, Bestrahlungswellenlänge: 532 nm)

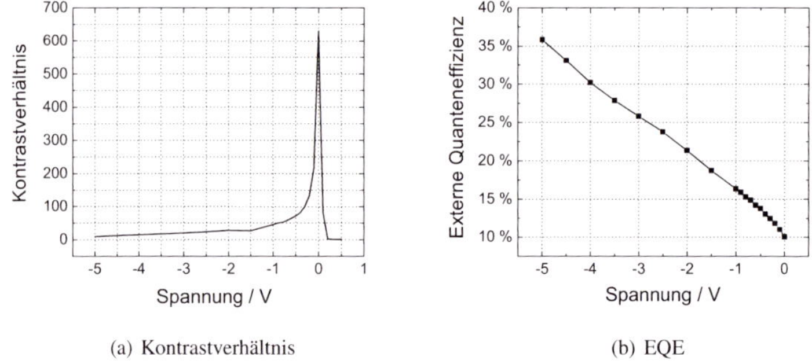

(a) Kontrastverhältnis   (b) EQE

Abbildung 5.11: *Kontrastverhältnis und externe Quanteneffizienz in Abhängigkeit von der Vorspannung* Der Dunkelstrom wird in der Berechnung der EQE berücksichtigt. (Parameter: OPD-Durchmesser: 0,5 mm, P3HT-PCBM-Schichtdicke: 170 nm, Bestrahlungsstärke: $380\,\mu W/cm^2$, Bestrahlungswellenlänge: 532 nm, Vorspannung: - 5 V)

Die Ergebnisse der Messungen sind nochmals in Tabelle 5.2 zusammengefasst. Die organischen Fotodioden sind in ihren Spezifikationen mit anorganischen Fotodioden vergleichbar. Problematisch ist der starke Anstieg des Dunkelstromes bei höheren Rückwärtsspannungen. Dies wird jedoch durch eine steigende externe Quanteneffizienz ausgeglichen. Teilweise zeigen die Fotodioden auch ab einem bestimmten Wert der Rückwärtsspannung (circa 2-3 V) einen extrem starken Anstieg des Dunkelstroms. Eine wahrscheinliche Ursache für dieses Verhalten sind Mikrokurzschlüsse, die sich durch unreine Materialien ergeben.

Messungen an Bauteilen mit größerer Schichtdicke (200 nm) zeigen externe Quanteneffizienzen von bis zu 60 %, die sich auf eine verstärkte Absorption zurückführen lassen. Außerdem zeigen die Fotodioden bei geringeren Bestrahlungsstärken tendenziell eine höhere Quanteneffizienz als bei - 5 V Vorspannung. Eine Ursache hierfür könnte die verringerte Rekombination bei geringeren Ladungsträgerdichten sein.

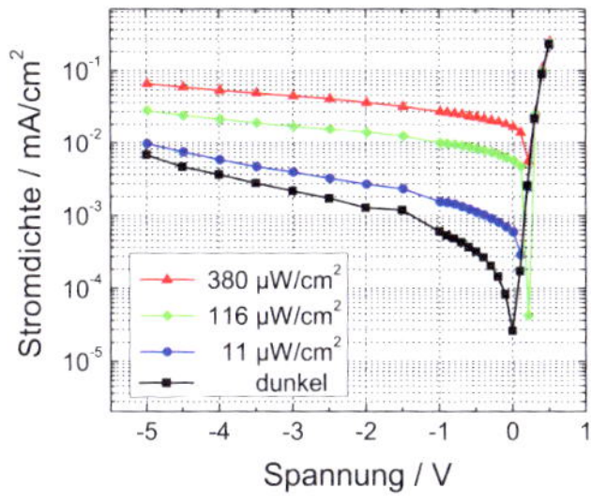

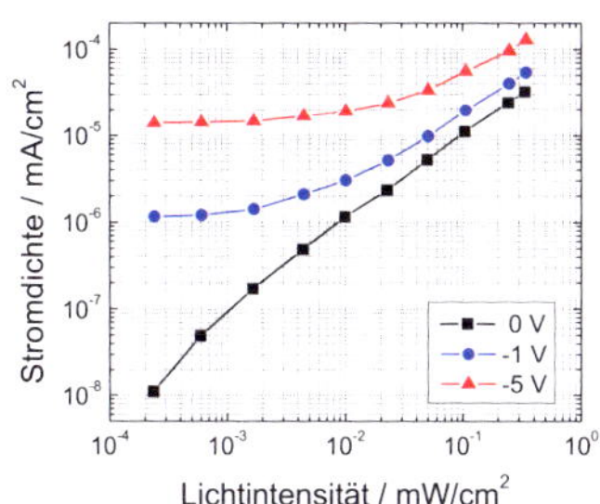

(a) I-U-Kennlinie bei unterschiedlichen Bestrahlungsstärken

(b) Linearität der OPD in Abhängigkeit von der Vorspannung

Abbildung 5.12: *Linearität einer OPD in Abhängigkeit von der Vorspannung* (Parameter: OPD-Durchmesser: 0,5 mm, P3HT:PCBM-Schichtdicke: 170 nm, Bestrahlungswellenlänge: 532 nm)

Parameter	Symbol	Wert	Bedingungen
Externe Quanteneffizienz	η_{ext}	10 %	U_{bias}: 0 V
Externe Quanteneffizienz	η_{ext}	36 %	U_{bias}: - 5 V
Spektrale Empfindlichkeit	R_λ	0,04 A/W	U_{bias}: 0 V, 532 nm
Spektrale Empfindlichkeit	R_λ	0,15 A/W	U_{bias}: - 5 V, 532 nm
Rauschäquivalente optische Leistung	NEP	0,28 pW/$\sqrt{Hz}$	U_{bias}: 0 V
Rauschäquivalente optische Leistung	NEP	0,37 pW/$\sqrt{Hz}$	U_{bias}: - 5 V
Dunkelstrom	I_d	51 pA	U_{bias}: 0 V
Dunkelstrom	I_d	13 nA	U_{bias}: - 5 V
Leerlaufspannung	U_0	0,21 V	380 µW/cm^2, 532 nm
Kurzschlussstrom	I_{SC}	16 µA/cm^2	380 µW/cm^2, 532 nm
Shuntwiderstand	R_{sh}	150 MΩ	U_{bias}: - 10 mV

Tabelle 5.2: *Experimentell ermittelte Parameter einer organischen Fotodiode* (Bauteilparameter: OPD-Durchmesser: 0,5 mm, P3HT-PCBM-Schichtdicke: 170 nm)

5.6 Untersuchung des dynamischen Verhaltens

Im folgenden Abschnitt wird die Untersuchung des dynamischen Verhaltens diskutiert. Das erforderliche Hochfrequenzmessverfahren wird vorgestellt und die durchgeführten Experimente werden unter verschiedenen Gesichtspunkten wie Bauteil- und Schaltungsparametern erläutert.

5.6.1 Messverfahren zur Bestimmung des dynamischen Verhaltens von Fotodioden

Die Frequenzantwort und damit das zeitliche Verhalten einer Fotodiode kann mit verschiedenen Messverfahren experimentell ermittelt werden. Grundsätzlich unterscheiden sich diese Verfahren in Messungen im Frequenz- oder Zeitbereich. Diese Methoden haben jeweils spezifische Vor- und Nachteile, die im Folgenden erläutert werden. Die Abbildungen 5.13 a),b),c) stellen drei mögliche Messverfahren schematisch dar.

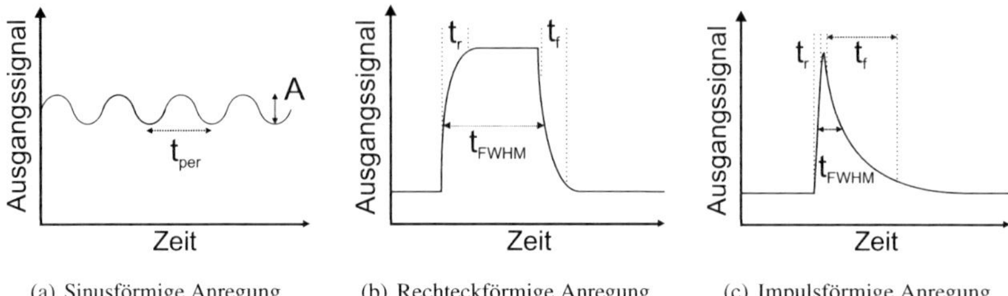

(a) Sinusförmige Anregung   (b) Rechteckförmige Anregung   (c) Impulsförmige Anregung

Abbildung 5.13: *Verfahren zur dynamischen Charakterisierung von Fotodioden*
Dargestellt ist das mögliche Antwortverhalten bei verschiedenen Anregungsverfahren.

Für eine Charakterisierung im Frequenzbereich wird neben Verfahren wie der optischen Heterodynmessmethode [201, 202] und der Analyse von weißem Rauschen [203] vor allem eine Anregung mit einem sinusmodulierten Laserstrahl verwendet [204].

Dazu wird eine Laser direkt oder extern mit einer bestimmten Frequenz moduliert, der Strahl auf die zu untersuchende Fotodiode gesendet und das Antwortsignal gemessen. Durch die Veränderung der Anregungsfrequenz und die Höhe des Antwortsignals kann dann direkt der Frequenzgang der Fotodiode ermittelt werden. Vorteil dieses Verfahrens ist die schnelle Bestimmung des Frequenzgangs und der -3-dB-Grenzfrequenz. Das Verfahren eignet sich auch für sehr hohe Modulationsfrequenzen, die im Wesentlichen durch das Anregungssystem beschränkt sind. Ein Nachteil dieses Verfahrens ist die fehlende Aussagekraft über das Verhalten im Zeitbereich. So kann von Messungen im Zeitbereich auf die Frequenzantwort geschlossen werden, umgekehrt allerdings nicht. Ein weiter Punkt sind die aufwändigen Messgeräte, die für dieses Verfahren nötig sind.

Für die Anwendung von Fotodioden in digitalen optischen Datenübertragungssystemen ist meist die Detektion eines kurzen Rechteckimpulses notwendig. Die Antwortfunktion auf ein Rechteckeingangssignal würde eine direkte Aussage über die Anstiegs- und Abfallzeit der Fotodiode ermöglichen. Allerdings ist die Generierung eines sehr steilflankigen Rechteckimpulses nahezu unmöglich. Pulsflanken von unter ≈ 5 ns sind durch die Kombination eines Signalgenerators und einer Lichtquelle nur schwer zu erreichen. Daher ist mit einem solchen Verfahren keine Aussage über das Hochfrequenzverhalten des Fotodetektors möglich.

Das sogenannte Impulsantwortverfahren [202, 205] vereint die Vorteile des Sinus- und Rechteckmodulationsverfahrens. Mit diesem Verfahren sind sowohl Aussagen über das Hochfrequenzverhalten des Bauteils als auch das reelle Verhalten in einem Datenübertragungssystem möglich. Das Impulsantwortverfahren beschreibt das Ansprechverhalten der zu untersuchenden Fotodiode auf einen Dirac-Impuls. Der extrem kurze Anregungsimpuls wird mit einem Kurzpulslasersystem generiert. Dabei ist es wichtig, dass der Anregungsimpuls kürzer als die zu erwartende Impulsantwort des Fotodetektors ist, da sonst das Messergebnis verfälscht wird. Abbildung 5.14 demonstriert das Messprinzip. Ein Kurzpulslaser wird zur optischen Anregung des Fotodetektors verwendet. Das Antwortsignal wird mit Hilfe eines digitalen Speicheroszilloskops aufgezeichnet. Zur Triggerung der Aufzeichnung wird ein durch eine Trigger-Fotodiode erzeugter Impuls verwendet. Das gesamte System hat dann ein Antwortverhalten, das sich aus dem Verhalten der einzelnen Komponenten zusammensetzt [205, 206]:

$$\tau_{Mess} = \sqrt{\tau_{optisch}^2 + \tau_{Fotodiode}^2 + \tau_{Jitter}^2 + \tau_{elektrisch}^2} \qquad (5.10)$$

Die gemessene Pulsbreite τ_{Mess} kann überschlagsmäßig aus der Wurzel der Summe der Quadrate der Bestandteile Pulsbreite des optischen Anregungssignals $\tau_{optisch}$, Impulsantwort der Fotodiode $\tau_{Fotodiode}$, auftretender Jitter bei der Triggerung des Oszilloskops τ_{Jitter} und dem elektrischen Antwortverhalten des Messsystems $\tau_{elektrisch}$ ermittelt werden. Die Impulsantwort der Fotodiode sollte die größte Zeitkonstante haben. Den Einfluss der anderen Teile kann man experimentell ermitteln.

Die Impulsantwort der Fotodiode lässt Rückschlüsse auf die Vorgänge im Bauteil zu. Wichtige Parameter der Messung sind die Anstiegs- und Abfallzeit sowie die Halbwertsbreite (siehe auch Abbildung 5.13 c)). Insbesondere die Abfallzeit ist für Datenübertragungssysteme ein wichtiger Parameter. Oft setzt sich die abfallende Flanke der Impulsantwort aus einem sehr schnellem Abfall am Anfang und einem langsameren Abfall bei größeren Zeiten zusammen. Ist die zweite Zeitkonstante sehr groß, kann sie die Detektion des schnellen Schaltens zwischen An- und Auszuständen unmöglich machen.

Aus dem zeitlichen Impulsantwortverhalten ist es möglich das Frequenzverhalten direkt durch eine Fouriertransformation zu bestimmen. Wichtig für eine hohe Auflösung der Frequenzantwort ist die Speichertiefe des aufgenommenen Signals. In den hier präsentierten Experimenten wird eine Speicherzeit von 4 bzw. 8 ms bei einer Abtastrate von 0,25 ns verwendet, was einer Auflösung von 250 bzw. 125 kHz im Frequenzbereich entspricht.

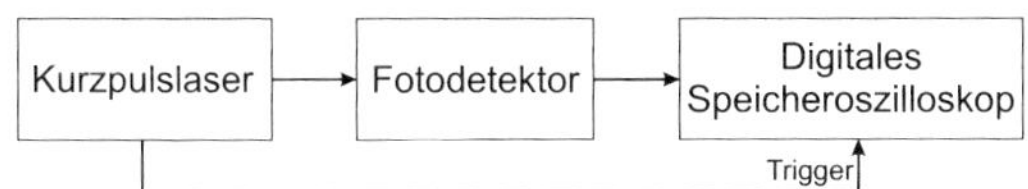

Abbildung 5.14: *Schema des Impulsantwortmesssystems*
Ein Kurzpulslaser regt den zu untersuchenden Fotodetektor optisch an. Das elektrische Antwortsignal wird mit einem digitalen Speicheroszilloskop aufgenommen. Ein Triggerimpuls initiiert die Impulsmessung.

5.6.2 Dynamisches Verhalten von OPDs unter impulsförmiger Anregung

Zur Untersuchung des dynamischen Verhaltens der organischen Fotodioden wird in dieser Arbeit in erster Linie das beschriebene Impulsantwortmessverfahren verwendet. Als Anregungsquelle dient ein frequenzverdoppelter Nd:YAG-Laser (*modifizierter Crystal-Laser FTSS355-Q*) mit einer Pulsbreite von 1,6 ns. Dieser Laser wurde gewählt, da er verschiedene Anforderung erfüllt. Die Anregungswellenlänge von 532 nm liegt im Maximum der spektralen Empfindlichkeit der organischen Fotodioden [93] und somit ist eine optimale Signalgröße zu erwarten. Die Repetitionsrate des Lasers liegt bei 6,8 kHz und bietet damit einen genügenden zeitlichen Abstand zwischen den Pulsen für längere Messungen der Impulsantwort. Die Pulsbreite wäre nicht optimal zur Charakterisierung von schnellen Fotodioden (>1 GHz Bandbreite), da sie dort die Antwort der Fotodiode beeinflussen würde. Nach der Abschätzung der zu erwartenden Antwortzeiten der organischen Fotodioden und einer Kontrollmessung des Systemantwortverhaltens ist die Pulsbreite des verwendeten Anregungslasers jedoch ausreichend kurz.

Systemantwortverhalten

Die Messung der Pulsbreite des Anregungslasers ist in Abbildung 5.15 a) zu sehen. Zur Charakterisierung wird eine Fotodiode (*Thorlabs SV2-FC*) mit einer Bandbreite von 2 GHz und einer Ansprechzeit von < 150 ps verwendet. Diese Fotodiode ist direkt mit einem 1-GHz-Oszilloskop (*Agilent Infiniuum 54832B*) verbunden, um Einflüsse von längeren Leitungen zu vermeiden. Die Ankopplung des Lasers erfolgt über eine Monomodeglasfaser.

Das aus der Impulsantwort der Fotodiode gewonnene Frequenzverhalten ist in Abbildung 5.15 b) gezeigt. Das System hat einen flachen Frequenzgang bis circa 100 MHz. Der Vergleich mit später gezeigten Frequenzantworten von organischen Fotodioden zeigt die viel höhere Bandbreite des Messsystems als die der organischen Fotodioden. Daher ist eine Faltung der Frequenzantworten der vermessenen Fotodioden mit der Systemantwort nicht zwingend notwendig.

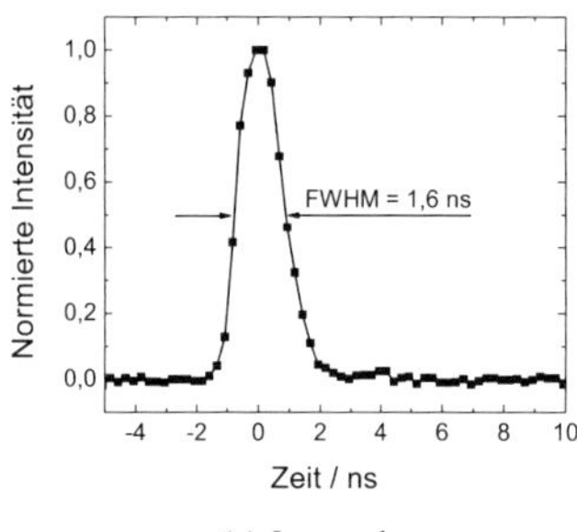

(a) Laserpuls

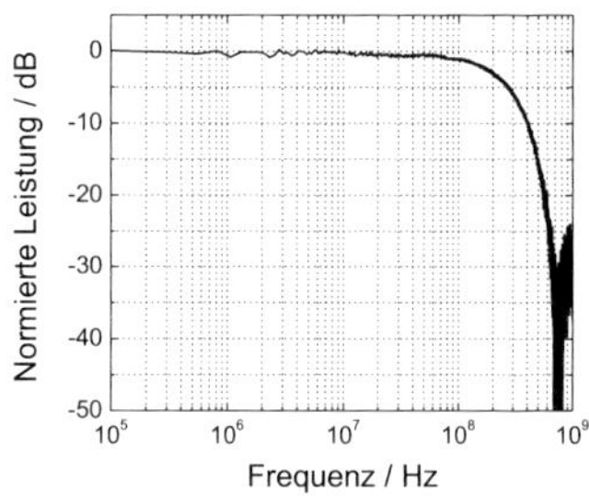

(b) Fouriertransformation der Systemantwort

Abbildung 5.15: *Anregungspuls und Frequenzverhalten des OPD-Messsystems*
   Der Laserimpuls des *Crystal-Laser FTSS355-Q* und das Frequenzverhalten wurden mit einer *Thorlabs SV2-FC*-Fotodiode und dem *Agilent Infiniuum 54832B*-Oszilloskop aufgenommen.

Dynamische Charakterisierung an einem Beispielbauteil

Im folgenden Abschnitt werden Messungen an einem Beispielbauteil vorgestellt, die die grundsätzlichen Eigenschaften von organischen Fotodioden bei gepulster Anregung verdeutlichen sollen. Darauf folgt die Erläuterung des Einflusses von Parametern wie der optischen Anregungsleistung und der Bauteilgröße.

Das schon für die statische Charakterisierung verwendete Beispielbauteil hat eine P3HT:PCBM-Schichtdicke von 170 nm und eine aktiven Fläche von $\approx 0{,}002\,\mathrm{cm}^2$ (Durchmesser: 0,5 mm). Die Abschätzung der *RC*-Zeitkonstante ergibt einen Wert von 12 ns (bei 25 Ω Lastwiderstand und 15 Ω Serienwiderstand).

Abbildung 5.16 a) zeigt die Impulsantwort der Fotodiode bei verschiedenen Vorspannungen. Die schon im statischen Betrieb beobachtete Abhängigkeit des Fotostroms (bzw. der Spannung am Lastwiderstand) von der Vorspannung, ist auch hier deutlich zu erkennen. Diese Abhängigkeit ist in Abbildung 5.16 b) nochmals detailliert aufgetragen. Zur besseren Vergleichbarkeit des zeitlichen Antwortverhaltens sind die Impulsantworten in Abbildung 5.17 a) normiert dargestellt. Die Fotodiode zeigt eine sehr kurze Anstiegszeit von circa 2 ns und einen stark von der Vorspannung abhängigen Verlauf des Abfalls. Die Zeit, die die Fotodiode braucht um von 90 % auf 10 % der maximalen Ausgangsspannung zu fallen, sinkt dabei von 426 ns bei 0 V Vorspannung bis auf 36 ns bei - 5 V Vorspannung. Diesen Zusammenhang verdeutlicht Abbildung 5.16 b) für weitere Vorspannungen. Die starke Abhängigkeit der Abfallzeit von der Vorspannung ist auf die größere Ladungsträgerbeweglichkeit mit erhöhtem elektrischen Feld zurückzuführen.

Die Halbwertsbreite des Pulses bei - 5 V Vorspannung beträgt 11 ns. Diese Fotodioden sind demzufolge für die Detektion kurzer Ereignisse bis in den MHz-Bereich gut geeignet.

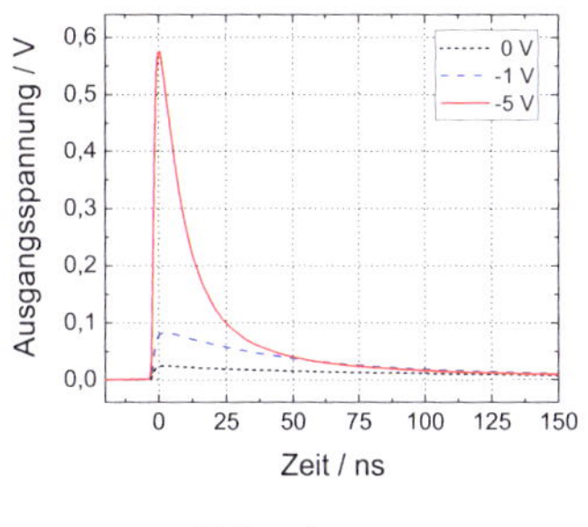
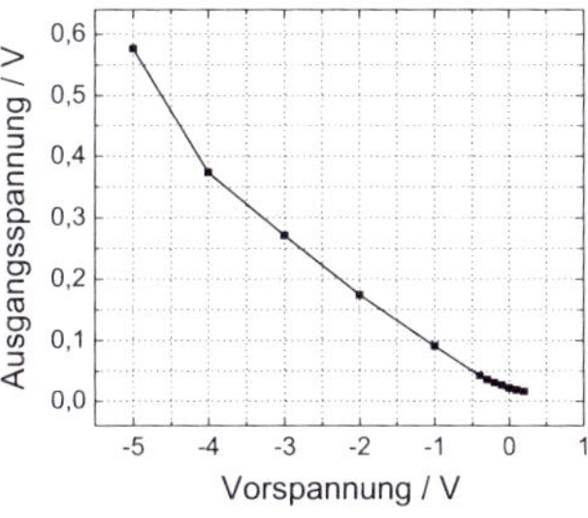

(a) Impulsantwort   (b) Maximale Ausgangsspannung

Abbildung 5.16: *Impulsantwort und maximale Ausgangsspannung einer 500 µm-Fotodiode in Abhängigkeit von der angelegten Vorspannung*
(Anregungs-Parameter: gemittelte Bestrahlungsstärke: 12 mW/cm^2, Wellenlänge: 532 nm, Impulsbreite: 1,6 ns)

Die normierte Impulsantwort der Fotodiode ist in Abbildung 5.18 a) semilogarithmisch aufgetragen. Dadurch ist das unterschiedliche Verhalten bei verschiedenen Vorspannungen noch deutlicher zu erkennen. Nach einem schnellen ersten Abfall zeigen die Messungen sehr lange Ausläufer der Impulsantwort. Die Ladungsträger bewegen sich trotz angelegtem Feld nicht sofort aus dem Bauteil heraus. Die Ursache hierfür sind Raumladungen, die sich im Bauteil aufbauen und ein schnelles Abfließen der Ladungsträger verhindern. In den Simulationen in Kapitel 5.7.2 wir dieser Effekt näher erläutert.

Das Frequenzverhalten der Fotodiode bei unterschiedlichen Vorspannungen ist in Abbildung 5.18 b) gezeigt. Hierzu wird die Impulsantwort jeweils über eine Fast-Fourier-Transformation in den Frequenzbereich umgewandelt, in Dezibel umgerechnet und normiert. Der Frequenzgang der Fotodioden wird mit höherer Vorspannung zu größeren Grenzfrequenzen verschoben. Die Frequenzgänge werden stark durch den langsamen Abfall der Impulsantwort beeinflusst. Dies verhindert einen konstanten Frequenzgang bei niedrigeren Frequenzen.

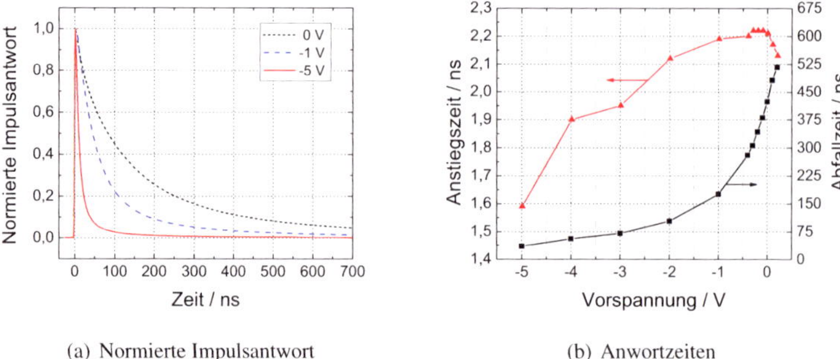

(a) Normierte Impulsantwort   (b) Anwortzeiten

Abbildung 5.17: *Normierte Impulsantwort und Antwortzeiten einer OPD in Abhängigkeit von der angelegten Vorspannung*
(Anregungs-Parameter: gemittelte Bestrahlungsstärke: $12\,\mathrm{mW/cm^2}$, Wellenlänge: $532\,\mathrm{nm}$, Impulsbreite: $1,6\,\mathrm{ns}$)

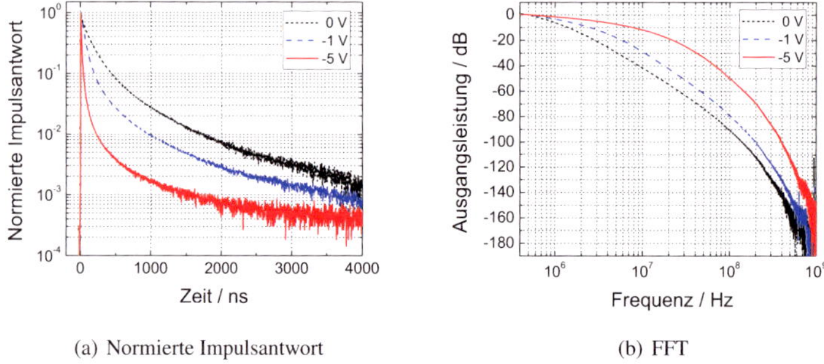

(a) Normierte Impulsantwort   (b) FFT

Abbildung 5.18: *Semilogarithmische Darstellung und FFT der normierten Impulsantwort der $500\,\mu m$-Fotodiode in Abhängigkeit von der angelegten Vorspannung*
(Anregungs-Parameter: gemittelte Bestrahlungsstärke: $12\,\mathrm{mW/cm^2}$, Wellenlänge: $532\,\mathrm{nm}$, Impulsbreite: $1,6\,\mathrm{ns}$)

Externe Quanteneffizienz
Über die Integration der Impulsantwort der Fotodiode wird die externe Quanteneffizienz der Fotodiode bestimmt. Zum Vergleich mit den Werten im statische Fall sind beide Messkurven in Abbildung 5.19 gezeigt. Die externen Quanteneffizienzen weisen nahezu gleiche Abhängigkeiten von der angelegten Vorspannung auf. Die grundsätzlichen Vorgänge sind daher unabhängig von einer statischen oder dynamischen Anregung.

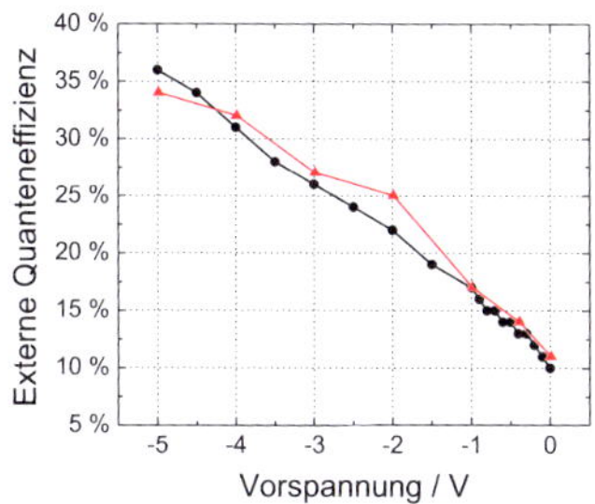

Abbildung 5.19: *Vergleich der externen Quantenefffizienzen einer OPD unter kontinuierlicher und ge-*
pulster Bestrahlung
(Anregungs-Parameter: Wellenlänge: 532 nm, Impulsbreite: 1,6 ns; *Statisch:* Bestrahlungsstärke: 380 µW/cm^2, Wellenlänge: 532 nm; *Dynamisch;* gemittelte Bestrahlungsstärke: 12 mW/cm^2)

Bestrahlungsstärke

Nicht nur die Vorspannung hat einen Einfluss auf die Antwortzeiten der Fotodioden, sondern
auch die Bestrahlungsstärke[6]. Wie in Abbildung 5.20 verdeutlicht, steigen die Werte für die
Antwortzeiten mit zunehmender Bestrahlung. Je nach Vorspannung verdoppelt sich die Halbwertsbreite nahezu mit einer 80× höheren Lichtintensität.

Eine vielfach höhere Lichtleistung im Bauteil ruft vermutlich eine stärkere Raumladung hervor, die das angelegte elektrische Feld abschirmt. Somit werden die Ladungsträger langsamer
transportiert und die Fotodiode wird langsamer.

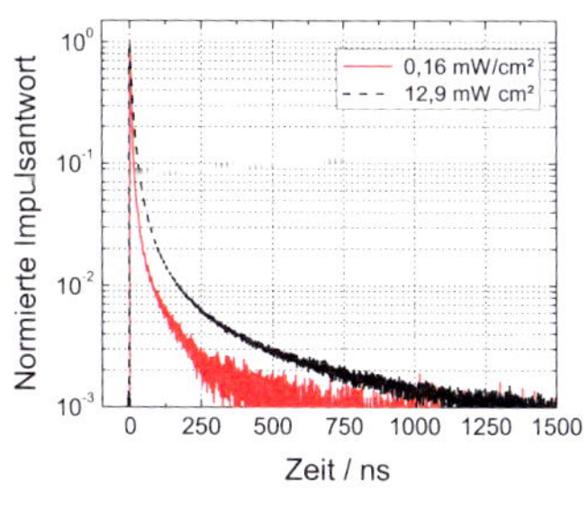

(a) Normierte Impulsantwort

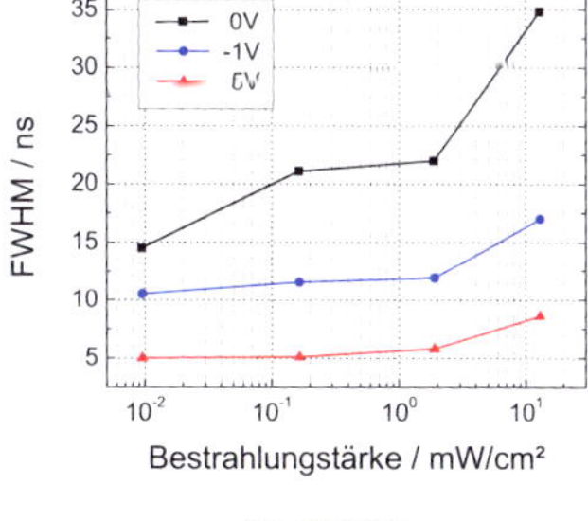

(b) FWHM

Abbildung 5.20: *Abhängigkeit der Impulsantwort einer organischen Fotodiode von unterschiedlichen*
Lichtintensitäten
(Parameter: Fotodioden-Durchmesser: 500 µm, P3HT:PCBM-Schichtdicke: 130 nm,
Vorspannung: - 5 V, Wellenlänge: 532 nm, Impulsbreite: 1,6 ns)

---

[6]Diese Auswertungen wurden an einem anderen Bauteil durchgeführt, da hier eine größere Spanne an Bestrah-
lungsstärkewerten eingesetzt wurde.

Bauteil-Größe

Die Größe der aktiven Fläche von Fotodioden spielt eine entscheidende Rolle für die Anwendung. Während es bei Sensorikanwendungen meist um empfindliche Bauelemente mit großen Flächen zur größtmöglichen „Lichteinsammlung" geht, ist in Datenübertragungssystemen die Schnelligkeit von größter Bedeutung.

Zum Vergleich des zeitlichen Ansprechverhaltens wurden organische Fotodioden mit unterschiedlich großen aktiven Flächen hergestellt und charakterisiert. Das kleinste Bauteil wurde mit Hilfe des in Abschnitt 5.2.1 beschriebenen SU-8-Prozesses definiert. Der Durchmesser der runden aktiven Fläche beträgt $100\,\mu m$. Die anderen Fotodioden mit Durchmessern von 500 und $1500\,\mu m$ wurden ohne Strukturierungsschicht hergestellt. Ihre aktiven Flächen sind durch die Metallelektrode definiert.

Schon die Abschätzung der *RC*-Zeitkonstanten liefert erste Hinweise auf das Impulsantwortverhalten dieser Bauteile. Die Bauteilkapazität nimmt stark mit größeren Bauteilflächen zu. Während die *RC*-Zeitkonstante beim kleinsten Bauteil so gut wie vernachlässigbar ist, beträgt ihr Wert bei der $500\,\mu m$-Fotodiode bereits $\approx 6\,ns$ und bei der $1500\,\mu m$-Fotodiode $\approx 52\,ns$ [7].

Zum Vergleich zeigen die Abbildungen 5.21 a) und b) die Impulsantworten und die daraus resultierenden Frequenzgänge der verschiedenen Fotodioden. Eine deutliche Abnahme der Abfallzeit mit kleiner werdenden Bauteilen ist zu erkennen. Dies deckt sich qualitativ mit den berechneten Werten für die *RC*-Zeitkonstanten der verschiedenen Bauteile.

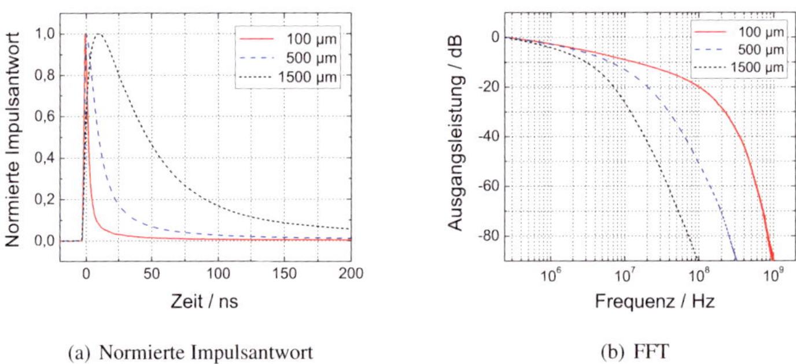

(a) Normierte Impulsantwort   (b) FFT

Abbildung 5.21: *Impulsantwort von OPDs mit verschiedenen Durchmessern* (Bauteil-Parameter: P3HT:PCBM-Schichtdicke der 500 und $1500\,\mu m$-Bauteile: $\approx 170\,nm$, Schichtdicke der $100\,\mu m$-Fotodiode: $< 145\,nm$ (Aufgrund der SU-8-Strukturierung nicht genau ermittelbar); Anregungs-Parameter: Wellenlänge: 532 nm, Impulsbreite: 1,6 ns, gemittelte Bestrahlungsstärken: $100\,\mu m$-OPD $377\,\mu W/cm^2$, $500\,\mu m$-OPD $380\,\mu W/cm^2$, $1500\,\mu m$-OPD $673\,\mu W/cm^2$)

Reproduzierbarkeit

Verschiedene, auf einem Substrat hergestellte, Fotodioden zeigen eine gute Reproduzierbarkeit der Impulsantwort wie die Abbildungen 5.22 a) und b) zeigen. Abweichungen ergaben sich insbesondere im Bereich ohne Vorspannung, da die Ladungsträger hier kaum vom externen Feld beschleunigt werden. Ursache für unterschiedliche Abfallzeiten sind u.a. variierende Schichtdi-

---

[7]Unter der Annahme eines Serienwiderstandes von $15\,\Omega$.

cken durch den Aufschleuderprozess, Veränderungen verursacht durch die Kontaktierung und unterschiedliche Bestrahlungsstärken während der Messung.

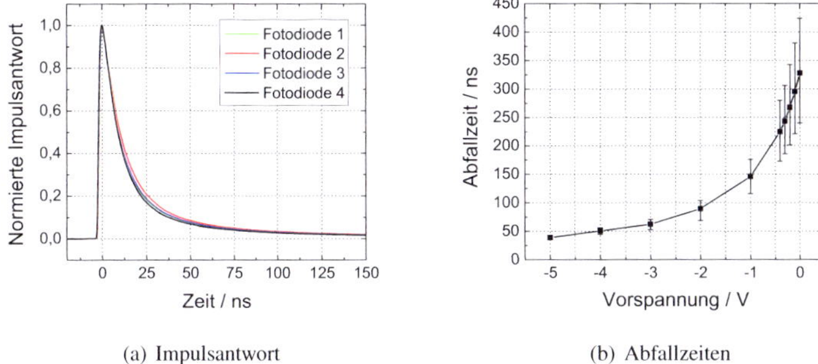

(a) Impulsantwort   (b) Abfallzeiten

Abbildung 5.22: *Reproduzierbarkeit der Impulsantworten verschiedener organischer Fotodioden auf einem Substrat*
Abbildung a): Vorspannung - 5 V; Abbildung b) zeigt die Abhängigkeit der Abfallzeit von der Vorspannung mit der Variation über die verschiedenen Fotodioden.
(Parameter: Fotodioden-Durchmesser: 500 µm, gemittelte Bestrahlungsstärke: $\approx 12\,\mathrm{mW/cm^2}$, Wellenlänge: 532 nm, Impulsbreite: 1,6 ns)

Zusammenfassung

Die Ergebnisse der dynamischen Charakterisierung der organischen Fotodioden zeigen das schnelle Ansprechverhalten dieser Bauteile. Minimale Abfallzeiten von 6 ns konnten bei kleinen Bauteildurchmessern demonstriert werden. Tabelle 5.3 gibt einen Überblick über die Antwortzeiten der Fotodioden. Die Zeiten hängen sowohl von den geometrischen Bauteileigenschaften und der Vorspannung als auch der Bestrahlungsstärke ab.

Parameter	Symbol	Wert	Bedingungen
Anstiegszeit	t_r	1,5 ns - 5 ns	U_{bias}: - 5 V
Abfallzeit	t_f	6 ns - 100 ns	U_{bias}: - 5 V
Halbwertsbreite	t_{FWHM}	3,5 ns - 40 ns	U_{bias}: - 5 V

Tabelle 5.3: *Antwortzeiten organischer Fotodioden*
(Parameter: OPD-Durchmesser: 0,1-1,5 mm, P3HT-PCBM-Schichtdicke: 130-200 nm)

5.7 Vergleich der experimentellen Ergebnisse mit einem Drift-Diffusions-Modell

Zum besseren Verständnis der dynamischen Vorgänge in organischen Fotodioden unter verschiedenen Bedingungen werden im folgenden Kapitel Simulationen präsentiert, die die Ladungsträgergenerationsmechanismen und die Transportvorgänge modellieren. Die Ergebnisse der Simulationen werden mit den Experimentaldaten verglichen.

5.7.1 Simulationsmodell

In Zusammenarbeit mit N. Christ und C. Gärtner wurden organische Fotodioden in einer Simulation nachgebildet. Als Eingangsgrößen kommen sowohl vermessene Bauteilparameter wie Schichtdicken und Absorptionskoeffzienten als auch experimentell verwendete Größen wie Bestrahlungsstärke und angelegte Vorspannung zum Einsatz.

Die Simulation beruht auf einem Modell für organische Bauelemente von C. Pflumm und C. Gärtner [139, 140, 207]. Dieses beinhaltet die genaue Simulation der Drift- und Diffusionsvorgänge im Bauteil. Dabei können Rekombinationsprozesse und Quenching an den Elektroden berücksichtigt werden. Das Modell ermöglicht die genaue Rekonstruktion des elektrischen Feldes über die Bauteildicke.

Dieses Modell zur Analyse von organischen Fotodioden und Solarzellen wurde um ein optisches Modell erweitert [208]. Auf diese Weise ist es möglich die Intensität des einfallenden Lichts im Bauteil unter Berücksichtigung von Interferenzeffekten zu berechnen. Das Ladungsträgergenerationsprofil $G(x)$ kann somit berechnet werden.

In das Modell fließen eine Reihe von Parametern ein, die in Tabelle 5.4 aufgeführt sind. Dazu gehören die Schichtdicken, die mit vergleichbaren Werten zu realen Bauteilen angenommen wurden. Der Absorptionskoeffizient wurde experimentell bestimmt. Werte für die Brechungsindizes usw. wurden der einschlägigen Literatur entnommen.

Der virtuelle optische Anregungsimpuls wird sowohl in der Impulsform und -länge sowie der Wellenlänge dem im Messsystem eingesetzten Laser nachempfunden.

Parameter	Symbol	Wert	Quelle
Bauteil			
Schichtdicke ITO	d_{ITO}	130 nm	wie im Experiment
Schichtdicke Pedot	d_{Pedot}	40 nm	wie im Experiment
Schichtdicke P3HT:PCBM	$d_{P3HT:PCBM}$	170 nm	wie im Experiment
Schichtdicke Aluminium	d_{Alu}	300 nm	wie im Experiment
Absorptionskoeffizient P3HT:PCBM	α	74000 cm^{-1}	Messung
Dielektrizitätskonstante P3HT:PCBM	ϵ_r	3,4	[89]
Brechungsindex Glas	n_{Glas}	1,52	[209]
Brechungsindex ITO	n_{ITO}	2	[210]
Brechungsindex P3HT:PCBM	$n_{P3HT:PCBM}$	2	[211]
Anregungslaser			
Wellenlänge	λ	532 nm	Messung
Pulsbreite (FWHM)	t_{FWHM}	1,6 ns	Messung

Tabelle 5.4: *Simulationsparameter der modellierten organischen Fotodiode*

Der optische Teil der Simulation beruht auf der Transfermatrixmethode [212]. Ein optisches System mit homogenen Materialien und planparallelen Grenzflächen kann durch eine sogenannte Transfermatrix beschrieben werden. Das elektromagnetische Feld wird hierzu in einen hin- und rücklaufenden Teil getrennt und an jedem Punkt im Bauteil numerisch berechnet. Die Reflexionen zwischen Luft/Glassubstrat und Substrat/ITO-Anode werden im Modell gesondert berücksichtigt.

Abbildung 5.23 verdeutlicht den grundsätzlichen Aufbau des Bauelements für die Simulation. Licht fällt von links senkrecht auf die Fotodiode und wird dort absorbiert. Die optischen Simulationen zeigen den Verlauf des elektrischen Feldes ab der Grenzfläche zwischen Substrat und ITO-Anode.

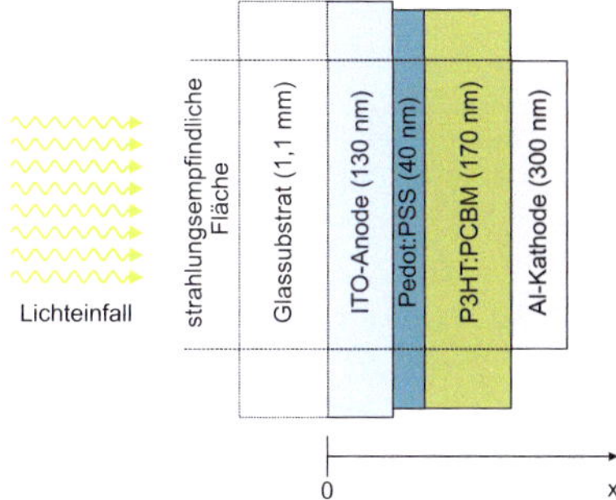

Abbildung 5.23: *Schema der modellierten organischen Fotodiode*
Das Schema zeigt die Bedingungen für die Simulationen. Der Lichteinfall kommt von links und fällt durch das transparente Substrat auf die aktive Schicht. Die x-Koordinate wird ab Beginn der ITO-Schicht gezählt.

Der berechnete Verlauf des elektrischen Feldes in einem Bauteil ist in Abbildung 5.24 zu sehen. Im linken Bild ist der Betrag des nach rechts gerichteten Feldes dargestellt. Trotz des hohen Absorptionskoeffizienten von $74000\,\mathrm{cm}^{-1}$ in P3HT:PCBM bei 532 nm ist die Intensität nach 170 nm noch nicht vollständig auf null zurückgegangen. An der rückseitigen Kathode wird das nicht absorbierte Licht reflektiert. Die Gesamtintensität des elektrischen Feldes in Abbildung 5.24 b) verdeutlicht den Einfluss von Interferenzen auf den Verlauf im Bauteil. Der nicht monotone Intensitätsverlauf in der aktiven Schicht ist deutlich zu erkennen.

Dies beeinflusst neben dem totalen Absorptionsgrad natürlich auch die Antwortzeit der Fotodiode. Die Ladungsträgergeneration ist nicht monoton abfallend im Bauteil, was sich auf die Ladungsträgerverteilung und -bewegung auswirkt.

Zur Modellierung der Ladungsträgerbewegung im Bauteil wird ein eindimensionales Drift-Diffusions-Modell angewendet. Die Boltzmann-Gleichung beschreibt die zeitliche und räumliche Ladungsträgerverteilung der Elektronen n_e und Löcher n_h:

$$\frac{\partial n_{e,h}(x,t)}{\partial t} + \frac{\partial \Gamma_{e,h}(x,t)}{\partial x} = S_{e,h}(x,t) - R_{e,h}(x,t) \qquad (5.11)$$

Die Ladungsträgergeneration wird durch den Quellterm $S_{e,h}$ beschrieben. In der Simulation wird von einer instantanen Ladungsträgergeneration nach dem Lichteinfall mit einer Exzitonen-Generationsrate von 100 % ausgegangen. $R_{e,h}$ kennzeichnet die Ladungsträgerverluste im Bau-

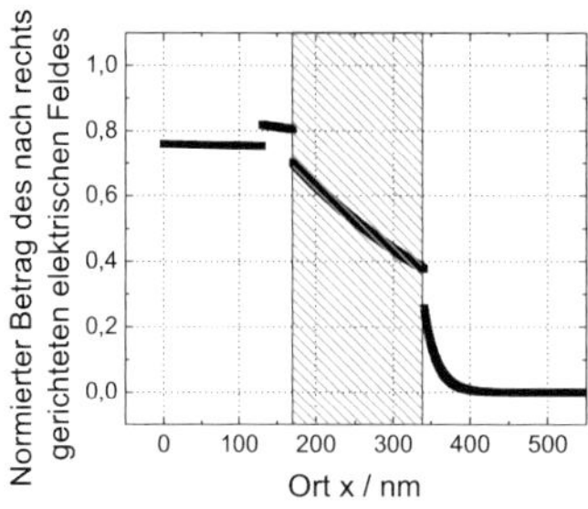

(a) Betrag des nach rechts gerichteten Feldes

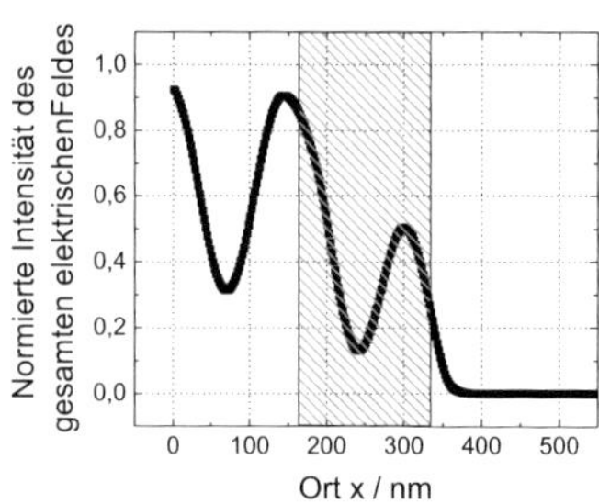

(b) Intensität des gesamten elektrischen Feldes

Abbildung 5.24: *Simulation der räumlichen Verteilung des elektrischen Feldes in einer OPD*
Im linken Bild ist nur der Betrag des nach rechts gerichteten elektrischen Feldes gezeigt. Im Gegensatz dazu ist im rechten Bild die gesamte Intensität gezeigt. Beide Graphen sind auf die einfallende Lichtintensität normiert. (Parameter: siehe Tabelle 5.4)

teil. Es werden Verluste durch bimolekulare Rekombination, durch Fallenzustände und durch Quenching an den Elektroden berücksichtigt.

Der Ladungsträgertransport wird durch die Diffusion und die Drift im elektrischen Feld E beeinflusst. In Abhängigkeit vom Ort x im Bauteil ist der Teilchenstrom definiert als:

$$\Gamma_{e,h}\left(x,t\right) = n_{\mathrm{e,h}}\left(x,t\right)\mu_{\mathrm{e,h}}\left(x,t\right)E\left(x,t\right) - D_{e,h}\frac{\partial n_{e,h}\left(x,t\right)}{\partial x} \tag{5.12}$$

Die Diffusionskonstante geht mit $D_{e,h} = \left|\frac{\mu_{e,h}k_bT}{q}\right|$ in die Gleichung ein. Die Mobilität der Ladungsträger ist durch $\mu_{e,h}(E) = \mp\mu_0 exp\left(\sqrt{E/E_0}\right)$, und die Elementarladung durch q gegeben. E_0 kennzeichnet die Feldabhängigkeit der Mobilität. Das elektrische Feld im Bauteil ergibt sich dann über die *Poisson*-Gleichung.

5.7.2   Simulation des dynamischen Verhaltens

Aus dem Drift-Diffusions-Modell kann die Ladungsträgerverteilung und der Verlauf des elektrischen Feldes zu jedem beliebigen Zeitpunkt berechnet werden. Da auch über das optische Modell Interferenzeffekte berücksichtigt werden, ergeben sich so Ladungsträgerverteilungen, die stark von Annahmen, die nur eine *Lambert*'sche Absorption berücksichtigen, abweichen.

In den Abbildungen 5.25 a)-d) ist die Verteilung der Elektronen und Löcher sowie die Größe des elektrischen Feldes in der P3HT:PCBM-Schicht zu verschiedenen Zeitpunkten nach dem Anregungsimpuls dargestellt. Man erkennt im ersten Bild den charakteristischen Einfluss der Interferenz auf die Verteilung der Ladungsträger. Diese zeigen keinen monotonen Abfall im Bauteil sondern ausgeprägte Maxima und Minima. An den Grenzflächen zu den Elektroden wird ein Exzitonen-Quenching angenommen. Daher finden sich direkt an den Elektroden (x = 0 nm / 170 nm) keine Ladungsträger. Das Quenching nimmt dann nach 5 nm linear ab und verschwindet nach 15 nm [8].

---

[8] Dabei wird eine Diffusionslänge der Ladungsträger von 10 nm angenommen.

Die folgenden Abbildungen verdeutlichen die Trennung der Ladungsträger und ihre Bewegung zu den jeweiligen Elektroden. Die Löcher wandern dabei nach links und fließen durch die PEDOT:PSS-Schicht und die ITO-Anode in den äußeren Stromkreis. Die Elektronen bewegen sich nach rechts zur Kathode. Diese Bewegung erfolgt ungleichmäßig. Dies liegt zum einen an den unterschiedlichen Ladungsträgerbeweglichkeiten, zum anderen an der Verteilung des elektrischen Feldes im Bauteil. Das Feld beeinflusst die lokale Geschwindigkeit der Ladungsträger im Bauteil stark. So ist die Bewegung der Ladungsträger um den x-Wert von 130 nm stark verringert, da dort die elektrische Feldstärke sehr klein ist. In anderen Bereichen bewegen sich die Ladungsträger mit einer höheren Geschwindigkeit.

Im äußeren Stromkreis fließt nach der initialen Ladungsträgererzeugung so lange ein Strom bis beide Ladungsträger das Bauteil verlassen haben. Dies geschieht unabhängig vom Ort der Ladungsträgererzeugung. Durch die Bildung des zeitabhängigen Integrals über alle Ladungsträger ist es möglich den zeitlichen Verlauf des Gesamtstroms im externen Stromkreis zu ermitteln [204, 213].

Die Berechnung des Stromverlaufs ermöglicht den direkten Vergleich der Impulsantwort der simulierten Fotodiode mit dem Anregungsimpuls und dem realem Verlauf eines Bauteils. Diese Impulsantwort hängt natürlich stark von den inneren (z.B. Ladungsträgerbeweglichkeiten) und äußeren (z.B. angelegte Spannung) Parametern der Fotodiode ab.

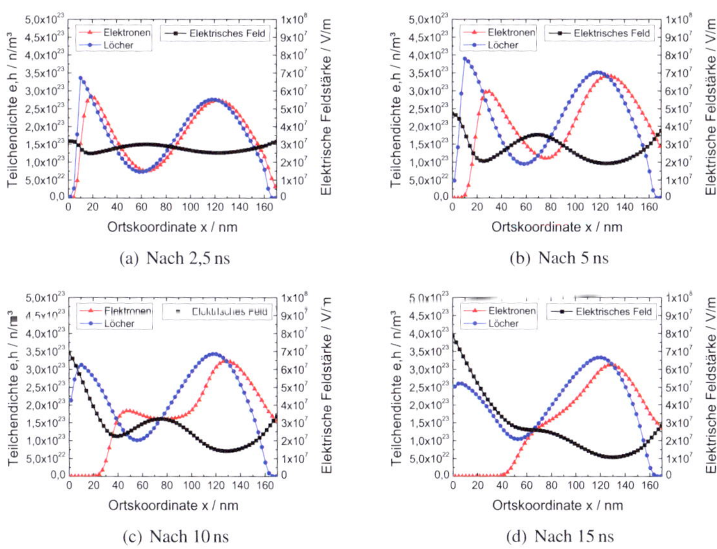

(a) Nach 2,5 ns   (b) Nach 5 ns

(c) Nach 10 ns   (d) Nach 15 ns

Abbildung 5.25: *Simulation der Ladungsträgerverteilung zu verschiedenen Zeitpunkten*
Dargestellt sind die Teilchendichten der Elektronen und Löcher sowie das elektrische Feld. Der Anregelaserimpuls trifft bei 0 ns auf das Bauteil.
(Parameter: $\mu_e = 2 \times 10^{-7}\,\mathrm{m^2V^{-1}s^{-1}}$, $\mu_h = 2 \times 10^{-8}\,\mathrm{m^2V^{-1}s^{-1}}$, Vorspannung: - 5 V)

Einfluss der Ladungsträgerbeweglichkeiten

Die Abbildungen 5.26 a) und b) zeigen das Beispiel simulierter Impulsantworten bei einer angelegten Spannung von - 5 V. Im linken Bild ist der Kurvenverlauf in Abhängigkeit von der Elektronenbeweglichkeit dargestellt. Der starke Einfluss auf die initiale Abfallzeit der Fotodiode ist zu erkennen. Im Gegensatz dazu beeinflusst die Löcherbeweglichkeit vor allem den unteren Bereich der Kurve. Die Elektronenbeweglichkeit ist in diesen Variationen in Übereinstimmung mit Werten aus der Literatur [89] als circa $10\times$ größer als die Löcherbeweglichkeit angenommen.

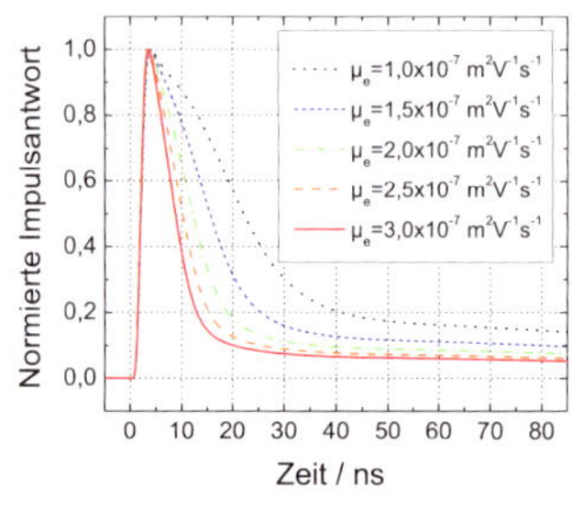
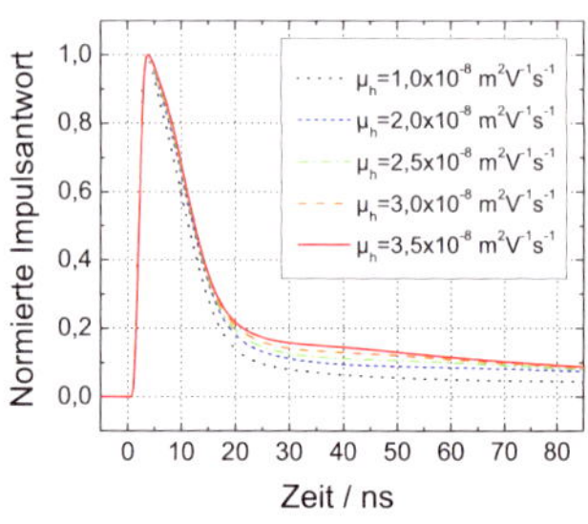

(a) Elektronenbeweglichkeit   (b) Löcherbeweglichkeit

Abbildung 5.26: *Simulation des dynamischen Verhaltens in Abhängigkeit der Ladungsträgermobilitäten* Im linken Bild ist die Abhängigkeit von den Elektronenbeweglichkeiten zu sehen. Man erkennt deutlich den Einfluss auf den ersten Bereich der fallenden Flanke. Die Löcherbeweglichkeit hat einen entscheidenden Einfluss auf das Verhalten zu späteren Zeitpunkten. (Parameter: a) $\mu_h = 2 \times 10^{-8}\,\mathrm{m^2V^{-1}s^{-1}}$, b) $\mu_e = 2 \times 10^{-7}\,\mathrm{m^2V^{-1}s^{-1}}$; Vorspannung: - 5 V)

Einfluss der Vorspannung

Wird die angelegte Rückwärtsspannung erhöht, so verringert sich die Abfallzeit der Fotodioden. Dies verdeutlicht das Simulationsergebnis in Abbildung 5.27. Die Ladungsträgergeschwindigkeit wird durch das externe Feld erhöht, was das schnellere Antwortverhalten hervorruft.

5.7.3   Vergleich der Simulation mit experimentellen Ergebnissen

Die vorgestellten Simulationen des Antwortverhaltens der Fotodioden werden im Folgenden mit den experimentellen Ergebnissen der dynamischen Charakterisierung verglichen. Viele der im Experiment beobachteten Effekte können durch die Simulationen erklärt werden.
Einen großen Einfluss auf den Verlauf der Impulsantwort haben neben den äußeren Einflüssen die Ladungsträgerbeweglichkeiten. Diese sind nicht bekannt bzw. können nur durch Literaturangaben abgeschätzt werden. Die Bestimmung der Ladungsträgermobilitäten kann durch verschiedene Verfahren erfolgen [214, 215]. Keines der Verfahren ermöglicht jedoch die Bestimmung der Mobilitäten direkt in der fertigen Fotodiode. Da die Herstellungsparameter starken Einfluss auf die Ladungsträgerbeweglichkeiten haben können, ist die Messung direkt am Bauteil interessant. Durch den Vergleich der experimentellen Daten mit den Simulationen sollte es

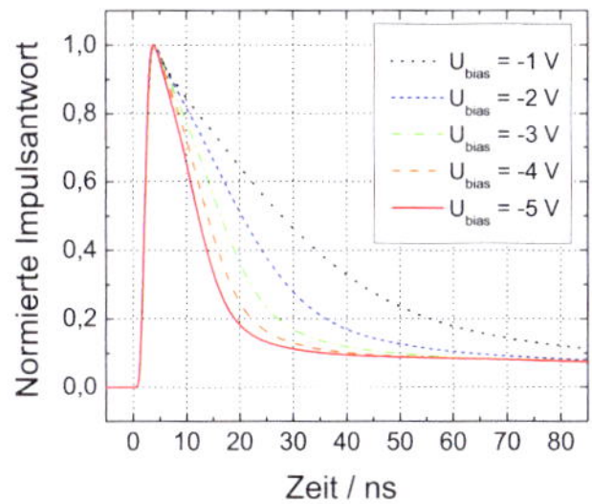

Abbildung 5.27: *Simulation des Einflusses der Vorspannung auf das Antwortverhalten einer organischen Fotodiode*
(Parameter: $\mu_e = 2 \times 10^{-7}\,\mathrm{m^2 V^{-1} s^{-1}}$, $\mu_h = 2 \times 10^{-8}\,\mathrm{m^2 V^{-1} s^{-1}}$)

möglich sein, Rückschlüsse auf die Ladungsträgermobilitäten zu ziehen.

Abbildung 5.28 a) zeigt den Vergleich der Impulsantwort einer Fotodiode mit der Simulation. Die unbekannten Größen der Ladungsträgerbeweglichkeiten werden dabei so angepasst, dass eine gute Übereinstimmung zwischen Experiment und Simulation herrscht. Die so gewonnenen Parameter für die Elektronen- und Löcherbeweglichkeit sind $\mu_e = 2 \times 10^{-7}\,\mathrm{m^2 V^{-1} s^{-1}}$ und $\mu_h = 2 \times 10^{-8}\,\mathrm{m^2 V^{-1} s^{-1}}$.

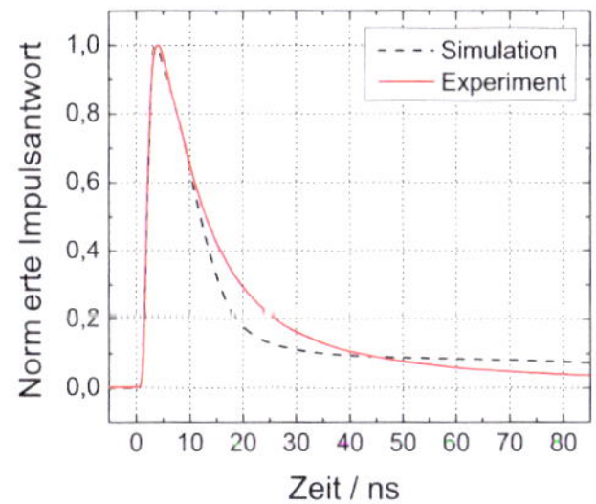

Abbildung 5.28: *Vergleich des dynamischen Verhaltens in Simulation und Realität*
(Bauteilparameter: $d = 500\,\mu\mathrm{m}$, Schichtdicke P3HT-PCBM: 170 nm; Messparameter: Laser: $\lambda = 532\,\mathrm{nm}$, Vorspannung: -5 V; Simulationsparameter: Beweglichkeiten: $\mu_e = 2 \times 10^{-7}\,\mathrm{m^2 V^{-1} s^{-1}}$, $\mu_h = 2 \times 10^{-8}\,\mathrm{m^2 V^{-1} s^{-1}}$, Vorspannung: - 5 V)

Die Simulation stimmt im vorderen Bereich der Impulsantwort gut mit den experimentellen Daten überein. Im hinteren Bereich gibt es jedoch gewisse Abweichungen. Um eine noch bessere Übereinstimmung mit der Realität zu erreichen, könnten weitere Parameter, die das zeitliche Anwortverhalten beeinflussen, mit in die Simulation aufgenommen werden. Dies sind u.a. Rekombinationsvorgänge in der aktiven Schicht, wie die *Langevin*-Rekombination und die Rekombination von Löchern in Fallenzuständen in der Polymerphase. Zusätzlich sollte noch der Einfluss der äußeren Beschaltung in der Simulation berücksichtigt werden.

5.8 Zusammenfassung und Ausblick

Die durchgeführten Experimente an organischen *Bulk-Heterojunction*-Fotodioden demonstrieren das Potenzial dieser neuartigen Fotodetektoren für verschiedene Anwendungen. Die Fotodioden zeigen eine gute Empfindlichkeit bei einem geringen Dunkelstrom. Die externe Quanteneffizienz kann bis zu 60 % betragen. Für die Anwendung in der Sensorik sind diese Parameter und die gute Strukturierbarkeit der Bauelemente von großer Bedeutung.

Die Ergebnisse der dynamischen Charakterisierung zeigen die Schnelligkeit dieser Bauelemente auf. Durch das optimierte Bauteildesign können Antwortzeiten von unter 10 ns erreicht werden. Das Impulsantwortverhalten wird von einer Reihe von Parametern beeinflusst, deren Auswirkungen in den Experimenten aufgezeigt werden konnte. Durch die gezeigte Schnelligkeit der Fotodioden sind Anwendungen in der Datenübertragung möglich. Dies wird in Kapitel 6 demonstriert.

Für den Einsatz in kommerziellen Anwendungen sollten die Fotodioden noch mit einer Verkapselung versehen werden. Voraussetzung dafür ist eine geänderte Kontaktierung. Dies ist durch die Strukturierung mit Hilfe einer SU-8-Schicht, einer Bonddrahtverbindung zur Metallkathode und dem Aufbringen einer Verkapselungsschicht möglich.

Weitere Verbesserungsmöglichkeiten ergeben sich durch die Verringerung des Serienwiderstandes durch verbesserte Kontakte und den Einsatz einer Antireflexschicht auf dem Glassubstrat.

Die gezeigten Simulationen liefern zusätzliche Erkenntnisse über das zeitliche Ansprechverhalten der Fotodioden. Eine Optimierung der Bauteile hinsichtlich des Aufbaus und der Beschaltung ist in bestimmten Bereichen möglich.

Ein erster Ansatz wäre die Optimierung hinsichtlich der größtmöglichen Absorption im Bauteil unter Berücksichtigung von Interferenzeffekten. Die damit zusammenhängende Schichtdicken des Bauteils beeinflussen allerdings auch massiv die Verteilung der Ladungsträger nach ihrer Erzeugung.

Die Ladungsträgererzeugung verläuft sehr effektiv und schnell, so dass hier kaum Verbesserungspotenziale existieren. Ein großer Einfluss des Bauteilverhaltens geht von der Ladungsträgergeschwindigkeit aus. Diese hängt von der Ladungsträgerbeweglichkeit und dem elektrischen Feld im Bauteil ab. Die Ladungsträgerbeweglichkeiten lassen sich insbesondere im Polymer durch einen Tempervorgang verändern [89]. Das innere elektrische Feld lässt sich wiederum durch die Schichtdicken, die angelegte Spannung und die eingestrahlte Lichtleistung beeinflussen. Eine erhöhte Rückwärtsspannung verbessert das Ansprechverhalten der Fotodioden.

Kapitel 6

Optische Datenübertragung mit organischen Bauelementen

Zusammenfassung[1]

Optische Datenübertragungssysteme bilden einen wichtigen Bestandteil heutiger Kommunikationssysteme. Die Anwendung von organischen Bauteilen als Sender und Empfänger in solchen Systemen wurde bisher kaum untersucht. Die Ergebnisse der Optimierung von OLEDs und OPDs hinsichtlich des dynamischen Verhaltens in dieser Arbeit machen die Realisierung eines solchen Systems möglich.

Die Ankopplung der organischen Bauelemente an optische Wellenleiter ist ein Grundbaustein für die Datenübertragung. Diese Kopplung wird durch Raytracing-Simulationen untersucht und ausgewertet. Aus den gewonnen Erkenntnissen werden Rückschlüsse auf ein optimales Bauteildesign geschlossen und entsprechend angepasste OLEDs und OPDs hergestellt.

Das Systemkonzept zur Realisierung einer faserbasierten Übertragungsstrecke sieht die Verwendung des S/PDIF-Standards für Datentransferraten von 2,8224 Mbit/s vor. Die notwendige Elektronik zur Ansteuerung der Sende-OLED und die Signalaufbereitung des Empfänger-OPD-Signals wurde auf die speziellen Anforderungen organischer Bauelemente angepasst und implementiert.

Mit dem System wird die optische Übertragung digital kodierter Audiosignale präsentiert. Die gute Übertragungsqualität wird mit Augendiagrammen verifiziert.

---

[1]Teile dieses Kapitels wurden bereits in folgenden Publikationen veröffentlicht:
(a) M. Punke *et al.*, *Organic semiconductor devices for micro-optical applications*, Proc. SPIE 6185, 618505 (2006)
(b) M. Punke *et al.*, *Organic light-emitting diodes and organic photodetectors as optoelectronic devices for an optical interconnect*, Proc. ORT (2006) (ISSN 1437-8507)
(c) M. Punke *et al.*, *Optical data link employing organic light-emitting diodes and organic photodiodes as optoelectronic components*, J. Lightwave Tech. (zur Publikation angenommen)

Die Übertragung von Daten spielt in der heutigen Informationsgesellschaft eine wichtige Rolle. In allen Bereichen des täglichen Lebens werden Daten erzeugt, verarbeitet und übermittelt. Systeme, basierend auf der Datenübertragung mit elektrischen Signalen, werden dabei zunehmend durch optoelektronische Lösungen verdrängt. Insbesondere auf langen Strecken (> 1 km) kommen fast ausschließlich Glasfaser-basierte optische Datenübertragungsstrecken zum Einsatz. Aber auch auf kürzeren Strecken wird oft auf optische Strahlung als Datenübertragungsmittel zurückgegriffen. Beispiele sind hier Verbindungen in Fahrzeugen, zwischen Multimedia-Systemen und in Computer-Clustern. Ein weiterer Schritt ist die Verwendung von optischen Verbindungen (engl. *optical interconnects*) direkt in den Leiterplatten von Computerplatinen oder im Computerchip.

Die Datenübertragung mit optischen Signalen bietet einige spezifische Vorteile, auf die im folgenden Kapitel eingegangen wird. Das Prinzip und der heutige Stand der Technik wird erläutert. Da der Einsatz von organischen Bauelementen in solche Systeme einige Vorteile bietet, wird ihre Verwendung analysiert und mögliche Ansätze zur Realisierung aufgezeigt. Nach der Vorstellung eines Systemkonzepts für ein faserbasiertes Datenübertragungssystem mit organischen optoelektronischen Bauelementen wird die Umsetzung beschrieben.

6.1 Grundlagen der optischen Datenübertragung

In diesem Kapitel wird das Grundprinzip und die eingesetzte Technologie heutiger optischer Datenübertragungssysteme beschrieben. Das Augenmerk liegt dabei auf faserbasierten Kurzstreckenverbindungen.

6.1.1 Prinzip

Für die optische Datenübertragung braucht man prinzipiell drei Hauptbestandteile. Eine Lichtquelle sendet ein moduliertes Signal über ein lichtleitendes Medium zur Empfangseinheit. Wie in Abbildung 6.1 gezeigt, sind darüber hinaus noch einige Komponenten für die Signalaufbereitung und -verstärkung auf der Sende- und Empfangsseite notwendig.

Ein optisches Übertragungssystem wird im Wesentlichen durch die zwei Parameter Übertragungskapazität und Reichweite definiert. Der erste Parameter wird vor allem durch die Geschwindigkeit der optoelektronischen Bauelemente und möglicher Multiplexverfahren bestimmt. Die Reichweite ergibt sich aus der Sendeleistung, der Dämpfung innerhalb der Übertragungsstrecke und der Empfängerempfindlichkeit. Das optische Signal wird auf der Übertragungsstrecke durch Kopplungsverluste und Absorptions- und Biegeverluste im Lichtleiter gedämpft.

Die optische Datenübertragung bietet viele Vorteile gegenüber herkömmlichen Techniken. Besonders die große Bandbreite und die geringe Dämpfung tragen zur weiten Verbreitung dieser Technik bei. Weitere Vorteile sind das geringe Übersprechen und die hohe Störunempfindlichkeit gegenüber elektromagnetischer Interferenz [216–218]. Auch beim Gewicht der Übertragungsstrecke sind die optischen Systeme klar im Vorteil. Dies ist insbesondere in der Fahrzeug- und Flugzeugtechnik von Bedeutung [219].

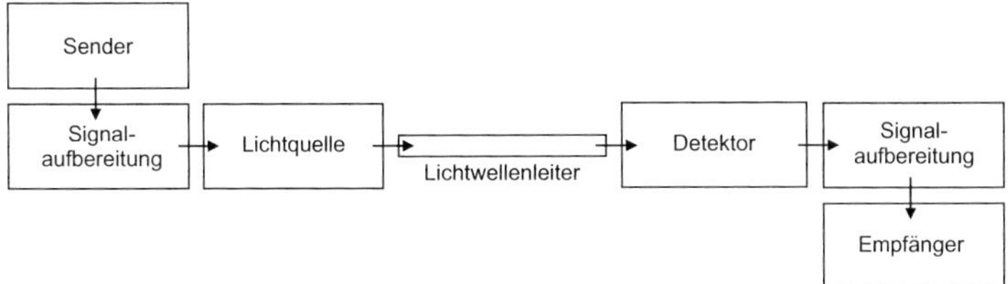

Abbildung 6.1: *Grundprinzip einer optischen Datenübertragungsstrecke*
Das Signal wird über eine Sendeeinheit bestehend aus einer Signalaufbereitung und der eigentlichen Lichtquelle über ein Lichtwellenleiter an die Empfängerseite geschickt. Dort erfolgt eine Verstärkung und Signalaufbereitung.

6.1.2 Stand der Technik

Als Lichtquellen für die optische Datenübertragung werden Laser und LEDs verwendet. Diese Sendeeinheiten können entweder aktiv moduliert sein oder im Dauerstrichbetrieb mit einem externen Modulator arbeiten. Dabei kommen sowohl analoge als auch digitale Modulationsverfahren in Frage [220, 221]. Der weitaus größte Teil der Systeme verwendet heute aus Gründen der Störungsresistenz und der Bandbreite digitale Modulations- und Codierverfahren [204, 222]. Als Lichtleiter kommen vor allem Monomode- und Multimode-Fasern zum Einsatz [223]. Zur Integration auf einer Platine werden Film- und Streifenwellenleiter verwendet [224–226]. Eine exotischere Methode ist die Freistrahlübertragung der Daten [227].

Auf der Detektionsseite werden *pin-* und Avalanche-Fotodioden genutzt. Je nach Wellenlängenbereich werden als Materialien u.a. Silizium, Germanium und komplexe III-V-Halbleitersysteme (InGaAs, InGaAsP) eingesetzt [220, 228].

Einen guten Einblick in die Thematik der optischen Datenübertragung geben die Arbeiten von Hultzsch [220], Grau [204] und Strobel [222].

Bei den faserbasierten Systemen gibt es eine Reihe unterschiedlicher Technologien sowohl was die Sende- und Empfangseinheiten als auch die Art des Lichtleiters angeht. Die verwendete Wellenlange des Lichtes[2] zur Datenübertragung unterscheidet sich in den Systemen je nach Anwendung.

Um einen Überblick über die üblichsten Systeme zu geben, sind in Tabelle 6.1 die Wellenlängen, die Komponenten und einige Anwendungen aufgelistet. Die drei Wellenlängen im Infraroten sind durch Dämpfungsminima von Glasfasern vorgegeben. Monomodige Glasfasern mit einer geringen Dämpfung und Dispersion finden in Fernnetzen [229] mit Datenraten von mehreren Tbit/s ihr Einsatzgebiet [230, 231]. Für geringere Entfernungen und kleinere Datenraten werden Multimode-Fasern verwendet. Neben Glasfasern werden hier oft Polymer-optische Fasern verwendet. POFs bieten Vorteile im Hinblick auf Justagetoleranzen, Gewicht und Kosten [223, 232].

Die optischen Datenübertragungssysteme decken einen weiten Bereich an verschiedenen Einsatzgebieten ab. Monomode-Systeme und viele der Multimode-Systeme, die im Infraroten arbeiten, sind auf höchste Geschwindigkeiten ausgelegt. Daneben gibt es noch eine Reihe anderer Anwendungen, bei denen es weniger um die hohen Übertragungsgeschwindigkeiten als viel-

---

[2]Zur besseren Lesbarkeit und dem allgemeinen Sprachgebrauch folgend wird hier meist von *Licht* gesprochen. Eigentlich richtig wäre die Verwendung des Begriffs *Strahlung* für Wellenlängen > 800 nm.

Wellenlänge	Lichtquelle	Lichtleiter	Empfänger	Datenrate	Anwendungen	Quelle
650 nm	GaAs-LED	POF (1 mm)	Si-PIN-Diode	kbit/s - 250 Mbit/s	Multimedia-System, MOST-Bus,	[219], [233]
850 nm	Laserdiode (VCSEL), GaAs-LED	POF (125 µm), Multimode-Glasfaser	Si-PIN-Diode, Avalanche-Fotodiode	400-3000 Mbit/s	LAN, Kurz-strecken-übertragung, Intraboard	[234]
1,3 µm	InGaAs(P)-Laserdiode	Monomode-Glasfaser	InGaAs(P)-Fotodioden, Ge-Fotodioden	200-400 Mbit/s	Fernnetze	[222]
1,55 µm	InGaAs(P)-Laserdiode	Monomode-Glasfaser	InGaAs(P)-Fotodioden, Ge-Fotodioden	> Gbit/s	Fernnetze	[220]

Tabelle 6.1: *Überblick über die Verwendung unterschiedlicher Wellenlängenbereiche in der optischen Datenübertragunstechnik*

mehr um die weiteren Vorteile optischer System geht. Beispiele für die Einsatzfelder solcher Systeme ist der *Media Oriented System Bus - MOST-Bus* in Fahrzeugen [219, 233], der *Process Field Bus - PROFIBUS* [235] in der Automatisierungstechnik und das *Sony/Philips Digital Interface Format - S/PDIF* für Multimedia-Anwendungen [236].

6.2   Betrachtung des Einsatzes von organischen Leucht- und Fotodioden

Organische Bauelemente bieten viele Eigenschaften die sie für einen möglichen Einsatz in optischen Datenübertragungssystemen interessant machen. Sowohl effiziente Lichtquellen als auch Detektoren können mit organischen Materialien realisiert werden. Die relativ einfache und kostengünstige Herstellung auf unterschiedlichsten Substraten bietet viele Einsatzmöglichkeiten. OLEDs und OPDs bilden sehr flache und leichte Bauelemente. Hinzu kommen die guten Strukturierungsmöglichkeiten, die komplexe Formen und eine Matrixfertigung zulassen. Selbst der Einsatz von semitransparenten Bauelementen die aufeinander prozessiert sind, ist möglich [237] und bietet ganz neue Wege der Integration dieser Bauteile. Viele dieser Eigenschaften lassen sich nicht mit anorganischen Bauelementen realisieren. OLEDs und OPDs decken sowohl den sichtbaren als auch Teile des Nahen-Infrarot-Spektralbereichs mit ihrer Emission bzw. Absorption ab.

Die Verwendung dieser neuen Art von Halbleiterbauelementen bringt natürlich auch gewisse Herausforderungen mit sich. Die Bauelemente müssen aufwändig verkapselt werden um eine genügend lange Lebensdauer zu gewährleisten. Die gewisse Empfindlichkeit gegenüber hohen Temperaturen machen den Einsatz in rauen Umgebungen schwierig. Die Leistungsfähigkeit von OLEDs und OPDs bezüglich ihrer Schnelligkeit und Strahlungsleistung bzw. -detektion wurde in den letzten Jahren stark verbessert.

Die Gruppe um Ohmori untersuchte in verschiedenen Arbeiten sowohl die Dynamik von OLEDs als auch deren prinzipielle Verwendung in der Datenübertragung [58, 238, 239]. Auch die Integration von OLEDs auf Wellenleitern wurde erfolgreich demonstriert [59, 238, 240]. Auf der Seite der organischen Fotodioden gab es eine Reihe von Arbeiten zu schnellen Detektoren. Diese bestanden sowohl aus *Small molecules*-Materialien [59, 83, 84, 241] als auch Polymeren [85, 171, 242].

Eine Weiterentwicklung gab es über die Realisierung der ersten Optokoppler auf Basis organischer Leucht- und Fotodioden [74, 243]. Diese einfachen Systeme bestehen aus einer OLED und einer OPD, die auf einem oder zwei Substraten fabriziert und prinzipiell nur über die Substratdicke ein Signal senden können. Auf eine ähnliche Weise konnten auch digitale Signale übertragen werden [237, 244].

Nach einer frühen ersten Abschätzung der Nutzbarkeit organische Bauelemente für die faserbasierte optische Datenübertragung [245] wurden die ersten faserbasierten Systeme im Rahmen dieser Arbeit entwickelt [60, 115, 246].

6.2.1 Ankopplung organischer Bauelemente an Lichtwellenleiter

Zur Realisierung einer optischen Datenübertragung mit organischen Bauelementen ist die Ankopplung dieser Bauelemente an einen Lichtwellenleiter notwendig. Denkbar ist hier die Nutzung von integrierten Wellenleitern sowie von optischen Fasern. Dieser Abschnitt untersucht diese Möglichkeiten hinsichtlich ihrer Realisierbarkeit und gibt eine Abschätzung für die einkoppelbare Leistung.

Auf der Sendeseite muss das Licht einer organischen Leuchtdiode in einen Wellenleiter eingekoppelt werden. Die Abstrahlcharakteristik einer OLED ist annähernd lambertförmig. Daher ist die Verwendung von optischen Elementen zur Strahlformung und -bündelung wie Linsen in der unmittelbaren Nähe der OLEDs nicht sinnvoll. Die Verwendung von Mikrospiegeln zur Verbesserung der Einkopplung von OLED-Strahlung in integrierte Wellenleiter wurde demonstriert, ohne jedoch eine Abschätzung der Kopplungsverluste zu geben [59].

Zwei grundsätzliche Konzepte sollen im Folgenden vorgestellt und analysiert werden. Das Erste beruht auf der Integration einer OLED direkt auf einem Lichtwellenleiter. Dies ist technologisch möglich, jedoch mit einem hohen Aufwand verbunden. Der zweite Ansatz ist die direkte Kopplung des OLED-Lichts durch das Substrat in eine Polymer-optische Faser. Beide Konzepte sind in Abbildung 6.2 wiedergegeben.

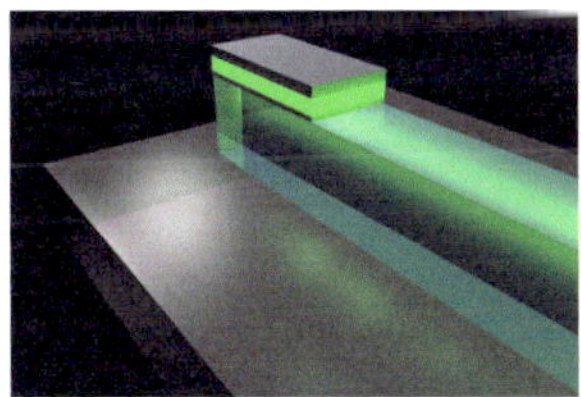

(a) Lichtwellenleiterkopplung   (b) Faserkopplung

Abbildung 6.2: *Schema der Ankopplung organischer LEDs an Wellenleiter*
(a) Das Licht der OLED wird in den darunterliegenden Wellenleiter abgegeben und dort weitergeleitet. (b) Die OLED befindet sich auf der Unterseite des Substrats, die Stirnfläche der POF endet auf der Substratoberseite über der emittierenden Fläche. Die Ankopplung erfolgt durch das Substrat.

Um die Einkopplungseffizienz und -leistung abschätzen zu können, werden beide Konzepte in einem Raytracing-Programm (*ORA Lighttools*) simuliert.

Für das erste Konzept wird die Integration einer $50 \times 100\,\mu m$ großen OLED auf einen $50\,\mu m$ breiten Rippenwellenleiter angenommen. Die transparente Anode der OLED befindet sich direkt auf dem Wellenleiter. Dieser besitzt ein quadratisches Profil und hat einen Brechungsindex von 1,55 (entspricht dem Wert eines üblichen Wellenleitermaterials). Als Substrat wird Glas angenommen ($n = 1{,}52$).

Für den zweiten Fall wird eine 1 mm große runde OLED auf einem üblichen 1,1 mm dicken ITO-Substrat ($n = 1{,}52$) verwendet. Die OLED strahlt durch das Substrat in eine POF ($d = 1$ mm, $n_{Kern} = 1{,}495$, $n_{Mantel} = 1{,}402$).

Für beide Konzepte wird eine normierte Ausstrahlung der OLED von $1\,mW/cm^2$ angenommen. Die Detektion erfolgt durch einen virtuellen Empfänger am Ende des Wellenleiters.

Die Ergebnisse der Simulation sind in Abbildung 6.3 dargestellt. In den oberen Bildern ist die geometrische Situation wiedergegeben. Die Verluste durch Totalreflexion an den optischen Grenzflächen ist deutlich sichtbar. Nur ein Teil des ausgesandten Lichts wird in die Wellenleiter gekoppelt. Die Leistung auf dem Empfänger ist in den unteren Bildern gezeigt.

Der Prozentsatz der eingekoppelten Leistung zur Gesamtausstrahlung der OLED ist im ersten Fall 23 % und im zweiten 13 %. Ein großer Unterschied ergibt sich in der Gesamtleistung der eingekoppelten Strahlung, die 11 nW bzw. 1,3 µW beträgt. Da die Fläche einer OLED auf einem Wellenleiter nur sehr klein sein kann, wird nur verhältnismäßig wenig Strahlungsleistung in den Wellenleiter eingekoppelt. Somit eignet sich dieses Konzept nicht für eine Nutzung in der Datenübertragung. Dagegen verspricht die Ankopplung von OLEDs an Polymer-optische Fasern mit großem Durchmesser eine höhere Einkoppelleistung und somit die Möglichkeit der Verwendung in optischen Datenübertragungssystemen.

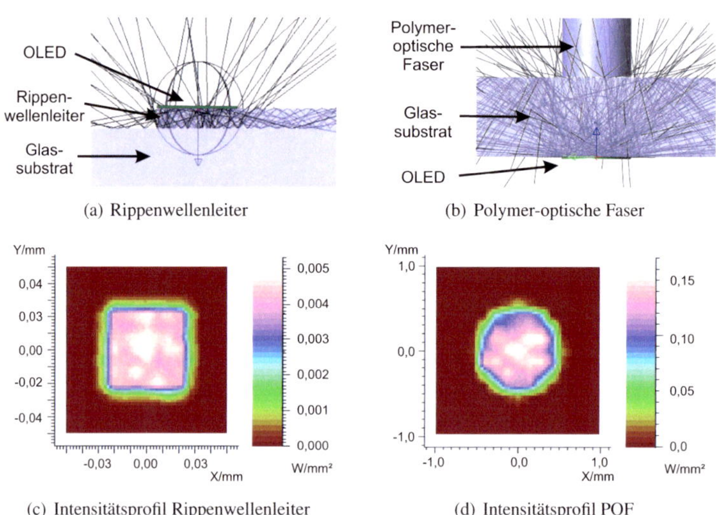

(a) Rippenwellenleiter   (b) Polymer-optische Faser

(c) Intensitätsprofil Rippenwellenleiter   (d) Intensitätsprofil POF

Abbildung 6.3: *Raytracing-Simulation der Ankopplung von OLEDs an Wellenleiter*
Die Abbildungen a) und b) zeigen die simulierten Strahlenverläufe. In den Abbildungen
c) und d) sind die Intensitätsprofile an den jeweiligen Wellenleiterenden dargestellt.

6.3 Systemkonzept

Aus den gewonnenen Erkenntnissen über die Dynamik organischer OLEDs (Kapitel 4) und OPDs (Kapitel 5) und den Betrachtungen zur Ankopplung wird ein Systemkonzept entwickelt, das die Realisierung eines faserbasierten Datenübertragungssystems zum Ziel hat. Dieses Konzept wird im Folgenden vorgestellt.

6.3.1 Zielsetzung

Die genaue Definition des Systems ist für eine erfolgreiche Umsetzung sehr wichtig. Die wichtigsten Punkte sind hier aufgelistet:

- Datenübertragungsrate

- Reichweite

- Signalquelle

- Kodierung und Signalform

- Lichtleiter (Art, Durchmesser, Länge, Ankopplung)

- Lichtquelle + Treiberelektronik

- Empfänger + Signalaufbereitung

Ziel ist es, eine faserbasierte optische Datenübertragungsstrecke aufzubauen, die vergleichbar mit dem in Multimedia-Systemen eingesetzten S/PDIF-Übertragungsstrecken ist. Der S/PDIF-Standard beschreibt eine Punkt-zu-Punkt-Verbindung für die Übertragung digitaler Audiosignale zwischen HiFi-Geräten [236, 247]. Er wird sowohl in Stereoanlagen als auch für Audioanlagen in Fahrzeugen eingesetzt. Neben der elektrischen Übertragung über Cinch-Stecker ist die optische Variante weit verbreitet. Diese bietet eine erhöhte Störfestigkeit und vermeidet Erdschleifen. Die Reichweite der Verbindung zwischen Signalquelle (z.B. CD-Player) und Empfänger (z.B. Verstärker) liegt bei einigen Metern.
Audiosignale werden üblicherweise mit einer Abtastrate von 44,1 kHz digitalisiert. Bei einer Wortlänge von 32 bit ergibt sich bei einem Stereosignal eine notwendige Datenrate von 2,8224 Mbit/s. Zur Kodierung des digitalen Signals wird ein Zweiphasenmarkierungscode (engl. *Biphase-Mark-Code* - BMC) verwendet. Das Prinzip ist in Abbildung 6.4 dargestellt. Die logischen Zustände des zu kodierende Datensignals werden dabei durch zwei Leitungszustände übertragen. Bei einer 1 wechselt der Zustand des BMC-Signals in der Mitte des Datenbits. Bei einer 0 bleibt der Zustand gleich. Diese Art der Kodierung vermeidet das Problem von langen Passagen eines Zustandes und bietet so eine gute Basis für die Synchronisierung und Taktrückgewinnung. Allerdings wird die doppelte Taktrate benötigt. Die Pulslängen des BMC-Signals im S/PDIF-Standard sind daher 177,2 ns und 354,3 ns, was einer maximalen Taktfrequenz von 5,5 MHz entspricht.
Im S/PDIF-Standard ist die optische Datenübertragung über Polymer-optische Fasern mit einem Durchmesser von 1 mm vorgesehen. Diese Lichtleiter und die dazugehörigen Steckverbindungen sind über den TOSLINK-Standard spezifiziert [248]. POFs werden aus PMMA hergestellt [232,249]. Diese Fasern sind günstig, leicht und sehr biegsam. Sie besitzen außerdem eine

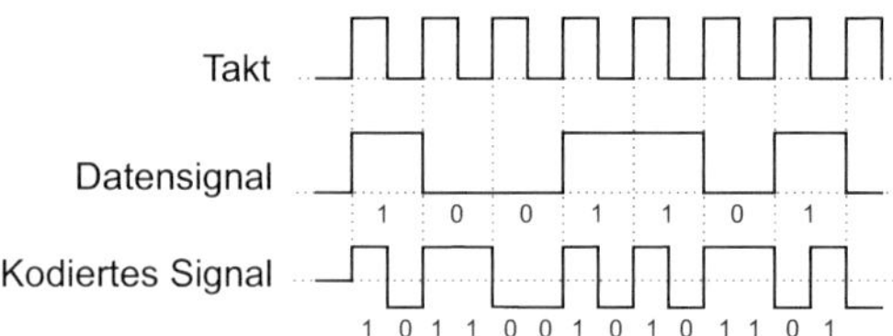

Abbildung 6.4: *Prinzip des Zweiphasenmarkierungscodes*
Ein Datenbit wird über den Wechsel (1) oder Nicht-Wechsel (0) des kodierten Signals beim Taktsignal definiert.

geringe Dämpfung im sichtbaren Spektralbereich ($< 0,2$ dB/m) [234]. Die Verwendung solcher Fasern in Verbindung mit OLEDs und OPDs wird in Abschnitt 6.3.3 näher erläutert.

Als Lichtquelle soll eine OLED mit entsprechender Treiberelektronik verwendet werden. Dies wird in Abschnitt vorgestellt 6.4.1. Auf der Empfängerseite soll eine organische Fotodiode zum Einsatz kommen. Die Signalaufbereitung aus dem Fotostromsignal in ein digitales Signal im S/PDIF-Standard spielt dabei eine wichtige Rolle.

6.3.2   Systemdesign

Aus der Zielsetzung zur Realisierung einer Datenübertragung nach dem S/PDIF-Standard ergeben sich die Vorgaben bezüglich der Datenrate und Signalkodierung. Da das hier entwickelte System weitgehend mit Standardkomponenten auskommen soll, wird auf das TOSLINK-System zurückgegriffen. Als Lichtleiter wird eine kommerziell erhältliche POF mit einer Länge von fünf Metern verwendet. Der große Durchmesser der Faser vereinfacht die Einkopplung und lässt gewisse Justagetoleranzen zu.

Wie in Abbildung 6.5 skizziert, soll das Licht einer OLED ohne weitere Optiken in die Faser eingekoppelt und zur OPD auf der anderen Seite der Faser transportiert werden. Die Justage der Fasern zu den Bauelementen sollte außerdem einfach sein und gewisse Toleranzen zulassen. Dies wird im folgenden Abschnitt untersucht.

Als Signalquelle wird eine digitale Audioquelle (Computer) an die Treiberelektronik der OLED angeschlossen. Das transmittierte Signal wird aufbereitet, wieder aufgenommen und mit dem Original verglichen.

6.3.3   Abschätzung der Kopplungseffizienz

Um eine möglichst gute Kopplungseffizienz sowohl auf der Sende- als auch auf der Empfängerseite sicherzustellen, wird diese Situation mit einem Raytracing-Programm (*ORA Lighttools*) nachgebildet. Auf diese Weise kann der optimale Durchmesser der Bauelemente und der Abstand zur POF gefunden werden. Auch mögliche Justagetoleranzen lassen sich herausfinden.

Allerdings sind fabrikationstechnisch nicht alle Möglichkeiten zu realisieren. Ideal wäre sicher die OLED möglichst direkt an die Endfläche der POF heranzubringen. Durch das Glassubstrat ist ein gewisser Abstand zwischen OLED und POF gegeben. Der Durchmesser der OLED kann bei der Verwendung der Hochfrequenzkontaktstifte nicht größer als ≈ 2 mm sein.

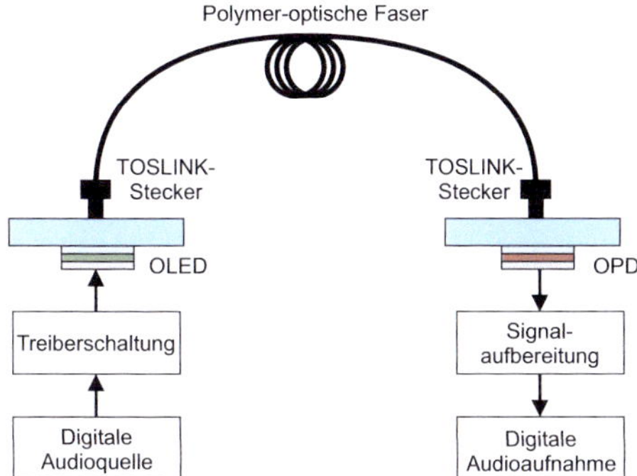

Abbildung 6.5: *Prinzipbild der optischen Datenübertragungsstrecke mit organischen optoelektronischen Bauelementen*

Für die Simulation wird eine Standard-POF mit einem Durchmesser von 1 mm, einer numerischen Apertur von 0,45 und den Brechungsindizes $n_{Kern} = 1,495$ und $n_{Mantel} = 1,402$ angenommen. Der Abstand zwischen POF und Substrat wird als 10 µm angenommen. Die übliche Dicke von ITO-Glassubstraten beträgt 1,1 mm bei einem Brechungsindex von $\approx 1,52$. Zusätzlich dazu werden Simulationen mit Spezial-ITO-Glas mit einer Dicke von nur 0,4 mm durchgeführt.

OLED-Ankopplung

Die organische Leuchtdiode (inklusive ITO-Schicht) wird als *Lambert*'scher Strahler[3] angenommen, der direkt auf das Glassubstrat aufgebracht ist. Der Durchmesser der OLED wird in der Simulation von 0,5 bis 2 mm variiert. Die Effizienz der Einkopplung und die Leistung am Ende der Faser wird durch einen virtuellen Empfänger bestimmt.

Wie in Abbildung 6.6 zu sehen, wird ein großer Teil des abgestrahlten Lichts durch Totalreflexion im Substrat gehalten. Die in die POF gekoppelte Leistung bei verschiedenen Parametern ist in Tabelle 6.2 festgehalten. Die Strahldichte der OLED wurde dabei zu 1 mW/cm² angenommen. Die Kopplung ist am effizientesten für kleine OLEDs und dünne ITO-Substrate. Die Betrachtung der eingekoppelten Leistung zeigt einen Vorteil bei der Verwendung von größeren Bauteilen. Da eine ausreichende Leistung der OLED für eine erfolgreiche Datenübertragung wichtig ist, wird für die Experimente eine OLED mit einem Durchmesser von 1,5 mm auf einem 0,4 mm-dicken Substrat verwendet. Die Untersuchungen an Bauteilen dieser Größe in Kapitel 4 zeigten eine ausreichende Schnelligkeit.

Die Verwendung einer Flüssigkeit zwischen POF und Glassubstrat zum Angleich der Brechungsindizes und Verminderung der Totalreflexion erhöht die Kopplungseffizienz in der Simulation geringfügig. Im Experiment konnte jedoch kein maßgeblicher Unterschied festgestellt werde. Zudem ist die Verwendung einer solchen Flüssigkeit unpraktikabel für kommerzielle Systeme.

---

[3]Die Abstrahlung erfolgt in einen Halbraum.

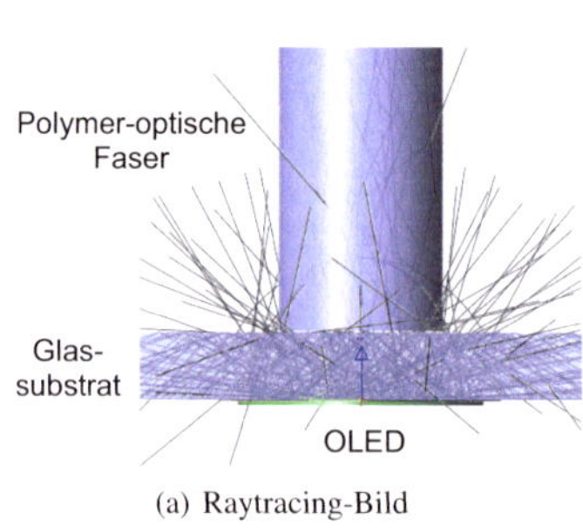
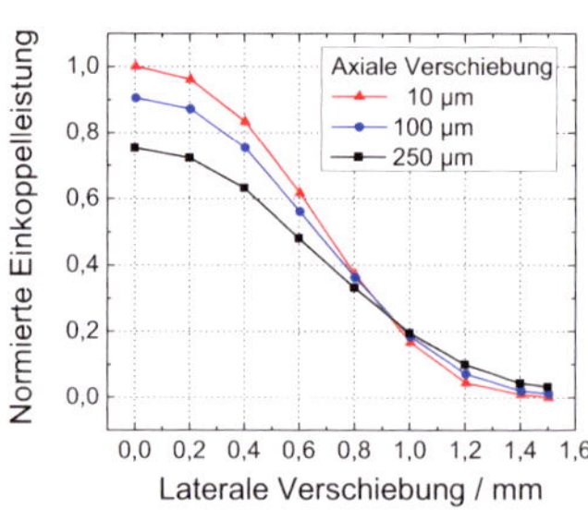

(a) Raytracing-Bild

(b) Abhängigkeit der Einkoppeleffizienz von der Justagegenauigkeit

Abbildung 6.6: *Simulation und Analyse der OLED-Faser-Kopplung*
Bild a) zeigt die simulierte Konfiguration. Die Auswirkungen der Verschiebung der POF gegen die OLED auf die eingekoppelte Leistung ist in b) zu sehen.
(Parameter: OLED-Durchmesser: 1,5 mm, Substratdicke: 0,4 mm)

		Effizienz		Leistung (µW)	
		Substratdicke			
		0,4 mm	1,1 mm	0,4 mm	1,1 mm
OLED-Durchmesser	0,5 mm	37 %	15 %	0,7	0,3
	1,0 mm	26 %	13 %	2,0	1,0
	1,5 mm	15 %	10 %	2,7	1,8
	2,0 mm	9 %	8 %	2,8	2,5

Tabelle 6.2: *Ergebnisse der Simulation der OLED-POF-Kopplungseffizienz*
Die Strahldichte der OLED beträgt in diesen Simulationen $1\,\text{mW/cm}^2$.

Um den Einfluss von Justageungenauigkeiten zu untersuchen, wird die POF in weiteren Simulationen lateral und axial zum OLED-Zentrum verschoben und die Änderung der Einkopplung aufgetragen (siehe Abbildung 6.6). Eine laterale Verschiebung von 0,25 mm verringert die eingekoppelte Leistung nur um circa 6 % (bei einem OLED-Durchmesser von 1,5 mm und einer Substratdicke von 0,4 mm). Daher ist keine hochpräzise Ausrichtung der POF zur OLED notwendig, was die Anwendbarkeit erhöht. Wird die POF vom Substrat wegbewegt, verringert sich die Einkopplung zusätzlich. Aber auch hier ist eine gewisse Toleranz gegen Verschiebungen gegeben.

OPD-Ankopplung

Auf der Empfängerseite der Faser sollte möglichst viel ausgekoppeltes Licht auf die organische Fotodiode treffen um das Signal-Rausch-Verhältnis zu optimieren. Die große numerische Apertur der POF sorgt für einen breiten Austrittskegel der geführten Strahlung. Eine Fotodiode muss also eine gewisse Größe besitzen um dieses Licht einzufangen.
In der Raytracing-Simulation wird die Größe der Fotodiode und die Substratdicke variiert. Die Ergebnisse sind in Tabelle 6.7 zusammengefasst. Sehr gute Kopplungseffizienzen von über 60 %

ergeben sich bei dünnen Glassubstraten und relativ großen OPDs. Die Toleranz gegen eine axiale oder laterale Verschiebung der Faser ist ähnlich zu den Ergebnissen bei der OLED (siehe Abbildung 6.7 b)).

Da die Größe der Fotodioden-Fläche großen Einfluss auf die Kapazität und damit auf das Antwortverhalten der OPD hat, wird ein Durchmesser von 1,5 mm gewählt. Dies stellt einen sinnvollen Kompromiss zwischen ausreichender Effizienz der Ankopplung und Geschwindigkeit der Fotodiode dar.

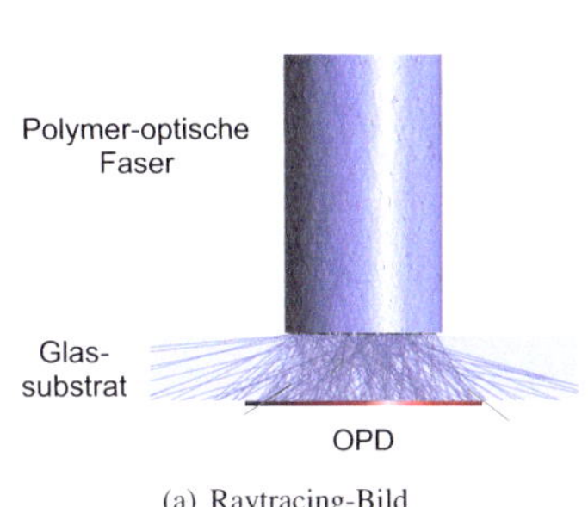

(a) Raytracing-Bild

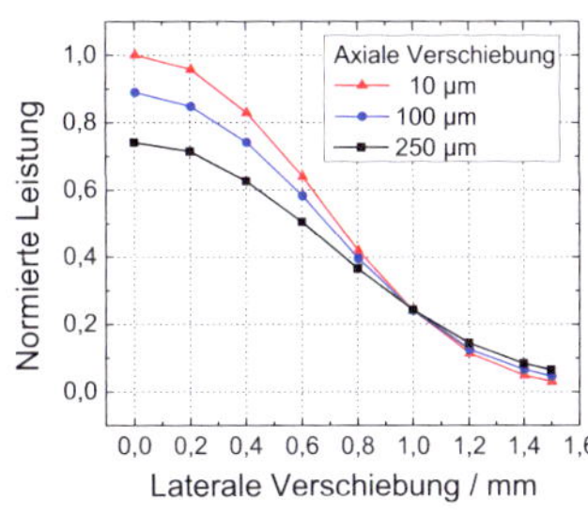

(b) Abhängigkeit der Effizienz von der Justagegenauigkeit

Abbildung 6.7: *Simulation und Analyse der OPD-Faser-Kopplung*
Abbildung a) zeigt die simulierte Konfiguration. Die Auswirkungen der Verschiebung der POF gegen die OPD auf die eingekoppelte Leistung ist in b) zu sehen. (Parameter: OPD-Durchmesser: 1,5 mm, Substratdicke: 0,4 mm)

		Effizienz	
		Substratdicke	
		0,4 mm	1,1 mm
OPD-Durchmesser	0,5 mm	14 %	4 %
	1,0 mm	45 %	14 %
	1,5 mm	66 %	27 %
	2,0 mm	69 %	30 %

Tabelle 6.3: *Ergebnisse der Simulation der POF-OPD-Kopplungseffizienz*

6.4 Herstellung und Charakterisierung von organischen Sendern und Empfängern

Für die optische Datenübertragung müssen auf diese Anwendung angepasste und optimierte organische Bauelemente verwendet werden. Die Herstellung, Optimierung und Charakterisierung von effizienten und schnellen OLEDs und OPDs wurde bereits in den Kapiteln 4 und 5 beschrieben.

Eine Grundvoraussetzung für die Übertragung von Daten mittels organischer Leucht- und Fotodioden ist die Anpassung des OLED-Emissionsspektrums an die Absorptionseigenschaften der
OPD oder umgekehrt. Da die mit dem Materialsystem P3HT:PCBM gebauten OPDs eine sehr
gute Effizienz und Dynamik aufweisen, wird dementsprechend die OLED-Emission durch die
Materialwahl angepasst. Verwendet wird hier der grüne Emitter Alq_3. Die gute Übereinstimmung der Spektren ist in Abbildung 6.8 demonstriert. Die Emission von Alq_3 liegt komplett
im Absorptionsspektrum von P3HT:PCBM. Die externe Quanteneffizienz von P3HT:PCBM-
Fotodioden folgt in ihrem spektralen Verlauf der Absorption dieses Materialsystems [75]. Diese
Material- bzw. Bauteilkombination ist somit gut für die Anwendung als Sender und Empfänger
geeignet.

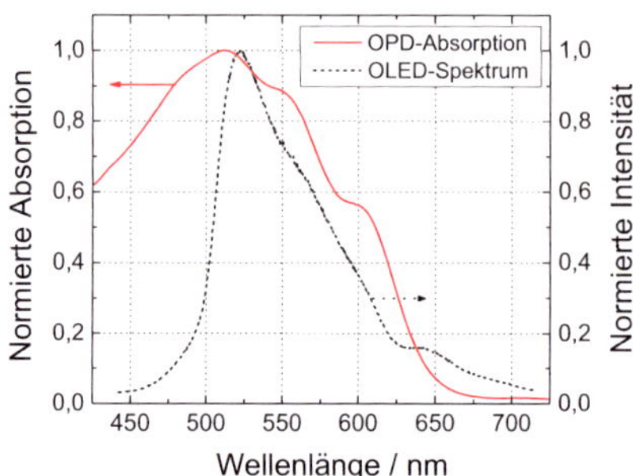

Abbildung 6.8: *Emission und Absorption der OI-OLED und OI-OPD*
          Das Emissionsspektrum der Alq_3-OLED stimmt gut mit der Absorption der
          P3HT:PCBM-Fotodiode überein.

6.4.1   OLEDs

Als Lichtquelle wird die bereits beschriebene OLED mit dem Emitter Alq_3 verwendet. Aufgrund der Ergebnisse der Ankopplungssimulation wird der OLED-Durchmesser zu 1,5 mm gewählt. Die OLED wird auf dünnem Spezial-ITO-Glas hergestellt, um eine optimale Ankopplung zu garantieren. Die in die Faser eingekoppelte Ausgangsleistung der OLED in Abhängigkeit von der angelegten Spannung wird mit einer Strom-Spannungs-Quelle (*Keithley SMU 238*)
und einem optischen Leistungsmessgerät (*Melles Griot 13PDH001*) bestimmt. Wie in Abbildung 6.9 a) zu sehen, weist die OLED eine Einsatzspannung von 6 V auf. Die Ausgangsleistung
steigt mit höheren Spannungen. Bei 20 V beträgt der Wert der eingekoppelten Leistung 4,4 µW.
Über die Simulation zurückgerechnet, entspricht das etwa einem Wert von 1,7 mW/cm^2 für die
Strahldichte der OLED (ohne Glassubstrat).
Für die Datenübertragung nach S/PDIF-Standard wird eine Modulationsfrequenz von circa
5 MHz benötigt. Unter Ausnutzung der Erkenntnisse aus der dynamischen Charakterisierung
von OLEDs wird das Verhalten der OLED auf ein Rechteckeingangssignal bei 5 MHz vermes-
sen. Dabei wird zur Verbesserung des dynamischen Verhaltens eine Offset-Spannung von 6 V
angelegt. Abbildung 6.9 b) zeigt die Antwort der OLED auf das Modulationssignal. Die Recht-
eckform der Eingangsimpulse wird nicht mehr vollständig wiedergegeben, eine eindeutige Modulation ist jedoch zu erkennen.

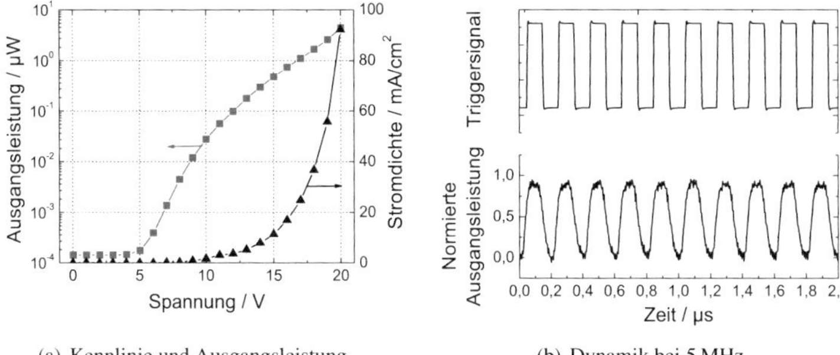

(a) Kennlinie und Ausgangsleistung   (b) Dynamik bei 5 MHz

Abbildung 6.9: *Kennlinie, Ausgangsleistung und Dynamik der OLED*
Die Messungen finden am Ende einer POF statt, in die die OLED-Emission eingekoppelt wird. Die Messung der Dynamik erfolgt bei 5 MHz Rechteckmodulation der OLED mit 6 V Offset-Spannung und 18 V Maximal-Spannung.

6.4.2 OPDs

Für die Empfängerseite ist eine hohe Empfindlichkeit und eine kurze Antwortzeit auf die einfallenden Lichtimpulse wichtig. Die organischen Fotodioden werden mit einer relativ hohen Schichtdicke (160 nm) hergestellt um eine hohe Absorption des OLED-Lichtes zu gewährleisten. Die Fabrikation erfolgt wie bei den OLEDs auf dünnen ITO-Substraten. Als Durchmesser der OPDs wird 1,5 mm gewählt. Die Messung der Dynamik an ähnlichen Bauteilen in Kapitel 5.6 zeigte ein ausreichend schnelles Verhalten dieser OPDs.

Die grundlegende Charakterisierung der OPD findet am Messaufbau statt, der auch für die bereits beschriebenen OPD-Messungen verwendet wurde. Die I-U-Kennlinie der OPD in Abbildung 6.10 a) zeigt einen hohen Signal-Rausch-Abstand zwischen beleuchteten und dunklen Zustand. Die Dunkelkennlinie steigt stark mit erhöhter Vorspannung an. Die spekrale Empfindlichkeit dieser Bauteile beträgt 0,24 A/W bei - 5 V Vorspannung. Die Messung der Linearität (siehe Abbildung 6.10 b)) ergibt ein lineares Verhalten über mehrere Dekaden.

Das dynamische Verhalten der organischen Fotodioden zeigt eine deutliche Abhängigkeit von der angelegten Vorspannung wie in den Abbildungen 6.11 a) und b) zu erkennen ist. Die Abfallzeit der OPD kann von über 600 ns bei 0 V auf 40 ns bei - 5 V reduziert werden. Die Halbwertsbreite beträgt dann auch nur noch 19 ns. Ein starker Abfall des Frequenzganges bei - 5 V Vorspannung ist nach circa 10 MHz zu beobachten. Diese Werte für das dynamische Verhalten der organischen Fotodioden zeigen die Verwendbarkeit für die Datenübertragung nach dem S/PDIF-Standard. Die OPDs werden dazu bei einer Vorspannung von - 5 V betrieben.

6.5 Datenübertragung mit organischen Bauelementen

In den vorangegangenen Kapiteln wurden die einzelnen Elemente einer möglichen optischen Datenübertragungsstrecke analysiert bzw. charakterisiert. Die Demonstration einer erfolgreichen Datenübertragung erfordert jedoch noch weitere Schritte. Die Schaltungstechnik zur

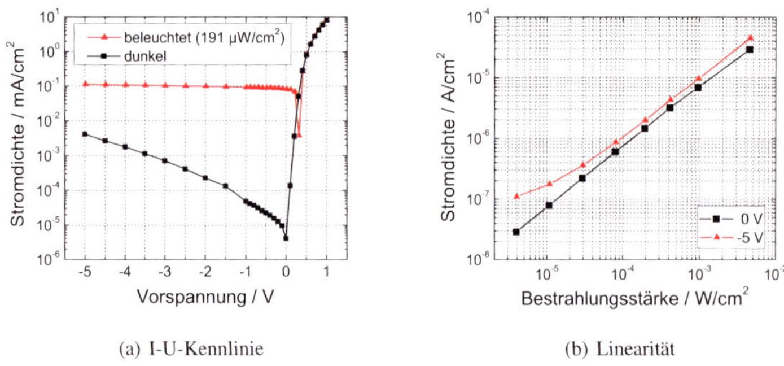

(a) I-U-Kennlinie

(b) Linearität

Abbildung 6.10: *I-U-Kennlinie und Linearität der OI-OPD*
Die Bestrahlungsstärke in diesem Versuch ist vergleichbar mit der Bestrahlung durch die OI-OLED.

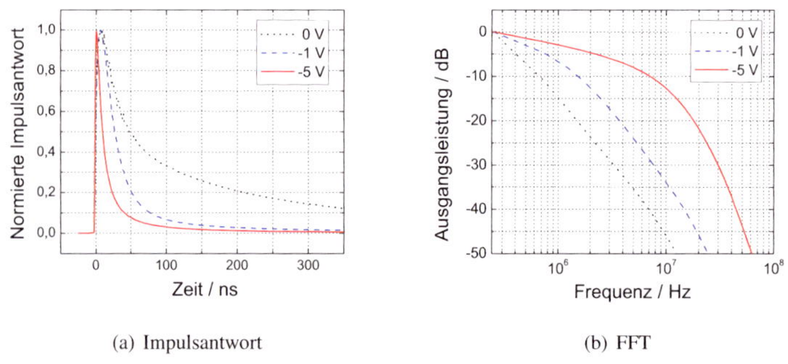

(a) Impulsantwort

(b) FFT

Abbildung 6.11: *Impulsantwort und FFT der verwendeten OPD*
Beide Graphen zeigen die Abhängigkeit des dynamischen Verhaltens der OI-OPD in Abhängigkeit von der Vorspannung. (Anregungs-Parameter: $\lambda = 532\,\text{nm}$, Repetitionsrate: 6,8 kHz, gemittelte Bestrahlungsstärke: $197\,\mu\text{W/cm}^2$)

Ansteuerung bzw. Signalaufbereitung wird im nächsten Abschnitt vorgestellt. Die experimentelle Umsetzung des Gesamtsystems, der Messaufbau und die Ergebnisse werden in den dann folgenden Abschnitten beschrieben.

6.5.1   Schaltungstechnik

Die notwendige Schaltungstechnik bezieht sich auf die Ansteuerung der OLED und die Signalaufbereitung der OPD-Antwort.
Wie im Systemkonzept beschrieben, soll ein Computer als Quelle des digitalisierten Audiosignals dienen. Als Ausgang steht hier entweder ein elektrisches oder optisches S/PDIF-Signal

zur Verfügung. Für dieses Experiment wird das optische Signal zur Vermeidung von Erdschleifen verwendet. Das digitale Signal wird in Verbindung mit der in Kapitel 4.3.2 beschriebenen Treiberelektronik in ein Ansteuerungssignal der OI-OLED umgesetzt. Dazu wird das mit einer POF übertragene optische S/PDIF-Signal mit einem optoelektronischen Konverter (*Toshiba TORX173*) in ein elektrisches Signal umgewandelt und als Triggersignal eines Frequenzgenerators *HP 8116A* genutzt. Dieser setzt die Signalniveaus auf - 3 V bzw. 8 V um und triggert die Treiberstufe der OLED.

Auf der Detektorseite kommt zur Verstärkung des OPD-Signals ein einstellbarer Transimpedanzverstärker zum Einsatz (*Femto DHCPA-100*). Für die Experimente wird eine Verstärkung von 10^5 V/A verwendet. Die Bandbreite des Verstärkers beträgt bei einer OPD-Kapazität von 0,29 nF circa 6 Mhz. Dies ist ausreichend für die 5,5 MHz Modulationsfrequenz des S/PDIF-Signals. Das Ausgangssignal des Verstärkers ist durch einen Tiefpassfilter auf 10 MHz begrenzt. Dies ist, durch die Rauschunterdrückung bei höheren Frequenzen, für die weitere Signalaufbereitung vorteilhaft. Die Vorspannung der OPD kann direkt über den Transimpedanzverstärker eingestellt werden.

Als zweite Stufe der Signalaufbereitung wird ein zusätzlicher Verstärker (*Texas Instruments OPA847*) verwendet. Dieser breitbandige, rauscharme Operationsverstärker verstärkt das Signal zusätzlich um den Faktor 20. Zur abschließenden Umsetzung des OPD-Signals in ein TTL-konformes Signal (0 V - 5 V) dient ein schneller Komparator (*Maxim MAX999*). Dieses Bauelement wirkt als „Entscheider" - definiert also ab welchem Signalpegel zwischen hohem und niedrigem Signalausgang geschaltet wird. Die Schaltschwelle bei sich verändernder optischer Eingangsleistung auf der OPD wird am Komparator über einen regelbaren Widerstand eingestellt.

Die Umsetzung des Komparatorsignals in ein optisches S/PDIF-Signal wird durch einen elektrooptischen Wandler (*Toshiba TOTX173*) vorgenommen.

6.5.2 Untersuchung der Einzelkomponenten

Vor der Umsetzung des Gesamtsystems werden die einzelnen Bestandteile der Datenübertragungsstrecke überprüft. Als erster Schritt wird die Detektorseite inklusive der OPD und der Signalaufbereitungselektronik getestet.

Der Systemaufbau dazu ist in Abbildung 6.12 gezeigt. Die Faser wird über der OPD gehalten. Die Fotodiode ist über einen Hochfrequenzkontaktstift direkt mit dem Transimpedanzverstärker verbunden. Das aufbereitete Signal kann nach dem Nachverstärker oder dem Komparator mit einem Oszilloskop (*Agilent 54832D*) überprüft werden.

Als Lichtquelle für diese Tests wurde der optische S/PDIF-Ausgang des Computers über eine POF auf die organische Fotodiode geleitet. Der S/PDIF-Ausgang einer Audiokarte beinhaltet eine rot emittierende anorganische LED mit $\lambda = 650$ nm. Diese Wellenlänge liegt am äußersten Ende des Absorptionsspektrums von P3HT:PCBM, was in Abbildung 6.13 a) gezeigt wird.

Zur Überprüfung der Funktion der OPD und der nachgeschalteten Elektronik wird am Oszilloskop ein sogenanntes Augendiagramm des detektierten S/PDIF-Signals aufgenommen (ohne den Komparator). Diese Art der Darstellung einer digitalen Signalfolge wird zur qualitativen Bewertung der Signalqualität genutzt [222]. Es werden dazu mehrere Bitfolgen übereinander geschrieben, was ein charakteristisches Abbild der Übergänge von hohen zu niedrigen Pegeln ergibt. Im Idealfall bildet sich ein geschlossenes Rechteck, bei dem die Bitrate die Breite definiert und die Signalpegel die untere bzw. obere Begrenzung.

Das Augendiagramm des OPD-Tests ist in Abbildung 6.13 dargestellt. Als Audiosignal kommt weißes Rauschen zum Einsatz, um eine gleichmäßige Verteilung von hohen und niedrigen Signalpegeln zu erreichen. Das deutlich geöffnete Auge zeigt die gute Signalaufbereitung der OPD-Elektronik. Die Breite des Auges t_{Auge} beträgt 130 ns. Der theoretische Maximalwert ist die Bitbreite des S/PDIF-Signals von 177 ns.

Nach dem erfolgreichen Funktionstest der Detektionsseite wurden noch weitere Tests der OLED-Treiberelektronik und der Kombination Sender-Empfänger durchgeführt. Dazu wurden teilweise auch anorganische Bauelemente eingesetzt. Auf diese Weise konnte gezeigt werden, dass die Einzelkomponenten ausreichende Leistungen für die optische Datenübertragung mit organischen Bauelementen aufweisen.

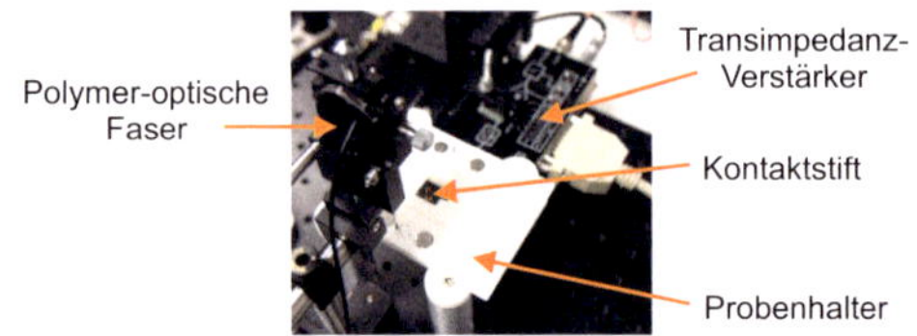

Abbildung 6.12: *Fotografie des experimentellen Aufbaus auf der Detektionsseite*

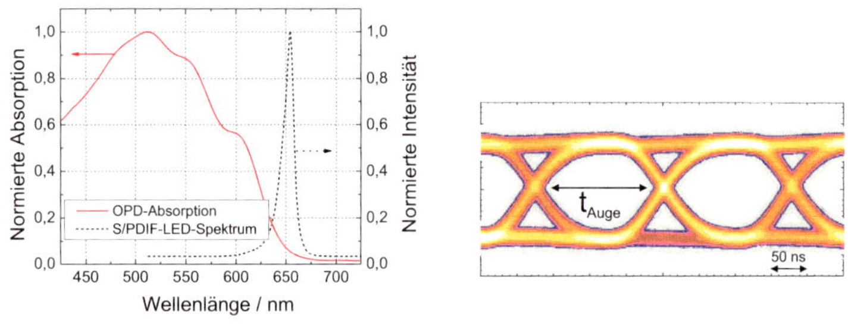

(a) Spektrum der S/PDIF-LED und Absorption der OPD

(b) Augendiagramm

Abbildung 6.13: *Spektrum der S/PDIF-LED und Absorption der Fotodiode sowie das Augendiagramm der Datenübertragung von einer S/PDIF-Signalquelle auf eine OPD* (Anzahl der Messungen für das Augendiagramm: > 5000)

6.5.3   Experimentelle Umsetzung

Das vollständige Gesamtsystem zur Demonstration der faserbasierten Datenübertragung ist in 6.14 schematisch dargestellt. Das im Computer generierte S/PDIF-Signal eines Audiostücks wird zur Treiberelektronik gesendet, die die Ansteuerung der OLED übernimmt. Das OLED-Ausgangssignal wird über eine 5 m lange POF zur organischen Empfängerfotodiode übertragen. Das OPD-Ausgangssignal wird verstärkt, aufbereitet und dann zurück in den Computer gesendet. Dort erfolgt die Aufzeichnung des digitalen Audiosignals.

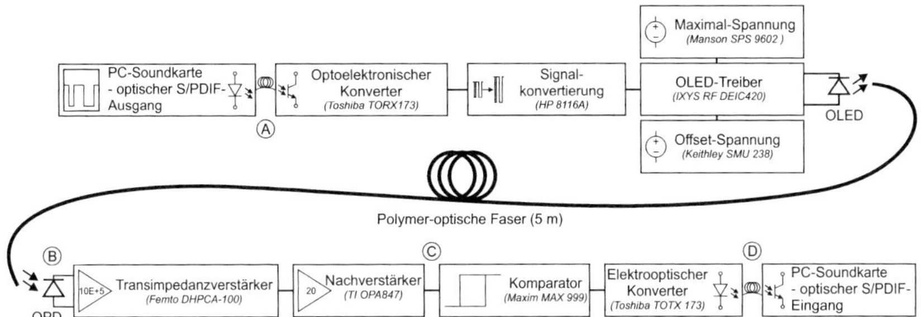

Abbildung 6.14: *Systemdiagramm der optischen Datenübertragungsstrecke*
Die digitalen Signale eine PC-Soundkarte werden in ein optisches OLED-Signal umgewandelt und über eine POF zur organischen Detektorfotodiode übertragen. Dort wird
das Signal aufbereitet und über eine optische Strecke wieder in den Computer eingespeist. Messpunkte für die Aufnahme von Augendiagrammen sind grau gekennzeichnet.

Mit diesem System ist erstmals die faserbasierte digitale Datenübertragung unter der ausschließ-
lichen Verwendung von organischen optoelektronischen Bauelementen gelungen. Die Daten-
transferrate beträgt dabei 2,8224 Mbit/s, was dem kommerziellen S/PDIF-Standard entspricht.
Das komplette System wird sowohl messtechnisch als auch qualitativ über die Bewertung
von übertragenen Audiosignalen analysiert. Die OLED wird in diesen Versuchen mit einer
Maximal-Spannung von 18 - 22 V und einer Offset-Spannnung von 6 - 10 V betrieben. Die in
die POF eingekoppelte Durchschnittsleistung liegt bei circa 2,5 µW. Dies ist in der Größenordnung der Leistung der roten S/PDIF-LED von $\approx 15\,\mu W$.
Zur Bewertung der Übertragungsqualität an verschiedenen Stellen im System wird dort jeweils
das Augendiagramm des Signals aufgenommen. Die Stellen sind im Systemdiagramm 6.14 mit
den Buchstaben *A - D* gekennzeichnet. Das optische Signal an den Stellen *(A)*, *(B)* und *(D)* wird
durch eine ausreichend schnelle und verstärkte anorganische Fotodiode (*Thorlabs PDA36A-EC*)
und dem Oszilloskop aufgezeichnet. Die Signale an der Stelle *(C)* werden direkt in das Oszilloskop eingespeist.
Die Ergebnisse dieser Messungen sind in Abbildung 6.15 zu finden. Das Original-S/PDIF-
Signal *(A)* zeigt ein weit geöffnetes Auge mit $t_{Auge} = 165\,ns$. Nach der Wandlung in das optische OLED-Signal und der Übertragung mit der Polymer-optischen Faser *(B)* verengt sich das
Auge auf 150 ns. Das Signal zeigt zwar ein erhöhtes Rauschen, aber die Übertragungsqualität
ist insgesamt gut. Die Detektion mit der organischen Fotodiode und die Signalaufbereitung *(C)*
verringert die Signalqualität. Die Augenbreite nimmt auf 110 ns ab. Dieses Signal wird durch
den Komparator umgesetzt und nach der Zurückumwandlung in ein optisches Signal aufgezeichnet *(D)*. Die Augenhöhe konnte durch den Einsatz des Komparators vergrößert werden.
Der größte Teil der Signale weist eine große Augenbreite auf. Teilweise treten jedoch Stör-
signale auf, die durch einen Jitter am Entscheider hervorgerufen werden. Dies verringert die
effektive Augenbreite auf 95 ns. Die Aufzeichnung an Stelle *(D)* kann direkt mit *(A)* verglichen
werden und veranschaulicht den Unterschied zwischen Original- und übertragenem Signal.
Die so messtechnisch untersuchte optische Datenübertragung wird durch die Übermittlung von
digitalen Musikstücken überprüft. Die Aufzeichnung der Musik hat eine hohe Qualität, nur selten sind Störungen zu hören. Dies wird vermutlich durch das Jitter-Problem verursacht.

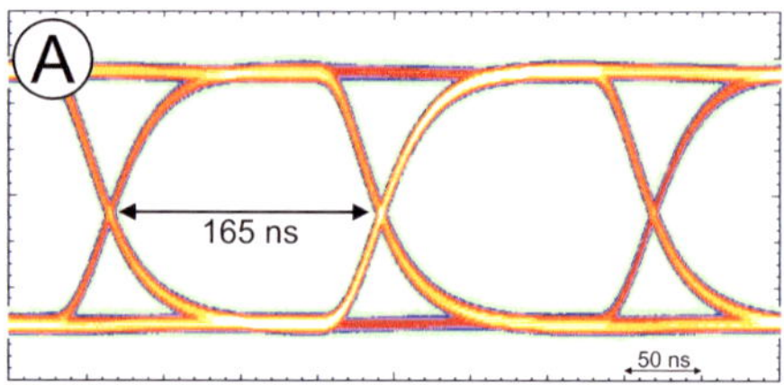

(a) Original-S/PDIF-Signal

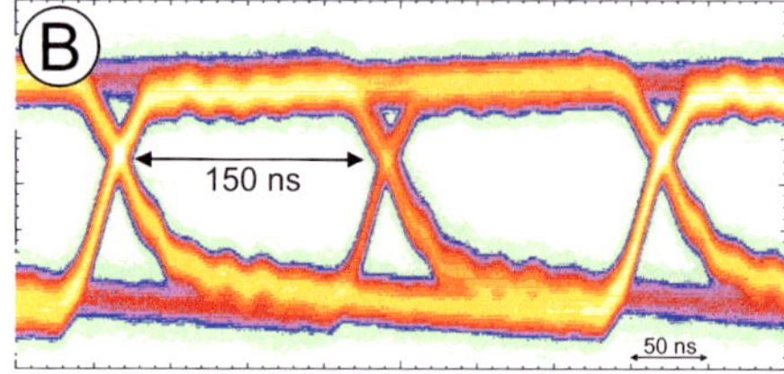

(b) OLED-Signal

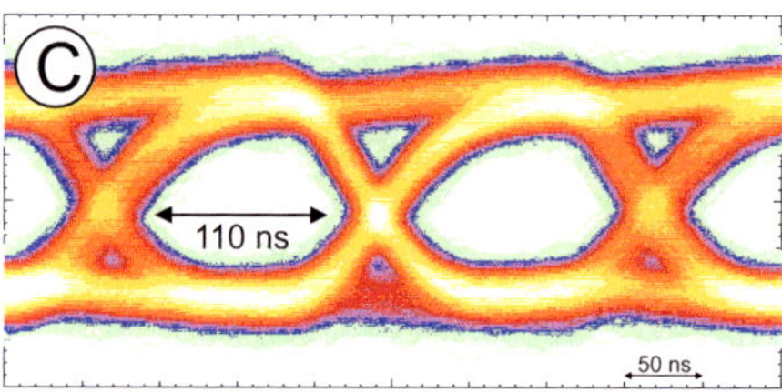

(c) OLED-OPD-Signal

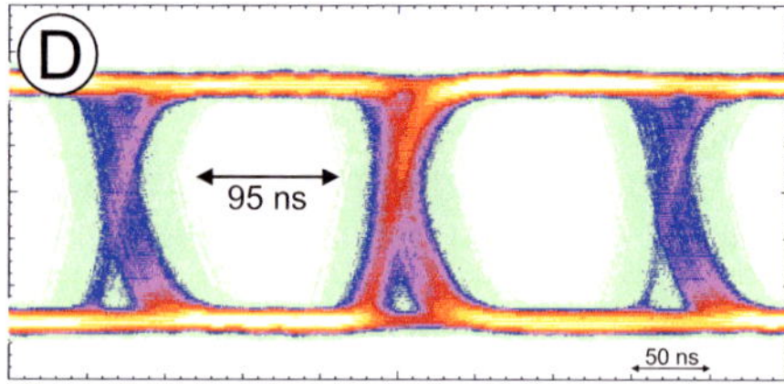

(d) OI-S/PDIF-Signal

Abbildung 6.15: *Augendiagramme der optischen Datenübertragung mit organischen Bauelementen*
Die Augendiagramme werden an verschiedenen Stellen im System aufgenommen. Das optische Original-S/PDIF-Signal (A) wird in ein OLED-Signal gewandelt und über eine POF übertragen (B). Nach der Detektion mit einer OPD und der Signalaufbereitung (C) wird das Datensignal wieder zurück in ein optisches Signal zur Aufzeichnung umgewandelt (D). (Anzahl der Messungen: > 5000)

6.6 Zusammenfassung und Ausblick

Die präsentierten Ergebnisse stellen die erste Realisierung einer fasergebundenen optischen Datenübertragungsstrecke basierend auf organischen Bauelementen dar. Die erreichte Datenrate von 2,8224 Mbit/s und die Verwendung eines Industrieprotokolls demonstrieren die praktische Verwendbarkeit eines solchen Systems. Als Lichtwellenleiter wird eine günstige Polymerfaser mit großen Justagetoleranzen nach dem TOSLINK-Standard eingesetzt.

Durch eine weitere Optimierung der Bauelemente und der verwendeten Elektronik sollten auch höhere Datenraten möglich sein. Das Erreichen einer Datenrate von 22 Mbit/s würde weitere Anwendungsfelder wie z.B. im MOST-Bus erschließen. Eine Anwendung in kombinierten Systemen für die bidirektionale Datenübertragung ist denkbar [250, 251]. Hier könnten organische Datenübertragungssysteme durch Wellenlängenmultiplexing in der Kombination mit einer Hochdurchsatz-Infrarotverbindung eingesetzt werden.

Für den industriellen Einsatz ist eine Verkapselung der Bauelemente und die Verwendung von kostengünstigeren Elektronikbauteilen notwendig.

Kapitel 7

Organische Laser für optische Sensorsysteme

Zusammenfassung[1]

Organische Laser bilden eine neuartige Gruppe von Laserlichtquellen. Sie bieten viele vorteilhafte Eigenschaften für eine Reihe von Anwendungen. In diesem Kapitel wird die Herstellung von organischen Lasern für die Verwendung in optischen Sensorsystemen untersucht. Ein Schwerpunkt liegt dabei auf der Herstellung von kostengünstigen Laserresonatoren.

Nach der Analyse von Herstellungsmethoden für Laserresonatoren werden die Verfahren des Heißprägens und der UV-Nanoimprint-Lithografie näher vorgestellt. Diese Verfahren werden in dieser Arbeit genutzt um Laserresonatoren in Polymersubstraten und in einem Sol-Gel-Material zu realisieren. Dabei wird gezielt auf die Möglichkeit der Anbindung an Wellenleiterstrukturen für integrierte Sensorsysteme geachtet.

Die erfolgreiche Herstellung von Laserresonatoren mit diesen Verfahren wird demonstriert. Auf Basis der Laserresonatoren werden organische DFB-Laser erster und zweiter Ordnung basierend auf dem Material Alq$_3$:DCM vorgestellt und charakterisiert.

Als neue Methode zur Herstellung von Laserresonatoren wird das Direkte Laserschreiben mit der Zwei-Photonen-Absorption eingeführt. Es wird Lasertätigkeit auf den mit diesem System realisierten Strukturen demonstriert.

---

[1]Teile dieses Kapitels wurden bereits in folgender Publikation veröffentlicht:
(a) M. Punke *et al.*, *Organic semiconductor lasers as integrated light sources for optical sensor systems*, Proc. SPIE 6659, 665909 (2007)

Laserquellen werden in vielen Bereichen des täglichen Lebens und der Forschung eingesetzt. Die Spanne der Laserausgangsleistung und -wellenlänge ist sehr groß. Sie reicht je nach Anwendung von Mikro- bis Petawatt und vom tiefen UV bis zum fernen Infrarot. Organische Laser sind Lichtquellen, die vor allem im sichtbaren Spektralbereich bei moderaten Ausgangsleistungen ihren Schwerpunkt haben. Somit sind Einsatzbereiche in der Sensorik, Medizintechnik oder der optischen Datenspeicherung denkbar.

Diese Arbeit beschäftigt sich mit der Herstellung und dem Einsatz von organischen Lasern für die Biosensorik. Dabei ist eine kostengünstige Herstellung auf biokompatiblen Substraten notwendig. Zusätzlich ist die Integrationsmöglichkeit der Laserlichtquellen in mikrooptische Analyseplattformen hochinteressant. In diesem Kapitel werden daher sowohl kostengünstige als auch grundsätzlich neue Fabrikationsmöglichkeiten für organische Laser untersucht. Die unterschiedlichen Methoden werden analysiert und die Herstellung von organischen Lasern demonstriert.

Der überwiegende Teil der bisherigen Arbeiten zu organischen Halbleiterlasern beschäftigte sich mit den Grundlagen dieser neuen Laserklasse. Trotz der vielen Vorteile gegenüber anorganischen Laserquellen spielte die Untersuchung des Einsatzes organischer Laser in Systemen dabei nur eine untergeordnete Rolle. Diese Arbeit beschäftigt sich daher damit die faszinierenden Eigenschaften der organischen Halbleiterlaser in die Anwendung zu bringen.

7.1   Organische Halbleiterlaser basierend auf Alq_3:DCM

In der vorliegenden Arbeit wird die Materialkomposition Alq_3:DCM als aktives Lasermaterial eingesetzt. Alq_3:DCM ist eine stabile Verbindung, die gute Effizienzen in der Elektro- und Photolumineszenz aufweist [23]. Der spektrale Gewinnbereich dieses Materials bei einer Dotierkonzentration von 3 mol% reicht von 585-690 nm [160]. In der Arbeit von M. Stroisch konnte Lasertätigkeit im Bereich von 605-728 nm gezeigt werden [127]. Alq_3:DCM bietet somit eine Reihe von günstigen Eigenschaften und wird daher in dieser Arbeit als Standardmaterialsystem eingesetzt.

Alq_3 zeigt eine hohe Absorption im UV-Bereich und kann die aufgenommene Energie effektiv über einen *Förster*-Transfer an das Dotiermaterial abgeben. Als Pumpwellenlängen kommen vor allem die 355 nm-Emission eines frequenzverdreifachten Nd:YAG-Lasers oder die 406 nm-Emission einer GaN-Laserdiode zum Einsatz. Das Absorptionsspektrum von Alq_3 und das Photolumineszenzspektrum von Alq_3:DCM ist in Abbildung 7.1 dargestellt. Die Emission von Alq_3:DCM erreicht ihr Maximum bei circa 630 nm.

Die Herstellung eines Alq_3:DCM-Lasers umfasst im Prinzip zwei wesentliche Teile. Die Fabrikation eines geeigneten Laserresonators wird im folgenden Abschnitt behandelt. Auf den Laserresonator wird das aktive Materialsystem Alq_3:DCM über einen Koverdampfungsprozess aufgebracht. Die aufgedampften Schichtdicken betragen 250-350 nm und die optimale Dotierkonzentration liegt bei 2-3 mol%. Der Aufdampfprozess ermöglicht die gezielte Aufbringung des aktiven Materials durch den Einsatz einer Schattenmaske.

7.2   Resonatoren für organische Laser

Eine Reihe von Eigenschaften macht den kommerziellen Einsatz organischer Laser interessant. So können diese Laser auf unterschiedlichen Substraten durch kostengünstige Herstellungsme-

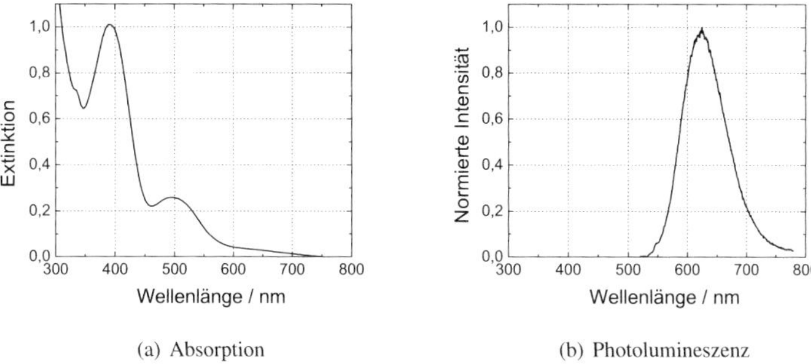

(a) Absorption   (b) Photolumineszenz

Abbildung 7.1: *Absorptions- und Photolumineszenzspektrum von Alq$_3$:DCM [252]*

thoden produziert werden. Zur Realisierung eines DFB-Resonatorgitters gibt es im Wesentlichen zwei Ansätze. Wie in Abbildung 7.2 dargestellt, kann entweder das Substrat oder aber das aktive Lasermaterial mit einer Struktur für die verteilte Rückkopplung versehen werden. Für die erste Methode kommen verschiedene Techniken zum Einsatz, die im folgenden Abschnitt näher behandelt werden. Für die zweite Methode wurde u.a. die Photoisomerisierung von dotierten Polymerfilmen [253], das direkte Prägen in das aktive Material [254,255] und die direkte Laserablation [256] verwendet. Ein großer Vorteil der Vorstrukturierung des Substrates ist die Unabhängigkeit der Herstellung von den Eigenschaften des aktiven Materials.

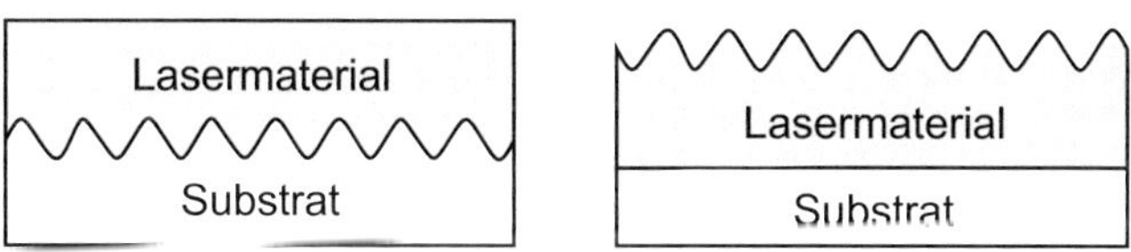

Abbildung 7.2: *Möglichkeiten der Herstellung organischer DFB-Laser*
Ein DFB-Gitter kann durch die Verwendung eines nanostrukturierten Substrats oder durch die direkte Strukturierung der aktiven Schicht realisiert werden.

7.2.1 Herstellung von nanostrukturierten Laserresonatoren

Trotz alternativer Fabrikationsmöglichkeiten basiert der überwiegende Teil organischer Halbleiterlaser auf vorstrukturierten Substraten. Die Qualität der Resonatorstruktur beeinflusst die Laserschwelle und die Effizienz des Lasers. Da die aktive Schicht durch einen gut kontrollierbaren Aufdampfprozess aufgebracht werden kann, spielt insbesondere die Fabrikationsqualität des Lasersubstrats eine wichtige Rolle.

Um DFB-Laser erster oder zweiter Ordnung herzustellen, werden Resonatorstrukturen mit Perioden von circa 100-400 nm benötigt. Die Gittertiefe sollte bei circa 70 nm liegen [137,257]. Der folgende Abschnitt soll eine Übersicht der Fabrikationsmöglichkeiten für nanostrukturierte

Laserresonatoren geben. Diese Übersicht bezieht sich ausschließlich auf die Fabrikation von DFB-Lasersubstraten für organische Halbleiterlaser. Daneben gibt es natürlich eine ganze Reihe von Methoden zur Nanostrukturierung. Als weitergehende Literatur sind in diesem Bereich folgende Werke zu empfehlen [175, 258–260].

In dieser Arbeit werden kostengünstige und neuartige Ansätze zur Herstellung nanostrukturierter Laserresonatoren verfolgt. Insbesondere die Möglichkeit der Integration durch die Anbindung an Lichtwellenleiter wird dabei betrachtet. Diese Ansätze sind in der Übersicht in Abbildung 7.3 kursiv gekennzeichnet und werden ausführlicher beschrieben.

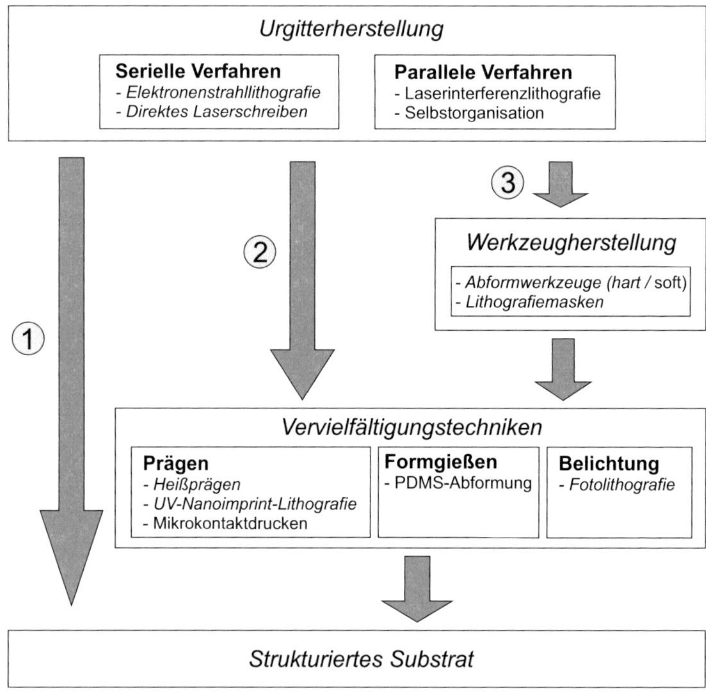

Abbildung 7.3: *Übersicht über Methoden der Laserresonatorherstellung*

Die Herstellung von nanostrukturierten Substraten kann im Wesentlichen auf drei Wegen geschehen. Grundlage ist immer die Herstellung eines Urgitters mit einer entsprechenden Fertigungstechnologie. Bei der Verwendung eines geeigneten Materials kann diese Struktur direkt als Laserresonator verwendet werden - Weg (1) in Abbildung 7.3. Allerdings ist die Herstellung eines Urgitters meist aufwändig und teuer. Daher eignet sich die direkte Nutzung fast ausschließlich für Testzwecke.

Ein zweiter Weg ist die Vervielfältigung des Urgitters (2). Hierzu gibt es eine Reihe geeigneter Methoden. Die direkte Abformung eines Urgitters ermöglicht eine schnelle Herstellung von Replikaten. Allerdings besteht hier die Gefahr der Beschädigung der Urform während des Prozesses. Eine weitere Möglichkeit ist die Herstellung eines Werkzeuges, mit dem die Replikation stattfinden kann (3). Das Werkzeug kann auf eine hohe Haltbarkeit im Replikationsprozess optimiert werden. Daher eignet sich dieser Herstellungsweg am besten für den kommerziellen Einsatz.

Die Herstellung des Urgitters kann über serielle oder parallele Verfahren erfolgen. Serielle Verfahren ermöglichen komplexe und nahezu beliebige Strukturen. Mit parallelen Verfahren kann dagegen eine schnelle und großflächige Strukturierung erfolgen. Allerdings sind dabei oft nur periodische Strukturen realisierbar.

Die meistverwendete serielle Methode ist das Elektronenstrahlschreiben (engl. *electron beam lithography*) [11, 28, 126, 127]. Hiermit ist eine hochpräzise Strukturierung möglich. Nachteilig sind der große Zeitaufwand und die hohen Kosten. Die mit der Elektronenstrahllithografie definierten Strukturen in einem Speziallack werden in der Regel über einen Trockenätzschritt in das Substrat übertragen.

Die Nutzung des Direkten Laserschreibens (engl. *direct laser writing - DLW*) zur Herstellung von Resonatoren für organische Laser wird in dieser Arbeit erstmalig präsentiert und im Folgenden näher erläutert. Die Laserinterferenzlithografie nutzt die Mehrstrahlinterferenz eines UV-Lasers zur Belichtung eines Fotolacks aus. Nach einem Entwicklungsprozess kann die Struktur direkt oder nach einem Abformungsprozess verwendet werden [127, 137, 257]. Selbstorganisation von Kügelchen mit Nanometer-Abmessungen kann zur Bildung periodischer Strukturen führen [261]. Diese, auch künstliche Opale genannten, Strukturen können als Laserresonator verwendet werden [127].

Die Urgitter können über Vervielfältigungstechniken repliziert werden. Für die Prägemethoden wird dazu meist ein Abformwerkzeug hergestellt [262]. Dies kann über einen Nickel-Galvanikprozess oder über Formgießen mit Polydimethylsiloxane (PDMS) geschehen. Man spricht je nach Beschaffenheit des Werkzeuges auch von *hard* oder *soft stamp*. Ein PDMS-Abformwerkzeug kann auch direkt als Lasersubstrat verwendet werden [263].

Die Abformwerkzeuge werden für das Heißprägen (engl. *hot embossing* oder *thermal nanoimprint*) [131, 137] oder die *UV-Nanoimprint-Lithografie - UV-NIL* genutzt [126, 137, 264–266]. Diese Methoden werden auch in dieser Arbeit verwendet. Eine weitere Vervielfältigungsmethode ist das Mikrokontaktdrucken (engl. *microcontact printing - μCP*) [265, 267].

Eine neuartige Methode beruht auf der fotolithografischen Belichtung eines PMMA-Substrats durch energiereiche UV-Strahlung. Durch die Verwendung einer fotolithografischen Maske kann eine periodische Belichtung und anschließende Entwicklung von PMMA erfolgen [268, 269].

7.2.2 Urgitterherstellung

Im folgenden Abschnitt werden die in dieser Arbeit genutzten Strukturierungsmethoden näher vorgestellt. Wesentliches Kriterium für die Auswahl der Methodik ist die Möglichkeit der Integration der DFB-Laser mit einem Lichtwellenleiter. Diese Integration ist entscheidend für die Anwendung in der Sensorik und wird in Kapitel 8 vorgestellt. Möglich ist dies nur durch die Kombination der Fabrikationsmethode und einer geeigneten Materialwahl.

Das Material PMMA eignet sich gut für das Heißprägen und bietet zudem die Möglichkeit der Integration von Streifenwellenleitern durch UV-Belichtung. PMMA ist äußerst kostengünstig und bietet eine hervorragende Transparenz. Daher wird ein großer Teil der Versuche mit diesem Material durchgeführt.

Als alternatives Material, das bisher keine Verwendung in organischen Lasern fand, wird das Sol-Gel-Material Ormocer© verwendet. Ormocer© wird bereits für die Wellenleiterfertigung genutzt und weist eine geringe Dämpfung auf. In dieser Arbeit wird es für das Verfahren der UV-Nanoimprint-Lithografie sowie das Direkte Laserschreiben verwendet. Das Direkte Laserschreiben bietet aufgrund der Möglichkeit zur dreidimensionalen Strukturierung ganz neue Wege für die Fabrikation.

Die Untersuchung der Strukturierungsmethoden fand in enger Kooperation mit der Physikalisch-Technischen Bundesanstalt (PTB) in Braunschweig und dem Institut für Mikrostrukturtechnik (IMT) am Forschungszentrum Karlsruhe statt. Die Elektronenstrahllithografie wurde von Dr. Weimann und Dr. Becker an der PTB nach vorgegebenen Designs durchgeführt. Die Versuche zum Heißprägen, der UV-Nanoimprint-Lithografie und zur UV-Modifikation von PMMA fanden zusammen mit Mathias Bründel am IMT statt. Die Herstellung der Basisstrukturen erfolgte dabei am IMT, die Deposition des aktiven Lasermaterials und die Charakterisierung am Lichttechnischen Institut (LTI) der Universität Karlsruhe(TH).

Elektronenstrahllithografie

Die Elektronenstrahllithografie gehört zu den am meisten genutzten Methoden zur gezielten Definition von Nanometer-Strukturen. Die Prozessschritte sind vereinfacht in Abbildung 7.4 gezeigt. Als Substrat dient meist ein Siliziumwafer, der mit einem Elektronenstrahllack beschichtet ist. Die gewünschte Struktur wird mit dem Elektronenstrahl nach einem Computerdesign in den Elektronenstrahllack geschrieben. Dieser Schreibvorgang ist seriell und daher zeitintensiv. Der belichtete Elektronenstrahllack wird in einem Entwicklungsschritt entfernt. Die Lackstruktur wird dann in einem Trockenätzschritt in den Wafer übertragen[2]. Die Elektronenstrahllithografie ermöglicht die Realisierung von Strukturen mit Größen unter 50 nm [259]. Die an der PTB hergestellten Laserresonatoren werden auf oxidierten Siliziumwafern hergestellt. Die Gittertiefe beträgt 70 nm und die kleinste Linienbreite 100 nm. Die Rasterelektronenmikroskopische (REM)-Aufnahme in Abbildung 7.5 zeigt ein lineares DFB-Gitter erster Ordnung. In der Fotografie ist der gesamte Si-Wafer zu sehen, auf dem verschiedene Teststrukturen zu finden sind.

Direktes Laserschreiben

Das herkömmliche Direkte Laserschreiben wird kommerziell als kostengünstige Alternative zum Elektronenstrahlschreiben eingesetzt. Mit solchen Systemen sind Auflösungen bis zu 0,6 μm auf Substratgrößen von $400 \times 400\,\text{mm}^2$ und größer erreichbar [270]. Beim Laserschreiben[3] wird durch ein Laserstrahl ein Fotolack belichtet und so eine Strukturierung erzielt. In kommerziellen Systemen werden meist HeCd-Laser mit einer Wellenlänge von 442 nm eingesetzt.

Eine Erweiterung dieser Methode wird durch den Einsatz eines Femtosekundenlasers als Strahlquelle erreicht [271–275]. Femtosekundenlaser auf Basis eines Titan-Saphir-Kristalls emittieren Strahlung im Nahen-Infrarot (NIR) um 800 nm. Fotolacke sind oft nur im UV-Bereich empfindlich, können also durch NIR-Strahlung nicht direkt strukturiert werden. Eine Reaktion auf die NIR-Strahlung ist durch den Prozess der Zwei-Photonen-Absorption (engl.

---

[2]Oft dient nicht direkt die Lackstruktur als Ätzmaske, sondern es folgen noch weitere Zwischenschritte zur Herstellung einer Ätzmaske aus Chrom.

[3]Auch als Laserlithografie bezeichnet.

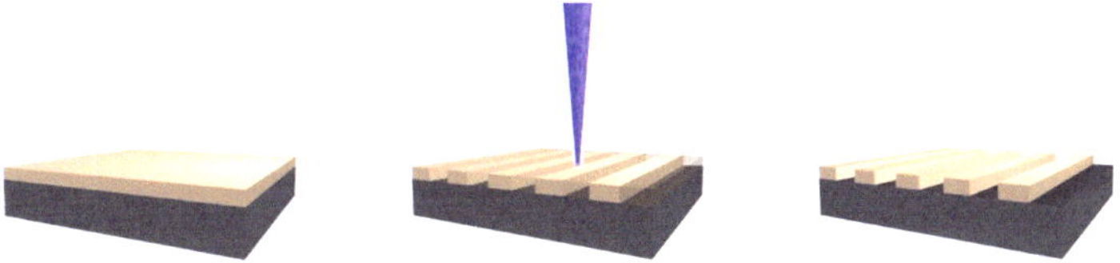

(a) Ein oxidierter Siliziumwafer wird mit Elektronenstrahllack beschichtet.

(b) Der Lack wird mit einem Elektronenstrahl belichtet...

(c) ... und anschließend entwickelt.

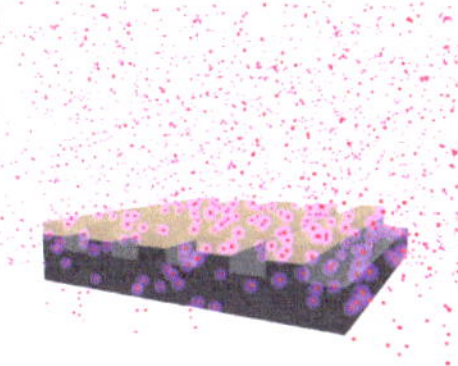

(d) Die Struktur des Lacks wird in einem Trockenätzschritt in den Wafer übertragen.

(e) Die Nanostrukturen wurden in die SiO_2-Schicht übertragen.

Abbildung 7.4: *Schema des Elektronenstrahlschreibens von Nanostrukturen in einen oxidierten Siliziumwafer*

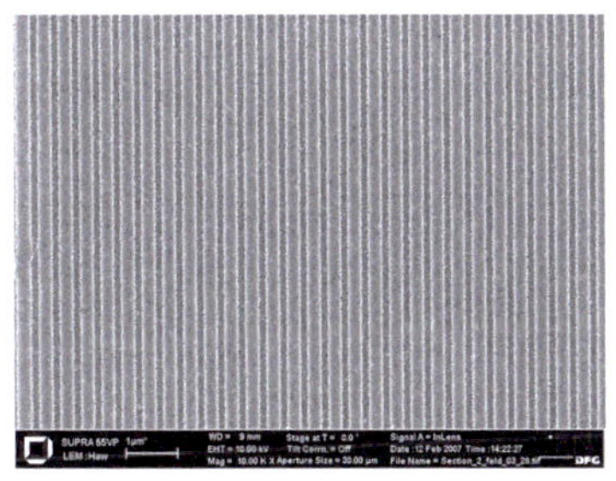

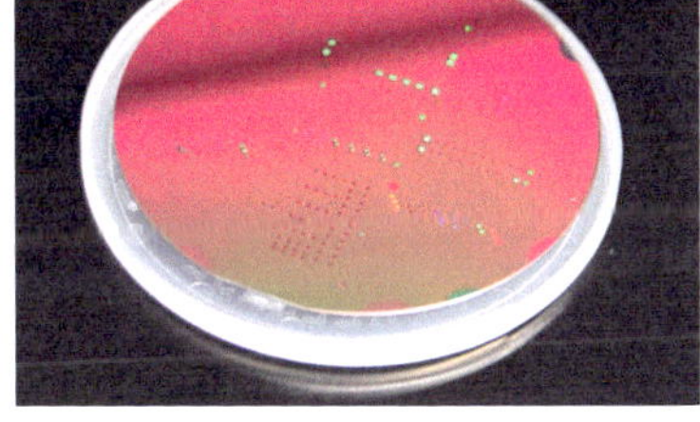

(a) REM-Aufnahme

(b) Fotografie

Abbildung 7.5: *REM-Aufnahme und Fotografie eines strukturierten Siliziumdioxid-Wafers, hergestellt mit dem Elektronenstrahlschreiber der PTB*

two-photon absorption - TPA) möglich. Dabei kann durch die koinzidente Absorption von zwei niederenergetischen Photonen eine Reaktion im Material ausgelöst werden, die sonst nur mit der doppelten Anregungsenergie möglich wäre. Für diesen nichtlinearen Prozess sind extrem hohe Intensitäten notwendig, die im Fokus eines Femtosekundenlaserstrahls erzeugt werden können. Eine Besonderheit dieses Verfahrens ist das augeprägte Schwellenverhalten bei der Belichtung von Fotolacken. Erst ab einer bestimmten Strahlungsdosis kommt es zur Zwei-Photonen-Absorption und damit zu einer Reaktion im Fotolack. Dieses Schwellenverhalten kann zum Unterschreiten der Auflösungsgrenze eines herkömmlichen optischen Systems genutzt werden. In Abbildung 7.6 a) ist dieser Effekt schematisch zu sehen. Die Größe des Beugungsscheibchens d im Fokus eines Mikroskopobjektivs ist definiert durch [276]:

$$d = 2{,}44 \cdot \lambda \cdot \frac{f}{D} \tag{7.1}$$

Der Durchmesser des Beugungsscheibchens wird von der Wellenlänge des Lichts λ, der Brennweite der Linse f und dem Durchmesser der Linse D bestimmt. Das charakteristische Verhältnis f/D wird oft durch die numerische Apertur NA des optischen Systems in Abhängigkeit vom Brechungsindex n beschrieben:

$$NA = n \cdot \frac{1}{2} \cdot \frac{D}{f} \tag{7.2}$$

Eine numerische Apertur von größer eins kann durch den Einsatz von Immersionsöl (n $\approx$ 1,5) zwischen Objektiv und Probe erreicht werden.

Die Größe des Beugungsscheibchens definiert die minimale Fläche, die in der herkömmlichen Ein-Photonen-Lithografie belichtet wird. Mit der Zwei-Photonen-Absorption kann diese Fläche effektiv verkleinert werden, da eine Absorption erst beim Überschreiten einer bestimmten Intensität eintritt [274]. Mit dem Direkten Laserschreiben mit der Zwei-Photonen-Absorption sind Strukturgrößen von $\approx$ 100 nm möglich.

Eine weitere Besonderheit des Verfahrens ist die Möglichkeit der dreidimensionalen Strukturierung. Da nur eine chemische Reaktion im Fokus des Femtosekundenlaserstrahls auftritt, kann durch die Bewegung der Probe (oder des Laserstrahls) eine Strukturierung im Verlauf der Fokusbewegung stattfinden. Dieser Vorgang ist in Abbildung 7.6 b) illustriert. Die Fokussierung findet durch ein Hoch-Apertur-Objektiv statt. Der dreidimensionale Fokusbereich wird auch Voxel genannt[4]. Voxel können je nach Fotolack und numerischer Apertur des Objektivs eine laterale Größe von circa 100 nm und eine axiale Länge von circa 500 nm erreichen [277].

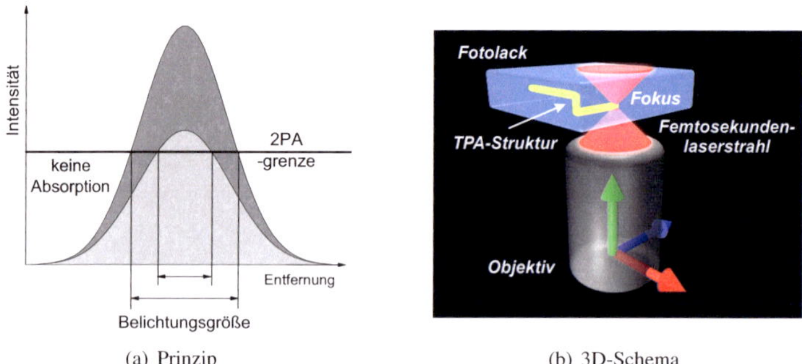

(a) Prinzip (b) 3D-Schema

Abbildung 7.6: *Prinzip und 3D-Schema des Direkten Laserschreibens basierend auf der Zwei-Photonen-Absorption*

---

[4]In Anlehnung an den Begriff Pixel im Zweidimensionalen.

System zum Direkten Laserschreiben

Im Rahmen dieser Arbeit wurde ein Lithografiesystem zum Direkten Laserschreiben mit der Zwei-Photonen-Absorption aufgebaut. Die Bestandteile des Systems sind in Abbildung 7.7 dargestellt. Als Strahlquelle kommt ein Titan:Saphir-Femtosekundenoszillator (*Coherent Mira 900D*; Pumplaser: *Coherent Verdi V10*; Pulslänge: 150 fs; Repetitionsrate: 76 MHz) bei einer Wellenlänge von 800 nm zum Einsatz. Der Durchmesser des Laserstrahls wird mit einem Strahlaufweiter vergrößert um das Mikroskopobjektiv optimal auszuleuchten. Der aufgeweitete Strahl wird in ein umgebautes Mikroskop (*Zeiss Axioplan*) eingekoppelt und mit einem Ölimmersionsobjektiv (*Zeiss Apochromat 100×*; NA 1,4) auf die Probe fokussiert. Das Glassubstrat hat eine Dicke von 170 µm und wird durch ein Aufschleuderverfahren mit dem Fotolack beschichtet. Die Bewegung der Probe wird durch zwei gekoppelte Positioniereinheiten vorgenommen. Ein hochpräziser piezogetriebener Nanopositioniertisch (*PI P-563.3CD*; *Kontrolleinheit: PI E-710*) erlaubt die Bewegung in alle drei Achsen um bis zu 300 µm mit einer Auflösung von einem Nanometer. Als Ergänzung kommt eine xy-Schrittmotor-Tisch (*Märzhauser Scan 120×100*; Kontrolleinheit: *Lang MCL-2*) mit einem Verfahrweg von 120×100 mm bei einer Auflösung von ≈ 1 µm für größere Strukturen zum Einsatz. Der Laserstrahl wird mit einem Shutter moduliert. Zur Einstellung der Laserleistung wird ein verschiebbarer Neutraldichte-Filter verwendet. Das Gesamtsystem wird mit einer Labview-Software kontrolliert. Diese Software ermöglicht die automatische Strukturierung in drei Dimensionen. Details zum System und zum Programm finden sich in [278].

Zur Demonstration der dreidimensionalen Strukturierung wurden mit dem Verfahren die in Abbildung 7.8 gezeigten Objekte hergestellt. Die REM-Aufnahmen verdeutlichen die Möglichkeit der Fabrikation nahezu beliebiger Strukturen.

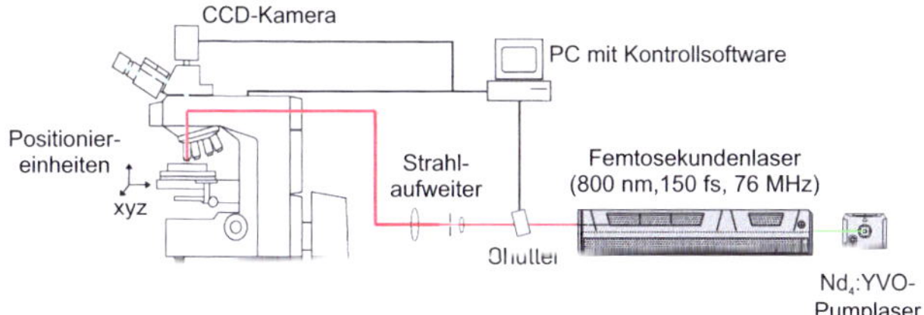

Abbildung 7.7: *Schema des Systems zum Direkten Laserschreiben mittels Zwei-Photonen-Absorption* Ein Femtosekundenlaser wird zur Strukturierung einer Probe im Fokus eines Ölimmersions-Mikroskopobjektivs genutzt. Die Probe wird computergesteuert über zwei Positioniereinheiten bewegt.

Die hohe Auflösung des Direkten Laserschreibens ermöglicht die Herstellung von Laserresonatoren zweiter Ordnung mit einer Periode von 400 nm. Die REM-Aufnahme in Abbildung 7.9 a) zeigt ein Laserresonatorfeld mit einer Größe von 200×200 µm Größe. Als Material kommt aufgrund seiner vorteilhaften optischen Eigenschaften die Ormocer©-Variante Ormocomp zum Einsatz. Die Abbildungen 7.9 b) und 7.10 a) und b) zeigen Detailaufnahmen des Resonators. Es sind teilweise leichte Abweichungen von der gewünschten Periode bzw. tieferen Strukturen sichtbar. Dies wird durch die Verschiebung einzelner geschriebener Linien während des Prozesses verursacht und sollte durch angepasste Prozessparameter vermeidbar sein. Eine solche Prozessoptimierung sollte auch die Herstellung von Laserresonatoren erster Ordnung ermöglichen.

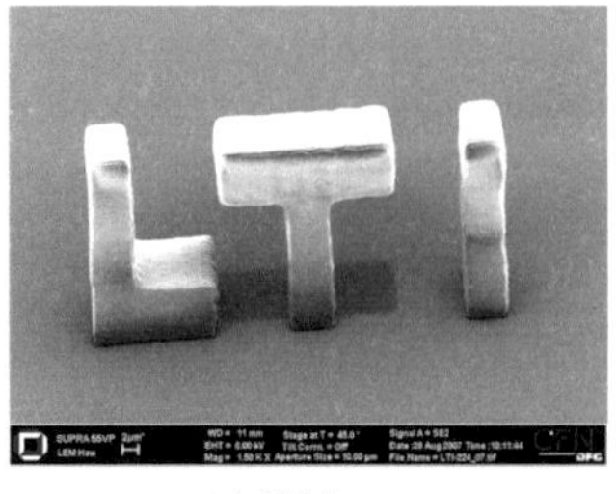

(a) LTI-Logo

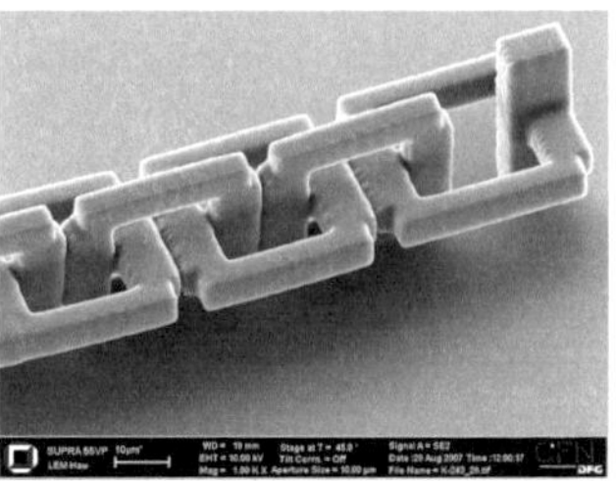

(b) Kette

Abbildung 7.8: *REM-Aufnahmen von dreidimensionalen Objekten, hergestellt mit dem Direkten Laser-schreiben*
Als Material kommt der Fotolack SU-8 2050 zum Einsatz. (Schreibparameter: Wellen-länge: 800 nm; Durchschnittsleistung: 1,5 mW bei 1 mm/s Schreibgeschwindigkeit)

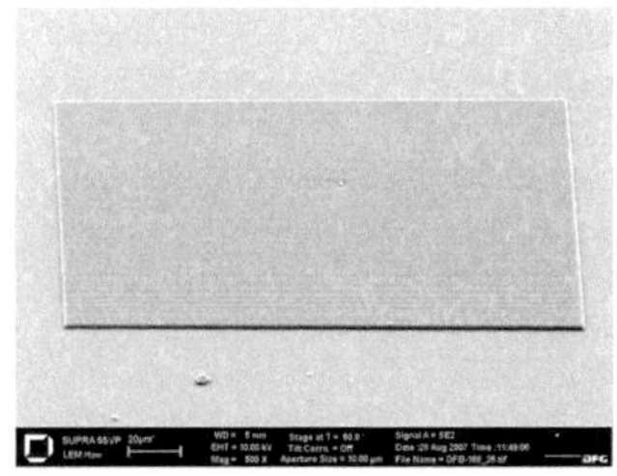

(a) Komplettes Laserresonatorfeld

(b) Detail des Gitters

Abbildung 7.9: *REM-Aufnahmen eines Laserresonators, hergestellt mit dem Direkten Laserschreiben*
Als Material wird Ormocomp verwendet. Die Gitterperiode beträgt 400 nm. Das gesamte Resonatorfeld ist $200 \times 200\,\mu$m groß. (Schreibparameter: Wellenlänge: 800 nm; Durch-schnittsleistung: 1,4 mW bei 1 mm/s Schreibgeschwindigkeit)

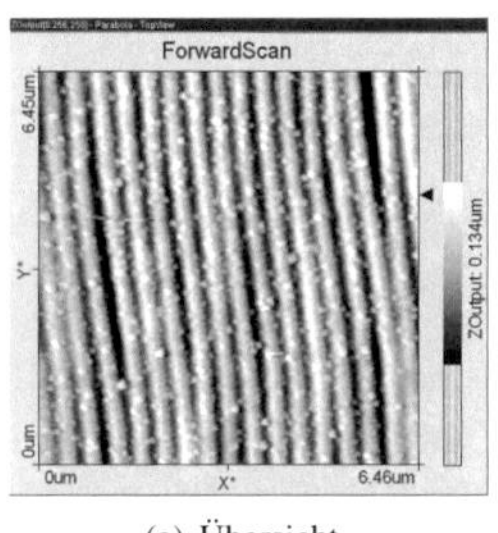

(a) Übersicht

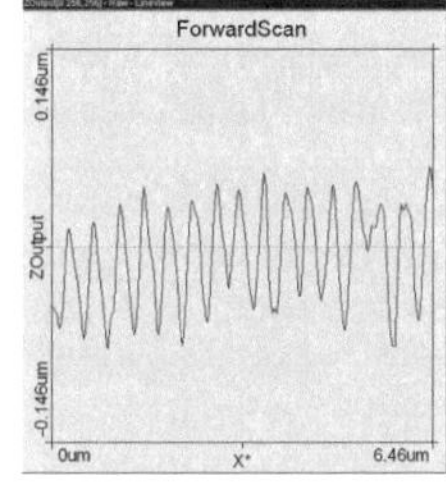

(b) Schnitt

Abbildung 7.10: *AFM-Aufnahmen eines Laserresonators hergestellt mit dem Direkten Laserschreiben*
Die Gitterperiode beträgt 400 nm. Die Gittertiefe liegt bei ≈ 100 nm.

7.2.3 Vervielfältigungstechniken

Zur kostengünstigen Vervielfältigung des Urgitters werden zwei Abformungsmethoden untersucht. Das Heißprägen mit dem LIGA-Prozess und das UV-Nanoimprint-Verfahren sowie die Herstellung der dafür notwendigen Werkzeuge werden im folgenden Abschnitt erläutert.

Das LIGA-Verfahren

Das LIGA-Verfahren wurde am IMT zur Replikation von Strukturen in Polymermaterialien entwickelt [279, 280]. Das Verfahren umfasst drei wesentliche Prozesschritte:

- **Li**thografie

- **G**alvanik

- **A**bformung

Lithografie
Im Lithografie-Schritt wird die Urstruktur erzeugt, die später abgeformt werden soll. Ursprünglich wurde das LIGA-Verfahren zur Abformung von Strukturen mit hohem Aspektverhältnis entwickelt. Daher wurde für den Lithografie-Prozess die Röntgenlithografie eingesetzt, die eine tiefe Strukturierung von PMMA ermöglicht. Werden keine großen Aspektverhältnisse benötigt, können auch andere Lithografie-Methoden für das LIGA-Verfahren eingesetzt werden. In dieser Arbeit werden mittels Elektronenstrahllithografie strukturierte Si-Wafer als Urform verwendet.

Galvanik
Das Urgitter in Silizium eignet sich aufgrund der Sprödheit des Materials nur eingeschränkt zur direkten Abformung. Daher wird in einem Galvanikprozess das Urgitter in ein Nickelabformwerkzeug umgeformt. Wie in Abbildung 7.11 schematisch gezeigt, wird dazu das Urgitter mit einer dünnen Goldschicht beschichtet. Diese Goldschicht bildet die Kathode im folgenden Galvanikprozess. Die Urform wird in eine Nickelsulfamat-Elektrolyt-Lösung getaucht. Durch das Anlegen einer Spannung zwischen einer Anode und der Urform lagert sich eine Nickelschicht auf der Urform ab. Nach dem Aufbau einer ausreichenden Nickelschichtdicke (circa 300 µm) wird die Urstruktur aus dem Bad genommen und der Si-Wafer vom Nickelformeinsatz getrennt.

(a) Der Siliziumwafer wird mit einer dünnen Goldschicht beschichtet...

(b) ... und anschließend in einem Galvanikbad Nickel angelagert.

(c) Der Formeinsatz wird vom Siliziumwafer getrennt.

Abbildung 7.11: *Schema der Herstellung eines Nickelformeinsatzes im LIGA-Verfahren*

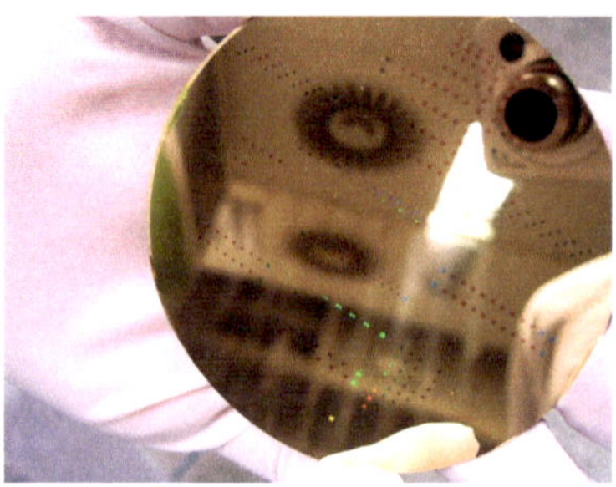

Abbildung 7.12: *Fotografie des Formeinsatzes für den Heißprägeprozess*

Abformung

Mit dem gefertigten Formeinsatz (siehe Abbildung 7.12) werden in einem Heißprägeprozess Replikate in Polymermaterialien erstellt [281–283]. Zum Strukturübertrag wird das Material etwa 60-80 °C über seine Glasübergangstemperatur T_G erhitzt und der Formeinsatz unter großem Druck in das Polymer gepresst (siehe Schema in Abbildung 7.13).

Als Materialien werden die Thermoplasten PMMA (*Notz Plastic Hesa$^©$-Glas VOS*) und COC (*Ticona Topas$^©$ 8007*) verwendet. Die Glasübergangstemperatur von PMMA liegt bei circa 100 °C, von COC bei circa 80 °C. Die PMMA-Abformung dient direkt als Lasersubstrat, während die COC-Struktur im UV-NIL-Verfahren als transparenter Stempel verwendet wird. Dieses Verfahren wird im nächsten Abschnitt beschrieben.

Für den Prägevorgang wird das PMMA-Substrat auf 165 °C erhitzt und der Stempel bei einer Prägekraft von 30 kN für eine Haltezeit von 10 min in das Material gepresst (Heißprägemaschine: *Jenoptik HEX03*) [284]. Der COC-Prozess findet bei 100 °C mit einer Prägekraft von 60 kN statt [285].

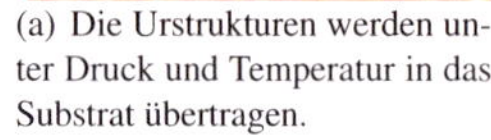

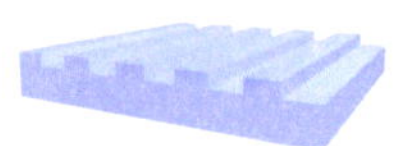

(a) Die Urstrukturen werden unter Druck und Temperatur in das Substrat übertragen.

(b) Fertig strukturiertes Substrat nach der Trennung vom Formeinsatz.

Abbildung 7.13: *Schema des Heißprägeprozesses*

Eine REM-Aufnahme eines geprägten PMMA-Laserresonators ist in Abbildung 7.14 zu sehen. Die Abformung zeigt eine gute Qualität der Erste-Ordnung-Gitter. Die Bestimmung der Gitterperiode bei dieser Abformung ergibt ≈ 198 nm, was gut mit der Periode des Urgitters von 200 nm übereinstimmt. Auch die Gittertiefe mit ≈ 72 nm wird gut von der Vorlage reproduziert. Der Prozess des Heißprägens bietet somit die Möglichkeit für die formtreue Replikation von Laserresonatoren. In Verbindung mit der Herstellung von planaren Wellenleitern in PMMA bietet es zudem eine hervorragende Integrationsmöglichkeit, was in Kapitel 8 gezeigt wird.

 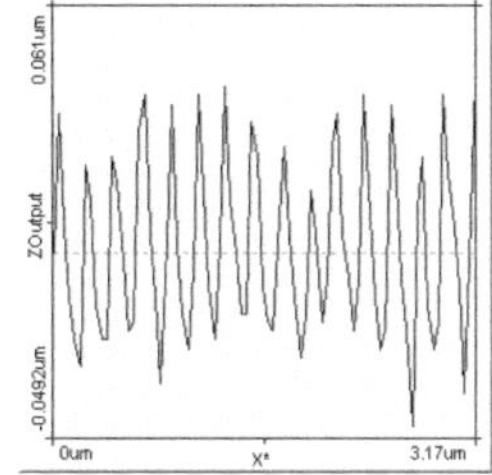

(a) REM-Aufnahme   (b) AFM-Aufnahme

Abbildung 7.14: *REM- und AFM-Aufnahme eines Laserresonators (200 nm Periode), hergestellt durch Heißprägen in PMMA*

Der Heißprägeprozess hat allerdings den Nachteil der relativ langen Prozessdauer. Durch die notwendige Erhitzung und Abkühlung des Substrats dauert ein Prozesszyklus mehrere Minuten. Ein alternatives Verfahren ist die UV-Nanoimprint-Lithografie, die im folgenden Abschnitt vorgestellt wird.

UV-Nanoimprint-Lithografie

Das UV-NIL-Verfahren nutzt im Gegensatz zum Heißprägen fotovernetzbare und meist flüssige Materialien für den Abformprozess [286, 287]. Das Material wird durch UV-Strahlung ausgehärtet.

Der grundsätzliche Prozessablauf ist in Abbildung 7.15 schematisch dargestellt. Ein UV-aushärtbares Material wird auf ein Substrat aufgebracht. Ein transparenter Stempel wird angepresst und das Material durch den Stempel hindurch mit UV-Strahlung ausgehärtet. Dann wird der Stempel von der Abformung getrennt.

Als transparente Stempel kommen sowohl strukturierte Glaswafer als auch transparente Polymerstrukturen zum Einsatz. Als Alternative zu einem transparenten Stempel kann die UV-Belichtung auch durch ein transparentes Substrat erfolgen.

Für die Herstellung von Laserresonatorstrukturen wird die Kombination aus dem Fotolack Ormocomp und einem transparenten Stempel aus dem Material COC genutzt. Die Ormocer©-Variante Ormocomp eignet sich aufgrund seiner hohen Transparenz und Stabilität gut als Resonatormaterial. Das Material COC zeichnet sich durch eine gute Transparenz im UV-Bereich und eine gute Beständigkeit gegen das in Ormocomp enthaltene Lösungsmittel aus. Der COC-Stempel wurde mit dem bereits beschriebenen Verfahren des Heißprägens gefertigt.

Für den UV-NIL-Prozess wird das hochviskose Ormocomp verdünnt und auf ein Siliziumwafer aufgeschleudert. Nach dem Anpressen des COC-Stempels wird das Material bei einer Dosis von $\approx 900\,\text{mJ/cm}^2$ bei 365 nm belichtet. Die genauen Prozessparameter sind in [285] zu finden. Eine Fotografie der Abformung mehrerer Laserresonatorfelder ist in 7.16 zu sehen. Durch einen mangelnden Keilfehlerausgleich während des Prozesses wurden nicht alle Resonatorfelder abgeformt.

(a) Ein UV-vernetzbarer Fotolack wird auf das Substrat aufgebracht.

(b) Ein transparenter Stempel wird angepresst.

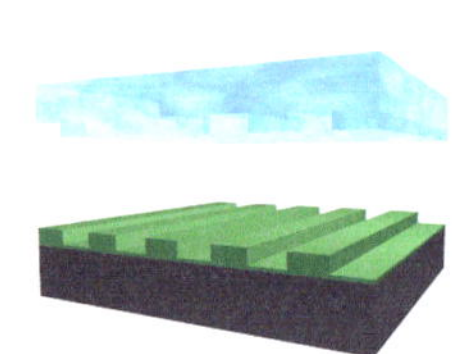

(c) Die UV-Belichtung erfolgt durch den Stempel hindurch.

(d) Der Stempel wird abgezogen.

Abbildung 7.15: *Schema des UV-Nanoimprint-Lithografie-Prozesses*
Als fotovernetzbares Material wird Ormocomp verwendet. Der transparente Stempel wird mittels Heißprägetechnik aus dem Material COC hergestellt.

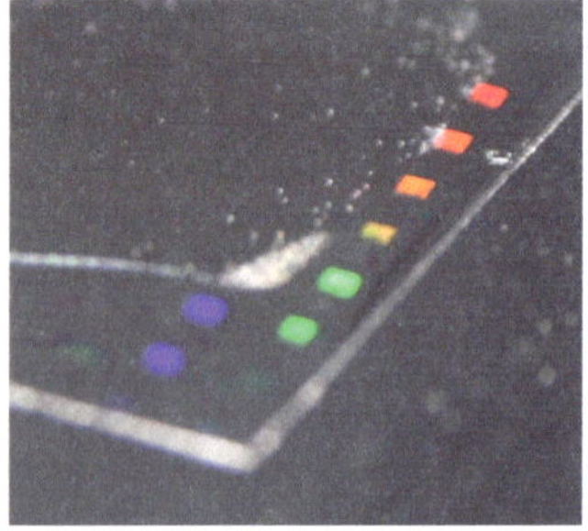

Abbildung 7.16: *Fotografie von Laserresonatoren mit verschiedenen Perioden, hergestellt mittels UV-Nanoimprint-Lithografie*
Die Perioden der Gitter variieren von 390 bis 440 nm.

7.3 Charakterisierung der organischen Laser

Um die Qualität der hergestellten Laserresonatoren im Einsatz zu überprüfen, werden organische Laser damit hergestellt und charakterisiert. Die Resonatoren werden dazu mit dem Standardmaterialsystem Alq_3:DCM bedampft.

Ein Laser kann durch verschiedene Messgrößen charakterisiert werden. Zwei Beispiele sind in Abbildung 7.17 schematisch dargestellt. Das Photolumineszenzspektrum und das sich bildende Laserspektrum sind charakteristische Material- und Laserparameter. Im Laserspektrum ist die Wellenlänge, die Halbwertsbreite und die Mono- oder Multimodigkeit von Bedeutung.

Aus der Laserkennlinie kann die charakteristische Laserschwelle bestimmt werden. Sie wird als Schnittpunkt der Ausgleichsgeraden der Steigung mit der x-Achse definiert.

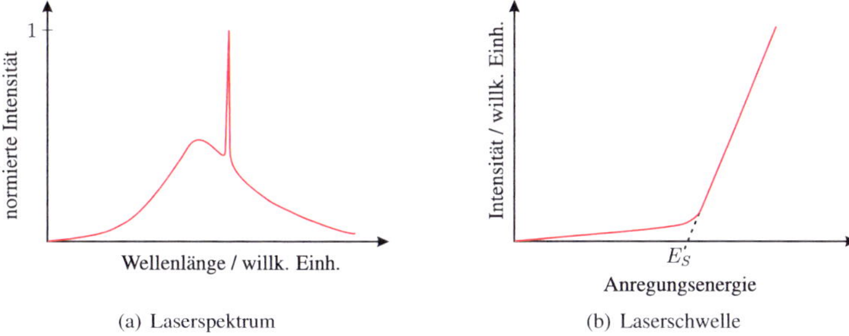

(a) Laserspektrum   (b) Laserschwelle

Abbildung 7.17: *Charakteristische Lasermerkmale [288]*
(a) Ein intensives, schmales Laserspektrum bildet sich aus dem Photolumineszenzspektrum oberhalb der Laserschwelle heraus. (b) Laserkennlinie mit Schwellenenergie E_S

7.3.1 Experimenteller Messaufbau

Der Messaufbau zur Charakterisierung der grundlegenden Lasereigenschaften wurde im Rahmen der Arbeiten von M. Stroisch und T. Woggon aufgebaut und ist dort näher beschrieben [127, 138]. Wie in Abbildung 7.18 schematisch gezeigt, besteht er im Wesentlichen aus einer Pumplaserquelle (*AOT-Laser AOT-YVO-20QSP*; frequenzverdreifachter Nd:YVO$_4$-Laser; Wellenlänge: 355 nm; Pulslänge: 500 ps; Repetitionsrate: 1-20 kHz), einem Vakuumrezipienten zur Probenaufnahme und einer Detektionseinheit (Monochromator *ARC SpectraPro-300i* und ICCD-Kamera *Princeton Instruments PiMax:512*).

Zur Vermessung wird die Probe in den Vakuumrezipienten eingebracht. Die sauerstofflose Umgebung verhindert Fotooxidationsreaktionen des aktiven Lasermaterials. Der Rezipient kann in allen drei Raumachsen bewegt werden und ermöglicht so das Abrastern einer Probe. Die Anregungsleistung kann über einen variablen Neutraldichte-Filter eingestellt werden. Alle Bestandteile des Systems können über eine Messsoftware kontrolliert werden. Auf diese Weise sind automatisierte und ortsaufgelöste Messungen des Spektrums und der Laserkennlinie möglich.

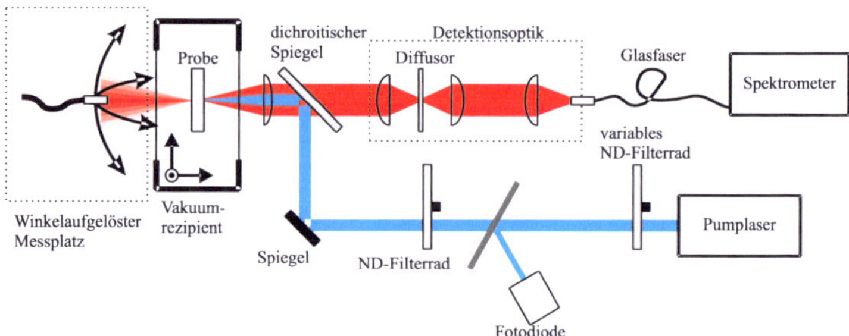

Abbildung 7.18: *Charakterisierungssystem für organische Laser [252]*

7.3.2 Lasercharakteristika

Die durch die verschiedenen Fabrikationstechniken hergestellten Laser werden mit dem Charakterisierungsmesssytem analysiert.

Direktes Laserschreiben mit Zwei-Photonen-Absorption

Die Strukturen, die mit der DLW-Methode hergestellt wurden, können erfolgreich als Laserresonatoren eingesetzt werden. Das Laserspektrum in Abbildung 7.19 a) zeigt ein typisch monomodiges Verhalten eines DFB-Lasers. Die Laserwellenlänge liegt bei 637 nm. Die Laserschwelle beträgt 24 µJ/cm^2 und ist vergleichbar zu Werten von Lasern, die laserinterferenzlithografisch hergestellte Resonatoren aus Ormocomp einsetzen [257]. Die vorhandenen Fehlstellen in der Laserresonatorstruktur können eine Ursache für die relativ hohe Laserschwelle sein.

Diese Experimente sind die erste Demonstration der erfolgreichen Realisierung eines organischen DFB-Lasers auf einem mit Direktem Laserschreiben hergestellten Substrat.

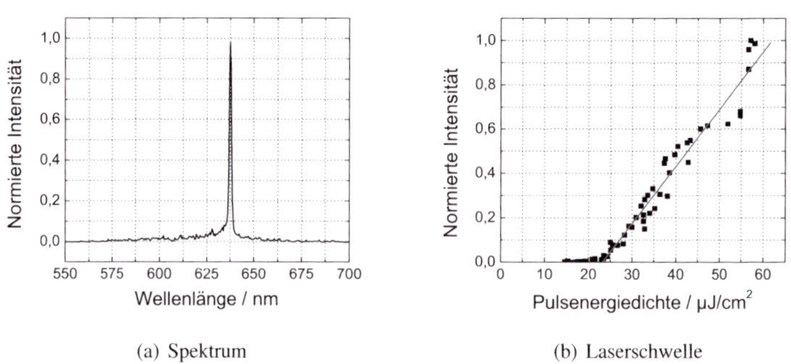

(a) Spektrum   (b) Laserschwelle

Abbildung 7.19: *Aufnahme des Laserspektrums und der Laserkennlinie eines organischen DFB-Lasers hergestellt durch Direktes Laserschreiben mit der Zwei-Photonen-Absorption* (Resonatormaterial: Ormocomp, Periode: 400 nm)

Heißprägen

Durch das Heißprägeverfahren werden eine ganze Reihe von Laserresonatoren für verschiedene Experimente hergestellt. Grundlage für die Abformungen ist ein Nickelformeinsatz. Dieses Formwerkzeug enthält verschiedenste Strukturen, die auch in den Versuchen zur Ankopplung von DFB-Lasern an Wellenleiter verwendet werden. Exemplarisch ist in Abbildung 7.20 die Charakterisierung eines solchen Lasers gezeigt. Die Emissionswellenlänge liegt bei 643 nm, mit einer Laserschwelle von 112 μJ/cm^2. Der Wert der Laserschwelle ist relativ hoch, was sich auf eine nicht optimale Abformung zurückschließen lässt.

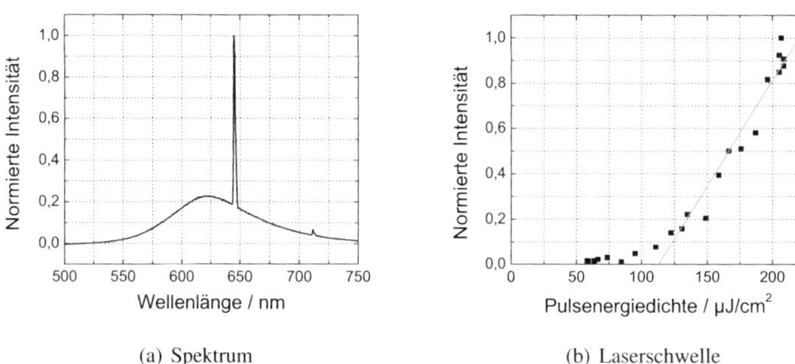

(a) Spektrum (b) Laserschwelle

Abbildung 7.20: *Aufnahme des Laserspektrums und der Laserkennlinie eines organischen DFB-Lasers hergestellt durch Heißprägen*
(Material: PMMA, Periode: 400 nm)

UV-Nanoimprint-Lithografie

Die UV Nanoimprint-Lithografie ermoglicht die Realisierung guter Laserresonatoren. Dies verdeutlicht Abbildung 7.21. In der Grafik sind eine Reihe von Laserspektren gezeigt, die auf Resonatoren mit unterschiedlichen Perioden beruhen. Durch die Änderung der Gitterperiode ändert sich nach der *Bragg*-Bedingung die Laserwellenlänge. In diesem Experiment kann bei einer Veränderung der Gitterperiode von 10 nm eine Verschiebung der Laserwellenlänge um $\approx$ 15 nm festgestellt werden. Auf diese Weise kann die Laserwellenlänge von 633-702 nm um circa 70 nm durchgestimmt werden. Dieser Versuch demonstriert die einfache Realisierung von Lasern mit verschiedenen Wellenlängen auf einem Substrat.

7.4 Zusammenfassung und Ausblick

Die demonstrierten Herstellungsmethoden für Laserresonatoren und die Charakterisierung der organischen Laser zeigen die Möglichkeiten der verschiedenen Techniken auf. Es gibt spezifische Vor- und Nachteile die im Folgenden auch hinsichtlich einer möglichen Anwendung diskutiert werden sollen.

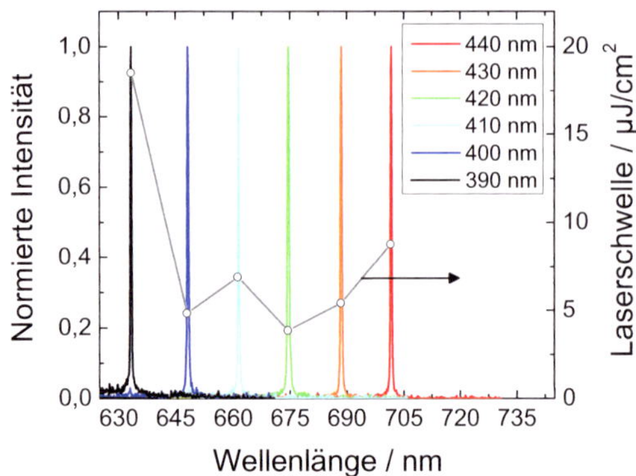

Abbildung 7.21: *Darstellung der Spektren und Laserschwellen verschiedener, mittels UV-Nanoimprint-Lithografie abgeformter, DFB-Laser*
Die zu den einzelnen Laserspektren korrespondierenden Gitterperioden sind in der Legende angegeben.

Direktes Laserschreiben

Das Verfahren des Direkten Laserschreibens eignet sich in hervorragender Weise zum schnellen Herstellen und Testen von neuartigen Strukturen. Diese können sowohl direkt zum Einsatz kommen, als auch als Basis für eine Vervielfältigungstechnik genutzt werden. Das Verfahren ist hochauflösend und flexibel. Durch die Möglichkeit der dreidimensionalen Strukturierung kann eine direkte Anbindung bzw. Integration von Laserresonatoren in komplexere Strukturen erfolgen. Da die Herstellung seriell erfolgt, dauert die Strukturierung relativ lang[5]. Die Auflösung ist auf circa 100 nm begrenzt. Als Materialien kommen spezielle Fotolacke zum Einsatz, die entweder direkt die funktionale Struktur bilden oder über einen Abformprozess in ein anderes Material übertragen werden können. Die Kosten für die einzelnen Strukturen werden nur durch die Ausgaben für die Fotolacke bestimmt. Das Grundsystem ist durch die Verwendung eines Femtosekundenlasers relativ teuer.

Heißprägen

Durch das Heißprägen ist eine Vervielfältigung einer Urstruktur auf reproduzierbare und hochqualitative Weise möglich. Die Prägung erfolgt großflächig auf Wafermaßstab[6]. Durch die Temperatur-Zyklen liegt die Mindestprozesszeit für eine Prägung bei einigen Minuten. Die Abformungskosten werden vor allem durch die Heißprägemaschine und die relativ hohen Kosten für die Fertigung eines Abformwerkzeuges verursacht. Die Prägung selbst ist aufgrund der geringen Materialkosten von Thermoplasten kostengünstig. Die einsetzbaren Materialien beschränken sich allerdings auf thermoplastische Kunststoffe.

---

[5]Mehrere Minuten bis Stunden - je nach Komplexität.
[6]Die verwendete Maschine (*Jenoptik HEX03*) kann Wafer bis zu einer Größe von 6 Zoll verarbeiten.

UV-Nanoimprint-Lithografie
Ähnlich wie beim Heißprägen bietet dieser Prozess Abformungen hoher Qualität auf Wafermaßstab. Die Kosten werden auch hier vom System und der Fabrikation eines transparenten Stempels dominiert. Als Materialien kommen viele UV-vernetzbare Fotolacke in Frage. Die Prozessdauer ist kurz, da sie nur von der Belichtungszeit des Fotolacks bestimmt wird. Allerdings ist das Verfahren insgesamt aufwändiger als das Heißprägen, da verschiedene - auch chemische - Prozesse beherrscht werden müssen.

Da ein Ziel dieser Arbeit die Integration organischer Laser in mikrooptische Sensorsysteme ist, spielt das Verfahren zur Herstellung und Integration der Laser eine wichtige Rolle.
Wie demonstriert, eignen sich die vorgestellten Methoden prinzipiell alle für eine Herstellung von Laserresonatoren. Das Direkte Laserschreiben lässt sich gut für die dreidimensionale Strukturierung nutzen und bietet daher die vielseitigsten Einsatzmöglichkeiten. Nachteilig ist die lange Prozessdauer. Das Heißprägen von PMMA kann in Kombination mit der Herstellung von Wellenleitern durch die UV-Bestrahlung [289] in diesem Material gut zur Integration verwendet werden. In den weiterführenden Experimenten, die im folgenden Kapitel 8 beschrieben sind, wird daher mit diesen Methoden gearbeitet.
Die UV-Nanoimprint-Lithografie ist aufgrund ihrer kurzen Prozessdauer ebenfalls für weitere Experimente interessant. Die Verwendung der Materialklasse der Ormocere© ermöglicht zudem die Herstellung von hochwertigen Wellenleitern. Allerdings sind zur Kombination von nanostrukturierten Laserresonatoren und Wellenleitern im Mikro- bis Millimeterbereich mehrere Prozessschritte [267] bzw. Spezialmasken notwendig [290].

Kapitel 8

Integration organischer Laser in Lab-on-a-chip-Plattformen

Zusammenfassung[1]

Laserlichtquellen finden zahlreich Anwendung in der Analyse von biologischen und chemischen Proben. Dabei werden heute kostenintensive Laserquellen verwendet, die keine günstigen und portablen Gesamtsysteme ermöglichen.

Organische Laser, die direkt auf einem Analysechip integriert sind, könnten zur Realisierung komplett neuartiger Systeme dienen. Dabei sind insbesondere wellenleitergekoppelte Lichtquellen von Interesse, da diese weitergehende Möglichkeiten der Lichtmanipulation ermöglichen.

Die Realisierung einer solchen wellenleitergekoppelten Laserlichtquelle wird demonstriert. Basierend auf dem Prozess des Heißprägens zur Herstellung von Laserresonatoren wird dabei PMMA als Systemplattform genutzt. Die Integration von Wellenleitern erfolgt über einen UV-Belichtungsschritt. Die Umsetzung des Systemkonzeptes erfolgt auf Wafermaßstab und bietet somit die Möglichkeit einer kostengünstigen Herstellung.

Die erfolgreiche Einkopplung von organischen Lasern in PMMA-Wellenleiter wird mit Hilfe eines Charakterisierungssystems gezeigt.

---

[1]Teile dieses Kapitels wurden bereits in folgenden Publikationen veröffentlicht:

(a) M. Punke *et al.*, *Organic semiconductor devices for micro-optical applications*, Proc. SPIE 6185, 618505 (2006)

(b) M. Punke *et al.*, *Coupling of organic semiconductor amplified spontaneous emission into polymeric single-mode waveguides patterned by deep-UV irradiation*, IEEE Photonics Technology Letters 19, 61-63 (2007)

(c) M. Punke *et al.*, *Organic semiconductor lasers as integrated light sources for optical sensor systems*, Proc. SPIE 6659, 665909 (2007)

(d) C. Karnutsch, M. Punke *et al.*, *Laser diode pumped organic semiconductor lasers utilizing two-dimensional photonic crystal resonators*, IEEE Photonics Technology Letters, 19, 741-743 (2007)

Die Untersuchung von biologischen oder chemischen Proben spielt eine wichtige Rolle für die Medizin, Biologie und die Umweltanalytik. Die Analysen finden meist in zentralen Laboratorien statt. In den letzten Jahren gibt es einen verstärkten Trend in Richtung miniaturisierter Analytikplattformen.

Dieses Kaptitel beschäftigt sich mit der Integration organischer Laserlichtquellen in solche Systeme. Die Technik von miniaturisierten optischen Sensorsystemen wird im Hinblick auf den möglichen Einsatz organischer Halbleiterbauelemente eingeführt. Es folgt die Vorstellung eines Systemkonzepts zur Realisierung eines Analysesystems, das einen organischen Laser als integrierte Lichtquelle einsetzt.

Für die Umsetzung des Konzepts wird die Ankopplung organischer Laser an Streifenwellenleiter simuliert. Die Herstellung und Charakterisierung von wellenleitergekoppelten organischen Lasern auf einer PMMA-Plattform bildet den Schwerpunkt dieses Kapitels.

8.1   Miniaturisierte Analytikplattformen

Lab-on-a-chip - LOC oder auch μ*TAS* (engl. *micro total-analysis system*) genannte Sensorsysteme vereinen viele Teile, die zu einer chemischen Analyse notwendig sind, auf einem Substrat (engl. *chip*) [291–296]. Ziel ist es dabei, die komplette Untersuchung einer Probe in einem kleinen Gerät unterzubringen, das entweder beim Arzt, direkt beim Patienten oder auch im Feld einsetzbar ist [297–299]. Einen guten Überblick über diese Thematik bietet die *Nature Insight*-Ausgabe „Lab on a chip" [300].

Die nächsten Abschnitte sollen einen Einblick in die Technik von Lab-on-a-chip-Systemen geben. Obwohl es eine Reihe sehr unterschiedlicher Technologien zur Analyse von Substanzen gibt, werden hier ausschließlich optische Sensoren behandelt. Einen Überblick über verschiedene Verfahren geben [294, 301, 302].

Auf der Sensorseite bieten wellenleiterbasierte Systeme in Kombination mit der Mikrofluidik ein großes Potential für miniaturisierte Analytikplattformen. Der Einsatz von organischen Bauelementen bietet ebenfalls neue Ansätze und wird genauer betrachtet.

8.1.1   Grundprinzipien und technische Umsetzung

Optische Messprinzipien werden für viele Analyseverfahren eingesetzt. Beispiele sind die Messung der Absorption [303] oder der Einsatz der Fluoreszenzdetektion [304]. Der grundsätzliche Aufbau eines solchen Systems ist in Abbildung 8.1 schematisch gezeigt. Licht wird zu einem Analyt gebracht und eine bestimmte Reaktion oder Lichtänderung vom Detektor aufgenommen. Die zu analysierende Substanz kann optional über ein Mikrofluidiksystem zur Detektionszone gebracht werden [305].

Als Lichtquelle kommen üblicherweise Laser, aber auch verstärkt LEDs, zum Einsatz. Die Lichtleitung kann über konventionelle Freistrahloptik, Wellenleiter oder über das evaneszente Feld zum Analyt geleitet werden. Mögliche Detektionsmechanismen sind die Analyse der wellenlängenabhängigen Absorption, der Fluoreszenz oder der Änderung des Brechungsindexes. Auf der Detektorseite finden vor allem Fotodioden und Photomultiplier Verwendung.

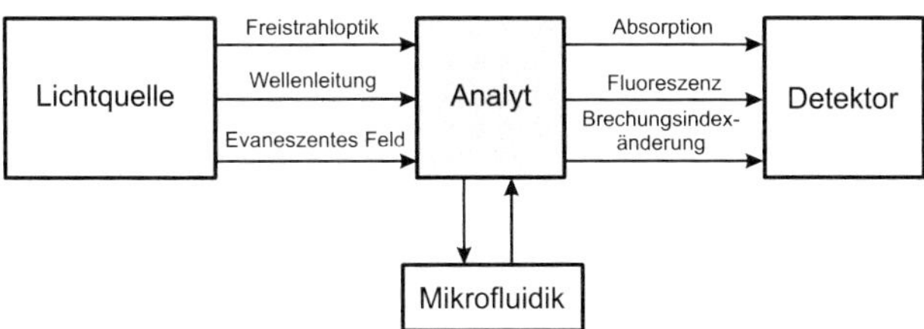

Abbildung 8.1: *Grundprinzip eines optischen Sensorsystems zur chemischen oder biologischen Analyse*

8.1.2 Wellenleiterbasierte optische Sensoren

Die Nutzung von wellenleiterbasierten Sensoren hat eine Reihe von Vorteilen gegenüber anderen Ansätzen [306–308]. Durch Wellenleiter kann das Anregungslicht gezielt und effektiv zur Detektionszone geleitet werden. Die Wellenleitung ermöglicht eine definierte Abstrahlung ohne aufwändige Ausrichtungsprozeduren. Zusätzlich können integrierte Strukturen wie Verteiler oder Mischer realisiert werden. Die Nutzung von Wellenleitern reicht von Glasfasern bis hin zu integrierten Streifen- oder Rippenwellenleitern.

Wellenleiterbasierte Sensoren werden fast ausschließlich mit Lasern als Lichtquelle betrieben. Gründe dafür sind u.a. die hohe Intensität, die guten Ankopplungseffizienz und das monochromatische Emissionsspektrum. Insbesondere das Messverfahren der Laser-induzierten Fluoreszenz (LIF) basiert auf monochromatischen Lichtquellen. Bei diesem Verfahren wird eine Substanz durch den Laser angeregt und das resultierende Fluoreszenzsignal analysiert. Oft werden bestimmte Markerfarbstoffe zur Unterscheidung verschiedener Substanzen oder DNA-Sequenzen genutzt, die ein charakteristisches Emissionsspektrum besitzen [309]. Das LIF-Verfahren hat eine sehr hohe Sensitivität (engl. *level of detection - LOD*) und wird deshalb, trotz hoher Kosten für die Markerfarbstoffe, oft eingesetzt.

Die Integration herkömmlicher Laserlichtquellen auf einem Analysechip ist meist nicht möglich oder zu kostenintensiv. Als Alternative wurden miniaturisierte Farbstofflaser untersucht [157]. Diese Laserquellen sind optisch gepumpt und können direkt auf dem Chip integriert werden. Sie bieten außerdem die Möglichkeit zur Integration mit Rippenwellenleitern [290]. Nachteilig ist die kostenintensive Pumplichtquelle und der eingeschränkte Spektralbereich dieser Lösung.

8.1.3 Mikrofluidik

In vielen Lab-on-a-chip-Ansätzen kommen mikrofluidische Komponenten zum Einsatz. Als Basis werden mikrofluidische Kanäle mit Abmaßen zwischen 5-100 μm verwendet. Durch diese Kanäle wird die zu analysierende Substanz u.a. über Pumpsysteme oder elektrophoretische Methoden transportiert [295, 310, 311]. Die Anwendung der Mikrofluidik verspricht eine schnelle und präzise Analyse, die mit kleinsten Stoffmengen auskommt. Dies ist vor allem im Bereich der DNA-und Hochdurchsatz-Analyse (engl. *high-throughput screening*) wichtig [297, 312]. Durch verschiedene Systeme zur Leitung, Mischung und Dosierung können viele Aufgaben zur Aufbereitung der Analysesubstanz direkt auf dem Chip durchgeführt werden. In der Kombination mit wellenleiterbasierter optischer Sensorik können so hochintegrierte Analyseeinheiten realisiert werden [305].

8.1.4 Optofluidik

Die Realisierung optischer Komponenten in mikrofluidischen Systemen wird auch als Optofluidik bezeichnet [313,314]. Neben einem optofluidischen Mikroskop [315] wurden optofluidische Laserquellen entwickelt [178,316–318]. Diese optisch angeregten Laser basieren auf einer Farbstofflösung, die durch ein Mikrofluidikkanal mit einer Resonatorstruktur geleitet wird. Durch eine Änderung der Farbstofflösung kann der Laser abgestimmt werden. Nachteilig ist der zusätzliche Aufwand für das Mikrofluidiksystem für diese Art von Laserlichtquellen.

8.1.5 Einsatz organischer Bauelemente in Lab-on-a-chip-Systemen

Aufgrund ihrer Eigenschaften eignen sich organische Bauelemente gut für den Einsatz in miniaturisierten Analysesystemen. Es können effiziente Lichtquellen und Detektoren auf kostengünstige Art auf unterschiedlichen Substraten realisiert werden. Die ersten Ansätze zur Nutzung organischer Bauelemente beruhten auf OLEDs als Anregungslichtquelle für eine Fluoreszenzdetektion [57, 319–323]. Dort kamen insbesondere blaue und grüne OLEDs zum Einsatz. Auf der Detektionsseite gab es eine Reihe von Untersuchungen zur Verwendung von organischen Fotodioden [323–326]. Inzwischen beschäftigen sich auch zwei Firmen mit der kommerziellen Nutzung von OLEDs und OPDs in biologischen Sensorsystemen [327, 328].
Diese Arbeit konzentriert sich auf die Verwendung von organischen Lasern als Lichtquelle für die Sensorik. Organische Laser bieten gegenüber anderen Lösungen viele Vorteile, die im Folgenden näher analysiert werden.

8.2 Systemkonzept

Die Integration von organischen Lasern als Anregungslichtquellen in Lab-on-a-chip-Plattformen bietet eine Reihe von Vorteilen, die in den folgenden Abschnitten erläutert werden. Es wird ein Systemkonzept vorgestellt, das die Herstellung eines wellenleitergekoppelten organischen Lasers vorsieht. Dabei gehen die gesammelten Erfahrungen zur kostengünstigen Herstellung organischer Laser mit in die Überlegungen ein. Die Ankopplung der Laserlichtquellen an Streifenwellenleiter wird simuliert.
Abbildung 8.2 zeigt das Systemkonzept für die Nutzung organischer Laser in LOC-Systemen zur Messung eines LIF-Signals. Die Laserlichtquelle soll direkt auf einem Analysechip integriert werden. Als Pumplichtquelle kann eine GaN-Laserdiode genutzt werden. Das erzeugte Laserlicht wird in Streifenwellenleiter eingekoppelt und zu einer Detektionszone geleitet. Ein Analyt wird mittels einer mikrofluidischen Systemlösung zur Detektionszone transportiert. Die Detektion des Fluoreszenzsignals kann über einen organischen Fotodetektor erfolgen.
Diese Arbeit ist Teil eines Projektes mit dem Ziel dieses Systemkonzept in die Praxis umzusetzen. Im Mittelpunkt stand in dieser Arbeit dabei die Konzeption und Realisierung eines wellenleitergekoppelten Lasers.

8.2.1 Verwendung organischer Laser in LOC-Systemen

Wie in einigen Arbeiten gezeigt wurde, können prinzipiell auch OLEDs als kostengünstige Anregungslichtquelle für Fluoreszenzmessungen genutzt werden. OLEDs haben aber einige entscheidende Nachteile gegenüber organischen Lasern. Zum einen ist ihre große spektrale Emis-

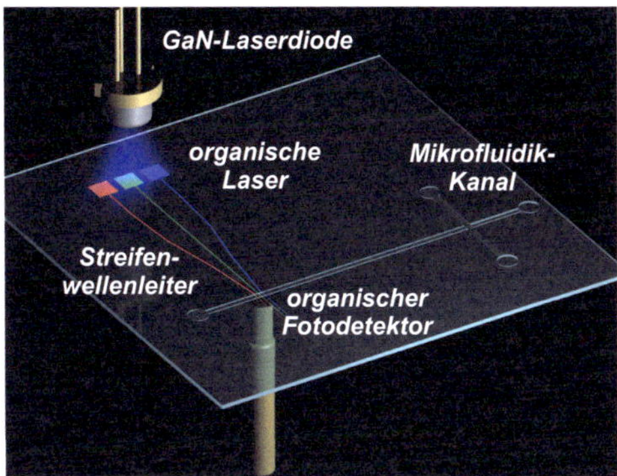

Abbildung 8.2: *Schema des Systemkonzepts eines Lab-on-a-Chip-Systems mit organischen Bauelementen*

sionsbreite ungünstig zur Fluoreszenzanregung, da das Anregungslicht nur durch aufwändige Verfahren vom Messsignal getrennt werden kann. Daneben ist eine Ankopplung an Wellenleiter zwar möglich, aber die eingekoppelte Leistung jedoch äußerst gering (siehe Kapitel 6.2.1).

Ein organischer Laser bietet sich als monochromatische Lichtquelle mit einem weiten Abstimmbereich an. Die Möglichkeit des optischen Pumpens macht eine Kontaktierung unnötig. Auch gegenüber anderen Ansätzen wie der Nutzung von Farbstoffen in einer passiven Fotoresistmatrix [290] bieten organische Laser Vorteile. Die Nutzung eines *Förster*-Energietransfersystems ermöglicht die effiziente Erzeugung von Laserlicht im gesamten sichtbaren Spektralbereich mit nur einer Pumplichtquelle im UV-Bereich [127].

Wie in der Konzeptabbildung 8.2 dargestellt, können organische Laser mit verschiedenen Emissionswellenlängen auf einem Chip integriert werden. In herkömmlichen Analysesystemen werden mehrere Festkörperlaser zur Erzeugung von verschiedenen Wellenlängen eingesetzt[2] [329], was relativ aufwändig und kostspielig ist.

8.2.2 Zielsetzung

Als Systembasis soll das Material PMMA verwendet werden. Die Versuche zur Herstellung von organischen Lasern unter Verwendung heißgeprägter Laserresonatoren zeigen die gute Qualität dieser Herstellungsmethode und des Substratmaterials. Das Material PMMA ist kostengünstig sowie biokompatibel [330] und die Herstellung auf Wafermaßstab ermöglicht die rationelle Fertigung vieler Analysechips auf einmal. Die besondere Eigenschaft PMMAs zur einfachen Realisierung von Streifenwellenleitern bietet zudem die Möglichkeit der Kombination von Lasern und Wellenleitern auf einem Substrat mit wenigen Prozessschritten. Seitenemittierende organische DFB-Laser erster Ordnung sollen dazu in die PMMA-Wellenleiter eingekoppelt werden. Während die experimentelle Umsetzung in Kapitel 8.3 erläutert wird, soll der folgende Abschnitt eine Abschätzung zur Einkoppeleffizienz von organischen Lasern in Streifenwellenleiter bieten.

---

[2]z.B. verschiedene Laserdioden für den roten und blauen Spektralbereich und ein Festkörperlaser für den grünen Spektralbereich

8.2.3   Simulation von wellenleitergekoppelten organischen Lasern

Als Grundlage der Simulation dient ein Aufbau wie er in Abbildung 8.3 schematisch skizziert ist. An einem Streifenwellenleiter befindet sich ein lineares DFB-Gitter mit einer Alq_3:DCM-Schicht, die das aktive Material des organischen Lasers bildet. Das erzeugte Laserlicht wird über evaneszente Feldkopplung in den Wellenleiter eingekoppelt. Der Gradient an der Alq_3:DCM-Schicht ist herstellungsbedingt und wird in den Simulationen berücksichtigt.

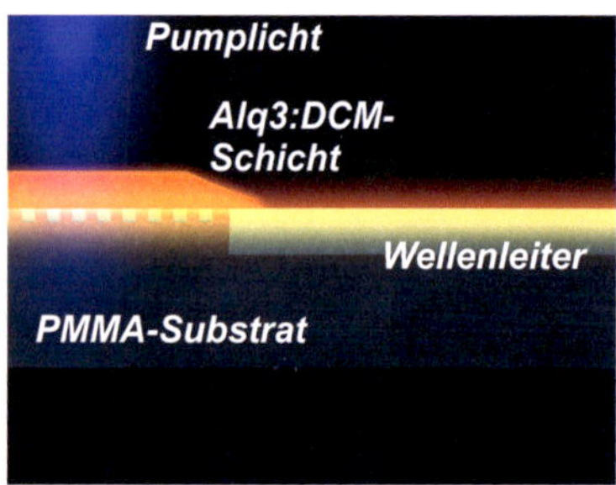

Abbildung 8.3: *Schema der Einkopplung eines organischen DFB-Lasers erster Ordnung in einen Streifenwellenleiter*
(Nicht maßstabsgerecht)

Um diese Geometrie zu simulieren, wird die sogenannte *Beam Propagation Method - BPM* eingesetzt. Diese Methode löst die skalare Helmholtz-Gleichung um die Lichtausbreitung in optischen Wellenleitern zu beschreiben. Voraussetzung sind hierbei nur geringe Änderungen der Geometrie in der Ausbreitungsrichtung. Als BPM-Software zur Simulation wird *Beamprop* der Firma *RSoft* eingesetzt.

Die verwendeten Geometrieparameter der Simulation sind in Tabelle 8.1 zusammengestellt.

	Alq_3:DCM	Wellenleiter	Substrat
Brechungsindex	1,76	1,4875	1,48
Schichtdicke / Höhe	350 nm	7 μm	50 μm
Breite	5 μm	5 μm	100 μm
Länge	500 μm	1500 μm	2000 μm

Tabelle 8.1: *Geometrieparameter der Simulation zur Ankopplung eines organischen DFB-Lasers an einen Streifenwellenleiter*

Die Alq_3:DCM-Schicht bildet einen Filmwellenleiter, in dem sich eine Mode von links nach rechts ausbreitet. Am Ende der Schicht befindet sich ein Gradient, der durch Abschattungen während des Abdampfprozesses hervorgerufen wird. Der Gradient ist experimentell auf eine Länge von circa 70 μm bestimmt worden. Das geometrische Modell für die Simulation ist insgesamt vereinfacht und berücksichtigt kein DFB-Gitter [284].

Ergebnisse der Simulation

Abbildung 8.4 zeigt die Ausbreitung der Mode in der Alq_3:DCM-Schicht und im Wellenleiter. Eine deutliche Überkopplung ist durch die blau gekennzeichnete Ausbreitung im Wellenleiter erkennbar. Zur besseren Abschätzung der übergekoppelten Leistung ist die Leistungsverteilung in Abbildung 8.5 aufgetragen. Die Mode in der Alq$_3$:DCM-Schicht ist grün, die in den Wellenleiter eingekoppelte Leistung blau dargestellt. Die übergekoppelte Leistung beträgt $\approx 30\,\%$ von der ursprünglichen Leistung in der Alq$_3$:DCM-Schicht. Der Gradient in der aktiven Schicht wirkt wie ein sogenannter *Taper*, d.h. unterschreitet die Schichtdicke einen kritischen Wert, wird ein großer Teil des Lichts in den Wellenleiter übergekoppelt [154].

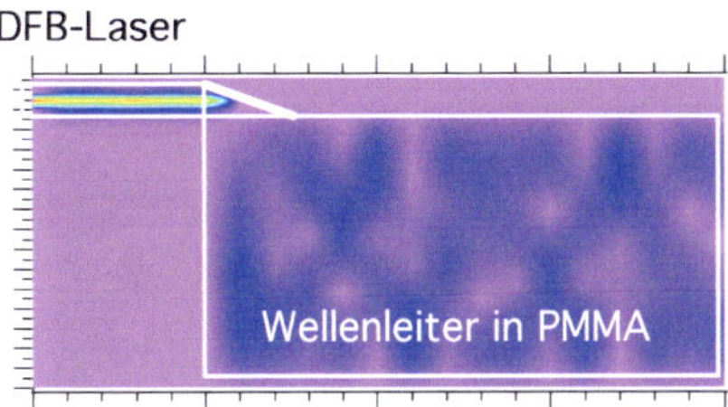

Abbildung 8.4: *Simulation der Ankopplung eines organischen Lasers an einen Wellenleiter*
Die geometrischen Grenzen sind weiß gekennzeichnet. Die sich ausbreitende Mode ist blau dargestellt.

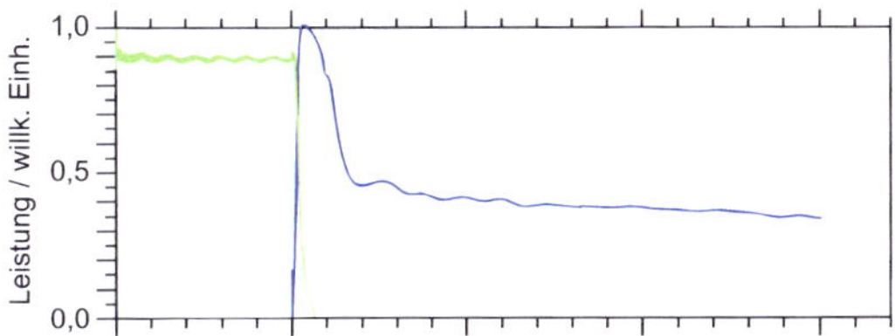

Abbildung 8.5: *Simulation der übergekoppelten Leistung bei einem Gradienten der Alq$_3$:DCM-Schicht von 70 μm*

Zum Vergleich ist in Abbildung 8.6 die gleiche Simulation ohne Gradienten dargestellt. Es wird deutlich weniger Licht in den Wellenleiter übergekoppelt.

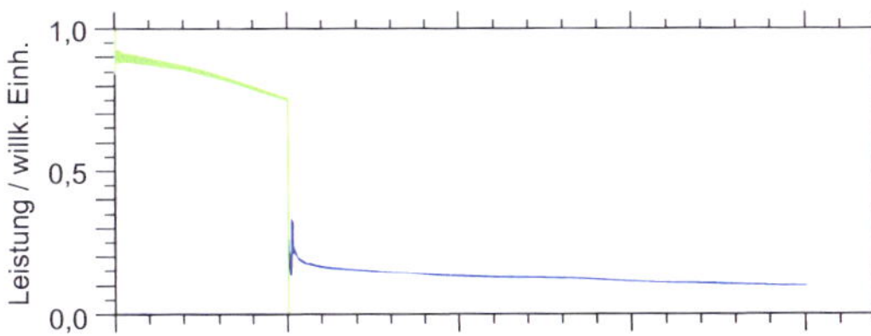

Abbildung 8.6: *Simulierte Leistung der Ankopplung an die Wellenleiter ohne Schichtüberlapp des Alq$_3$:DCM-Feldes*

Die Simulation bietet einige Anhaltspunkte zur Abschätzung der Einkopplungseffizienz. Der direkte Vergleich mit dem Experiment ist jedoch schwierig, da nicht alle realen Bedingungen in das Modell einfließen können.

8.3 Experimentelle Umsetzung und Herstellungsprozess

Zur Herstellung von wellenleitergekoppelten organischen Lasern sind drei Hauptprozessschritte notwendig:

- Heißprägen der DFB-Laserresonatoren erster Ordnung

- Definition der Wellenleiter durch UV-Bestrahlung von PMMA

- Aufbringung des aktiven Lasermaterials Alq_3:DCM

Die erfolgreiche Realisierung organischer Laser auf heißgeprägten Laserresonatoren wurde in Kapitel 7 demonstriert. Der gleiche Prozess kommt auch hier zum Einsatz. Die Erzeugung von Streifenwellenleitern in PMMA wird im folgenden Abschnitt beschrieben. Anschließend erfolgt die Vorstellung des Prozesses zur Herstellung eines Testwafers mit wellenleitergekoppelten Laserlichtquellen.

8.3.1 Herstellung von Streifenwellenleitern in PMMA

Die Herstellung von Wellenleitern in PMMA beruht auf der Änderung des Brechungsindexes des Materials bei Bestrahlung mit hochenergetischer UV-Strahlung (engl. *deep UV - DUV*) [331]. Durch die Bestrahlung mit einer Wellenlänge $< 260\,nm$ kommt es zum Bruch von chemischen Bindungen und zur Abspaltung von Seitenketten. Es bilden sich Kohlenstoff-Doppelbindungen, die die molare Refraktion des Materials erhöhen [331, 332]. Durch eine gezielte Belichtung können Bereiche mit höherem Brechungsindex als der Umgebung erzeugt werden, die als Wellenleiter dienen können. Das Ausgasen von flüchtigen Elementen und die Neuanordnung der Polymerketten führt allerdings zu einem Volumenschwund bei diesem Prozess.
Das Verfahren zur Herstellung von Streifenwellenleitern in PMMA ist in Abbildung 8.7 a) schematisch dargestellt. In einem kommerziellen Maskaligner (*EVG 620*) wird ein PMMA-Substrat (*Notz Plastic Hesa©-Glas VOS*, Dicke: $500\,\mu m$) durch eine Chrommaske mit DUV-Strahlung $< 260\,nm$ bei einer Dosis von 3-5 J/cm^2 belichtet. Der Brechzahlunterschied zwischen belichteten und unbelichteten Bereichen beträgt $\approx 0{,}008$ und die Brechzahländerung nimmt graduell bis in eine Tiefe von circa $7\,\mu m$ ab. Eine Probe mit verschiedenen Wellenleitern ist in Abbildung 8.7 b) gezeigt. Details zu diesem Verfahren finden sich in [289, 333, 334].

8.3.2 Herstellung wellenleitergekoppelter Laser auf Wafermaßstab

Der Gesamtprozess erfolgt in mehreren Schritten, die in Abbildung 8.8 schematisch gezeigt sind. Alle Prozessschritte werden auf Wafermaßstab (4 Zoll) durchgeführt, so ist durch die Verwendung von Justagemarkern eine genaue Ausrichtung des Substrates zu den Masken während der Prozessschritte möglich. Die Layouts der Laserresonatorurform und der Chrommaske sind in Abbildung 8.9 gezeigt.
Im Heißprägeprozess wird ein Nickelformeinsatz verwendet, der auf einer Urform basiert, die

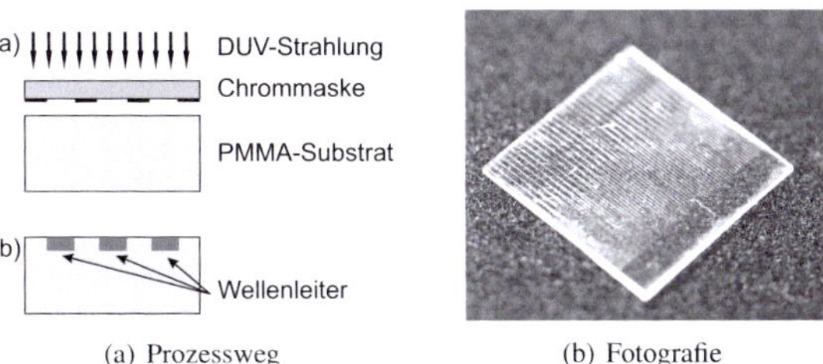

(a) Prozessweg   (b) Fotografie

Abbildung 8.7: *Herstellungsweise und Fotografie von PMMA-Streifenwellenleitern*
Unter DUV-Belichtung ändert sich der Brechungsindex des belichteten PMMAs. Die Wellenleiterstrukturen werden mit Hilfe einer Quarzchrommaske definiert.

mittels Elektronenstrahllithografie und einem Ätzprozess aus einem oxidierten Siliziumwafer hergestellt wurde. Nach dem Heißprägeprozess wird das PMMA-Substrat durch eine Chrommaske mit DUV-Strahlung belichtet und so die Wellenleiter definiert. Das PMMA-Substrat wird in diesem Stadium mit einer Wafersäge in neun Sektionen unterteilt. Der Sägeprozess erzeugt Probenkanten optischer Qualität, wobei die Sägeschnitte nicht komplett durch das Substrat gehen um auch den folgenden Prozessschritt auf Wafermaßstab durchführen zu können.

Im Aufdampfprozess wird das aktive Lasermaterial Alq_3:DCM in einer Schichtdicke von $\approx 350\,nm$ durch eine Edelstahl-Schattenmaske (Dicke: $180\,\mu m$) mit $1\,mm$ großen Öffnungen aufgedampft. Die Prozesskette erfolgt in einer Kooperation zwischen der PTB, dem IMT und dem LTI. Die Elektronenstrahllithografie erfolgt an der PTB, der Heißprägeprozess, die DUV-Belichtung und das Sägen am IMT und der Aufdampfprozess am LTI. Das Layout wurde zur Überprüfung verschiedener Ankoppelszenarien und Wellenleitergrößen mit verschiedensten Teststrukturen versehen.

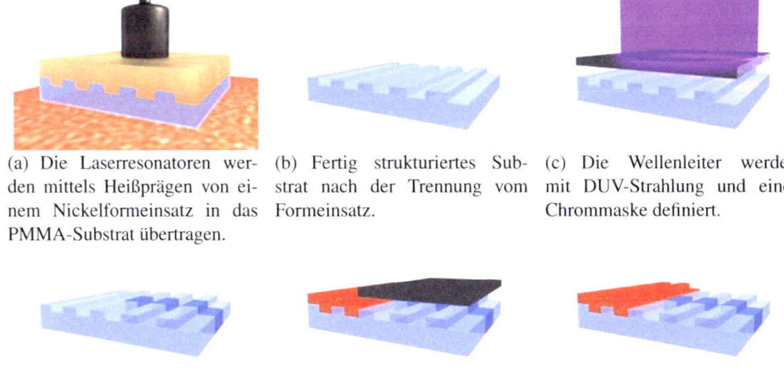

(a) Die Laserresonatoren werden mittels Heißprägen von einem Nickelformeinsatz in das PMMA-Substrat übertragen.

(b) Fertig strukturiertes Substrat nach der Trennung vom Formeinsatz.

(c) Die Wellenleiter werden mit DUV-Strahlung und einer Chrommaske definiert.

(d) Kombination aus Wellenleiter und Resonatorstruktur.

(e) Die aktive Schicht wird durch eine Schattenmaske aufgedampft.

(f) Komplettierter wellenleitergekoppelter Laser.

Abbildung 8.8: *Schema des Prozesses zur Herstellung wellenleitergekoppelter organischer Laser*

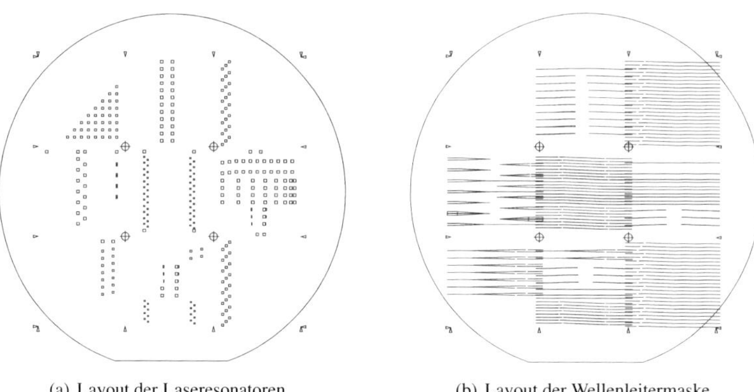

<table>
<tr><td>(a) Layout der Laseresonatoren</td><td>(b) Layout der Wellenleitermaske</td></tr>
</table>

Abbildung 8.9: *Layouts zur Herstellung wellenleitergekoppelter Laser auf Wafermaßstab*
a) Layout für den mittels Elektronenstrahllithografie strukturierten oxidierten Siliziumwafer mit den Positionen der Resonatorgitter.
b) Layout der Quarzchrommaske zur Herstellung der DUV-induzierten Wellenleiter.

8.4 Messsystem

Zur Charakterisierung der Proben wurde ein Messsystem am LTI aufgebaut, dessen wesentlichen Bestandteile in der schematischen Darstellung in Abbildung 8.10 zu sehen sind. Der organische Laser wird mit einem frequenzverdreifachten Nd:YLF-Laser (*Newport Spectra-Physics Explorer*; Pulslänge: 5 ns; Repetionsrate: 1 kHz) angeregt. Zur räumlichen Variation des Anregungsspots wird eine variable Schlitzblende verwendet und die eingestrahlte Laserleistung kann über ein optisches Leistungsmessgerät bestimmt werden. Zur Kontrolle der Position des Laserspots auf der Probe dient eine CCD-Kamera mit Zoomobjektiv (*Sony DXC-107A + Optem Zoom 65*). Der Laserstrahl wird mit einem 4×-Objektiv auf die Probe fokussiert und der Spotdurchmesser kann durch das Verfahren des Probentisches in der Größe verstellt werden.
Das im Wellenleiter transportierte Licht wird in eine Glasfaser (Kerndurchmesser: 9 µm bzw. 50 µm) eingekoppelt, die zur spektralen Analyse an ein Spektrometer (*Jobin Yvon Triax 320 + Symphony-CCD*) angeschlossen ist. Alternativ besteht die Möglichkeit das Modenprofil an der Endfacette des Wellenleiters mit einer Nahfeldkamera zu überprüfen. Der Probentisch kann in allen Achsen computerkontrolliert positioniert werden und auch die Ankopplung der Glasfasern erfolgt über Positioniereinheiten. Der Probenhalter bietet neben einer Vakuumprobenfixierung die Möglichkeit der Stickstoffspülung zur Vermeidung von Fotooxidationsprozessen. Abbildung 8.11 zeigt ein Detail des Aufbaus.
Vor der Messung der Einkopplung von Laserlicht wird die Spektrometerfaser zum PMMA-Wellenleiter auf der Probe justiert. Dazu wird ein fasergekoppelter Halbleiterlaser auf der linken Seite der Probe in den Wellenleiter eingekoppelt und die Spektrometerfaser auf ein maximales Ausgangssignal justiert. Voraussetzung für diese Justierart sind Wellenleiter, die die gesamte Probe durchlaufen.

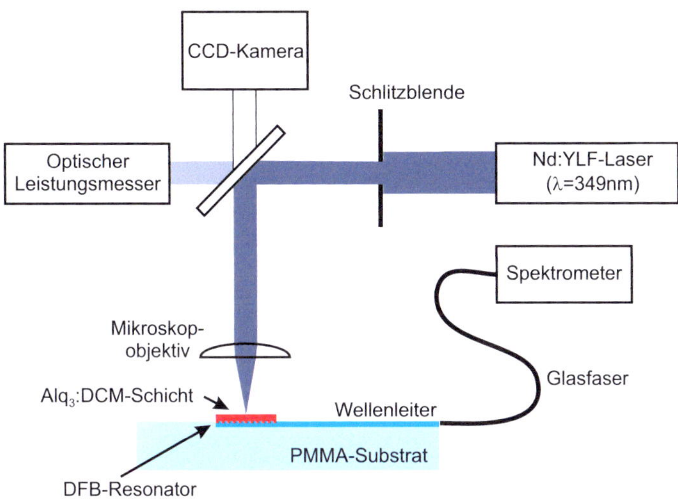

Abbildung 8.10: *Schematische Darstellung des Messsystems zur Charakterisierung wellenleitergekoppelter Laser*

Abbildung 8.11: *Fotografie der Probenhalterung und Faserkopplung des Messsystems zur Charakterisierung wellenleitergekoppelter Laser*

8.5   Ergebnisse

Die folgenden Abschnitte zeigen die Ergebnisse der Untersuchungen von wellenleitergekoppelten Lasern. Zur Verifizierung des Gesamtkonzeptes und zur Überprüfung des Messsystems wird als erster Schritt die Einkopplung der verstärkten spontanen Emission in Wellenleiter untersucht.

8.5.1   Einkopplung von ASE in PMMA-Wellenleiter

Die Erzeugung von laserähnlicher Strahlung ohne Resonator (*verstärkte spontane Emission - ASE*) wurde in Kapitel 2.2.4 bereits erläutert. Da sich ASE in Alq_3:DCM-Filmwellenleitern bilden kann, sollte auch eine Einkopplung dieser Strahlung in PMMA-Wellenleiter möglich sein. Abbildung 8.12 zeigt die Probe, die für diese Versuche verwendet wird. Das aktive Material Alq_3:DCM wird auf einer PMMA-Wellenleiterprobe ohne Resonatoren aufgedampft. Das Messsystem ist ähnlich zu dem bereits Vorgestellten, mit Ausnahme des Anregungslasers. Hier kommt ein frequenzverdreifachter Nd:YAG-Laser (*Crystal Laser FTSS355-Q*; Wellenlänge: 355 nm; Repetitionsrate: 6 kHz; Pulslänge: 1,6 ns) zum Einsatz. Der Anregungsspot hat ein elliptisches Profil mit einer Größe von circa $0{,}1\,mm^2$.

Abbildung 8.12: *Fotografie der ASE-Wellenleiter-Probe*
     Die Wellenleiter sind als dünne Linien zu erkennen, das rötliche Alq_3:DCM ist als Schicht auf die Wellenleiter aufgedampft.

In den Messungen des Emissionsspektrums des aktiven Materials bei unterschiedlichen Anregungsleistungen in Abbildung 8.13 zeigt sich das für ASE typische Einschnüren des Spektrums bei hohen Anregungsleistungen, wobei die Halbwertsbreite von 85 nm auf 11 nm sinkt. Die Messung des Modenprofils in Abbildung 8.13 demonstriert die Einkopplung von ASE in einen monomodigen Wellenleiter mit einer Breite von 3 μm. Die maximale eingekoppelte Leistung beträgt 1,1 μWbei der Verwendung eines 50 μm breiten Wellenleiters.
Diese Ergebnisse bieten die Basis für die Versuche mit wellenleitergekoppelten Lasern unter Verwendung heißgeprägter Resonatoren.

8.5.2   Wellenleitergekoppelte Laserlichtquellen

Nach den erfolgreichen ASE-Versuchen werden die durch Heißprägen und DUV-Belichtung hergestellten wellenleitergekoppelten Laser mit dem Messsystem getestet. Die Abbildungen

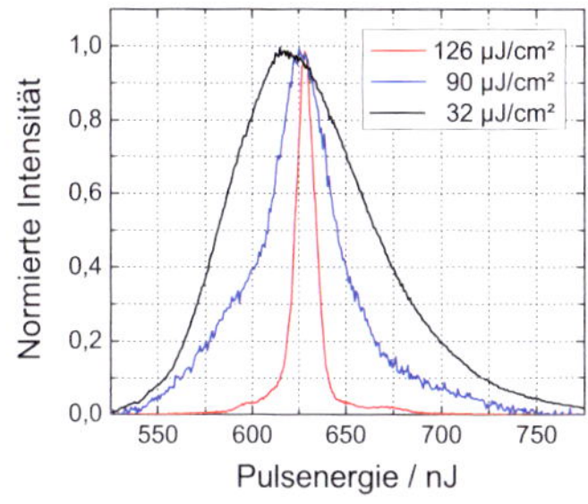

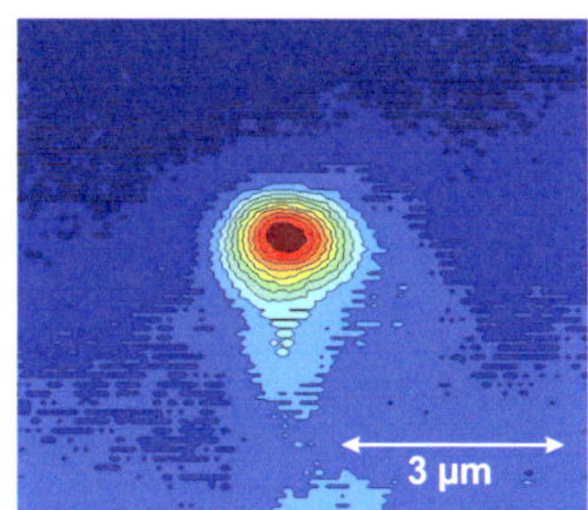

(a) Spektrum der am Faserende gemessenen Strahlung in Abhängigkeit der Anregungsenergie

(b) Modenprofil der ASE in einem monomodigen Wellenleiter

Abbildung 8.13: *Spektrum und Modenprofil der Einkopplung von ASE in Wellenleiter*

8.14 a) und b) zeigen die komplettierten Proben. In der Fotografie im linken Bild sind die Bereiche des rötlichen Alq_3:DCM-Materials mit den darunter liegenden Laserresonatoren zu sehen. Die Wellenleiter sind an diese Felder angekoppelt. Im Bild rechts ist die REM-Aufnahme eines 3 µm-Wellenleiters in einem Laserresonatorfeld gezeigt.

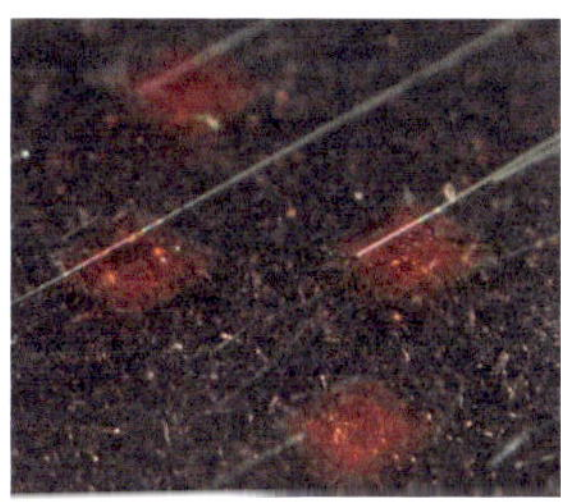

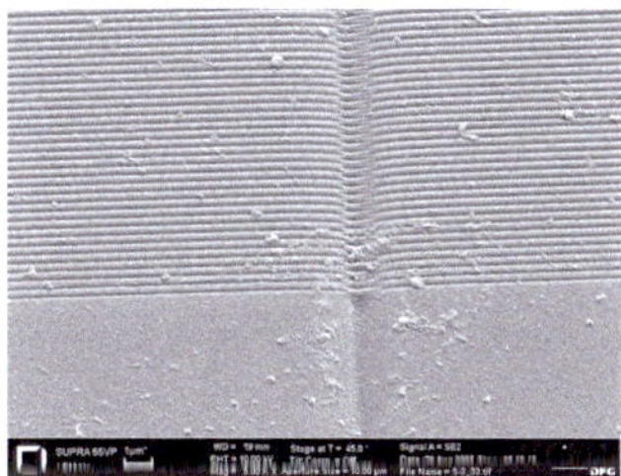

(a) Fotografie

(b) REM-Aufnahme

Abbildung 8.14: *Fotografie und REM-Aufnahme eines organischen Lasers in Kombination mit einem PMMA-Wellenleiter*

In den Versuchen werden Laserresonatoren erster Ordnung mit einer Periode von 200 nm verwendet. Die Wellenleiter auf der Probe reichen über die gesamte Probenbreite von 25 mm und durchlaufen dabei die Resonatorfelder.

Die organischen Laser werden mit einem länglichen Anregungsspot optisch gepumpt, dessen Spotgröße bei $\approx 500 \times 50$ µm liegt. Auf diese Weise können die Laser effektiv in einem Bereich gepumpt werden, der für die Einkopplung in die Wellenleiter relevant ist. Die Anregung von störendem Photolumineszenzlicht ist kleiner im Vergleich zu einem runden Spot.

Die Abbildungen 8.15 a) und b) verdeutlichen die Lage des Anregungsspots auf der Probe. In der Fotografie, die mit der CCD-Kamera aufgenommen wird, erkennt man den Wellenleiter, das Alq_3:DCM-Laserfeld und den Anregungsspot. Zur Verdeutlichung ist dieses Bild rechts in einer Falschfarbendarstellung wiedergeben. Die Breite des Wellenleiters beträgt in diesem Fall 50 µm.

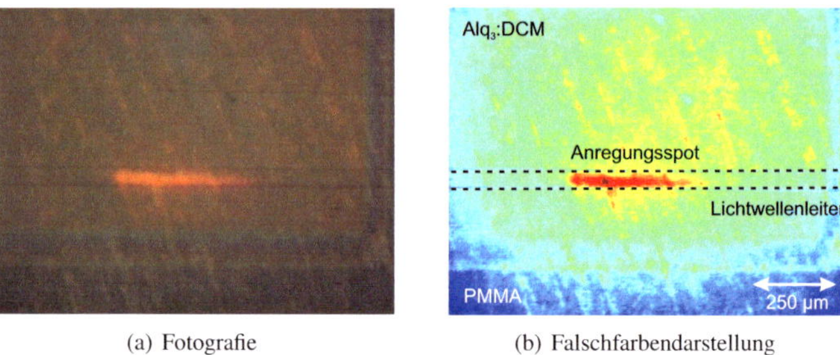

(a) Fotografie   (b) Falschfarbendarstellung

Abbildung 8.15: *Fotografie des Laserfeldes bei Einkopplung in den Wellenleiter*
    Der Anregungsspot hat eine Größe von $\approx 500 \times 50$ µm, der Wellenleiter ist 50 µm breit.

Die auf diese Weise angeregten organischen Laser koppeln in die PMMA-Wellenleiter ein und werden am Probenende mit einem fasergekoppelten Spektrometer aufgenommen. Die Spektren von wellenleitergekoppelten organischen Lasern sind in Abbildung 8.16 gezeigt. Laserlicht konnte sowohl in monomodige 3 µm-Wellenleiter als auch in breitere 50 µm-Wellenleiter eingekoppelt werden. Die Spektren zeigen ein monomodiges Verhalten mit einer Halbwertsbreite von $< 0{,}3$ nm bei einer Wellenlänge von ≈ 630 nm. Die Messung der eingekoppelten Pulsleistung ergab bei dem 50 µm breiten Wellenleiter einen Wert von 26 µW bei einer Anregungsenergiedichte von 2,3 mJ/cm^2. Es konnte somit um einen Faktor 20 mehr Leistung in den Wellenleiter eingekoppelt werden als in den ASE-Versuchen.
Die Bewegung des Anregungsspots auf der Probe hat unmittelbare Auswirkungen auf die eingekoppelte Leistung. Die höchste Leistung konnte erzielt werden, wenn der Anregungsspot in die Nähe des Gradienten der Alq$_3$:DCM-Schicht gebracht wird. Dies deckt sich mit den Simulationsergebnissen, die einen starken Einfluss des Gradienten auf die eingekoppelte Leistung ergaben.

8.6 Zusammenfassung und Ausblick

Die experimentelle Umsetzung von wellenleitergekoppelten Laserlichtquellen auf einem PMMA-Chip eröffnet eine Reihe von neuen Möglichkeiten der Anwendung. Diese integrierten Laser können als Anregungslichtquelle für miniaturisierte Analytikanwendungen genutzt werden.
Verbesserungen sind der Seite der eingekoppelten Leistung notwendig, die noch zu optimieren ist. Zudem fehlt diesen Versuchsproben noch die notwendige Verkapselung um ohne Stickstoffspülung auszukommen.
Die Ankopplung des wellenleitergekoppelten Lasers an ein Mikrofluidik-System wird im weiteren Verlauf des Projektes zusammen mit dem IMT untersucht. Die erfolgreiche Demonstration eines laserdiodengepumpten organischen Lasers in Zusammenarbeit mit C. Karnutsch und M. Stroisch [146] ermöglicht zudem die Nutzung einer kostengünstigen Laserdiode als Pumplichtquelle. Dies ermöglicht die Herstellung eines portablen und günstigen Gesamtsystems. Durch die Verwendung unterschiedlicher aktiver organischer Materialien bzw. Resonatorperiodizitäten ist die Realisierung von organischen Lasern mit unterschiedlichen Wellenlängen auf einem

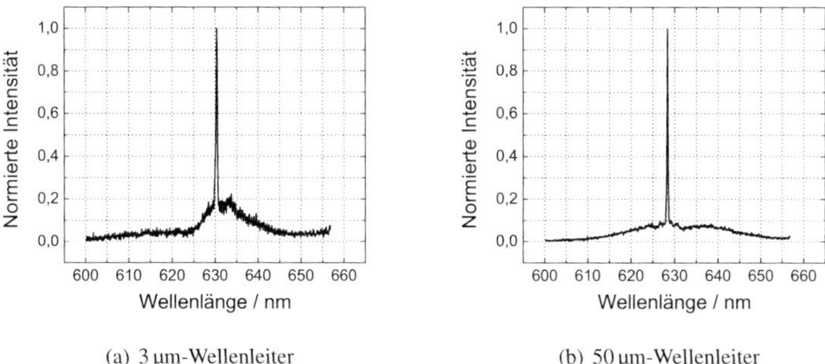

(a) 3 µm-Wellenleiter   (b) 50 µm-Wellenleiter

Abbildung 8.16: *Spektren wellenleitergekoppelter organischer DFB-Laser auf PMMA* (Anregungsparameter: Wellenlänge: 349 nm, Repitionsrate: 1 kHz, Spotgröße: $\approx 500 \times 50$ µm; Parameter der Aufnahme: Integrationszeit: 500 ms, Spaltbreite: 0,2 mm, Gitterzahl: 1200)

Substrat möglich. Über funktionelle Wellenleiterstrukturen, wie z.B. Braggfilter oder Interferometer kann zudem die Funktionalität des Gesamtsystems erhöht werden.

Die Integration einer organischen Fotodiode auf dem Analysechip würde erstmals die Vision eines kompletten laserbasierten Lab-on-a-chip verwirklichen, der sowohl die Laserlichtquellen, die Mikrofluidik als auch die Detektionseinheit enthält. Da alle Bestandteile eines solchen Systems kostengünstig herstellbar sind, könnte der Chip nach der Analyse entsorgt werden. Aufwändige Reinigungsschritte entfallen somit.

Kapitel 9

Ausblick

Im Rahmen dieser Arbeit wurden völlig neuartige Anwendungsmöglichkeiten für organische optoelektronische Bauelemente untersucht und umgesetzt. Die erfolgreiche Realisierung einer optischen Datenübertragungsstrecke mit OLEDs und OPDs sowie die Integration organischer Laser in eine Lab-on-a-chip-Plattform verdeutlichen das große Potential dieser Bauelemente. Über die Anwendung in der Displaytechnik und Solarenergienutzung hinaus, sind organische Halbleiterbauelemente hochinteressant für die Verwendung in mikrooptischen Systemen.

Die demonstrierte faserbasierte Datenübertragung nutzt bereits ein Standard-Übertragungsprotokoll (S/PDIF) und könnte somit prinzipiell in HiFi-Systemen eingesetzt werden. OLEDs und OPDs können nicht nur kostengünstig hergestellt werden, sie bieten auch weitere interessante Möglichkeiten. Die große Spanne an verschiedenen Emissionswellenlängen könnte ein Wellenlängenmultiplexing durch den Einsatz unterschiedlicher OLEDs ermöglichen. Zusätzlich könnten OPDs für bestimmte Wellenlängenbereiche optimiert werden. Die Möglichkeit organische Bauelemente auch transparent zu fertigen, eröffnet zudem eine Reihe von weiteren Einsatzformen wie z.B. übereinander liegende Bauteile. Dies ist mit anorganischen Halbleitermaterialien nicht möglich.

Das vorgestellte Datenübertragungssystem kann noch weiter optimiert werden. Die Effizienz der verwendeten OLEDs könnte durch den Einsatz neuer Materialien verbessert werden. Auf der Seite der OPDs sind weitere grundlegende Untersuchungen zur Bauteildynamik für eine zusätzliche Verringerung der Ansprechzeiten von Interesse. Da die Morphologie einen großen Einfluss auf die Ladungsträgerdynamik von *Bulk-Heterojunction*-Fotodioden hat, ist z.B. die Auswirkung eines Tempervorganges auf die Bauteildynamik zu erforschen. Durch die gezielte Nutzung der Simulationsergebnisse des Drift-Diffusions-Modells könnten optimierte Bauteilparameter gefunden und experimentell umgesetzt werden.

Mit der Ankopplung organischer Laser an Wellenleiterstrukturen ist der erste Schritt zur Realisierung eines hochintegrierten Analytiksystems für die biologische und chemische Sensorik gelungen. Der Herstellungsprozess wurde für eine kostengünstige Fertigung von vielen Analysechips auf einem Wafer ausgelegt. Der eingesetzte Heißprägeprozess ermöglicht neben der Fertigung der Laserresonatoren die Integration von Mikrofluidikkanälen. Multiskalige Formwerkzeuge könnten sogar die Fertigung der Laser- und Mikrofluidikstrukturen in einem Prozessschritt ermöglichen. Die Aufbringung einer organischen Fotodiode auf dem Analysechip würde die Vision der kompletten Integration von Anregungslaserquelle, Mikrofluidik und Detektion auf einem Substrat wahr werden lassen. Dieses miniaturisierte Labor wäre potentiell so günstig, dass es als Wegwerfsystem eingesetzt werden könnte. Die Nutzung von GaN-Laserdioden als Pumplichtquelle ermöglicht den Aufbau eines portablen und kostengünstigen Gesamtsystems.

Optimierungspotentiale liegen in der Erhöhung der Einkoppeleffizienz der Laser-Wellenleiter--Kombination. Durch die Nutzung von Rippenwellenleitern könnte eventuell eine verbesserte Modenführung gelingen. Das Design der Ankopplungszone zwischen Wellenleiter und Mikrofluidikkanal ist wichtig für eine optimale Anregung des Analyten.

Das Verfahren des Direkten Laserschreibens eröffnet komplett neue Möglichkeiten der dreidimensionalen Strukturierung im Mikro- bis Nanometerbereich. Der mit dem entwickelten Laserlithografiesystem hergestellte DFB-Resonator für organische Halbleiterlaser verdeutlicht die Leistungsfähigkeit dieses Prinzips. Die direkte Fertigung von Laserresonatoren auf mikrooptischen Komponenten wie Wellenleitern ist realisierbar. Das System kann außerdem zur Herstellung von Urformen verwendet werden. Durch die Möglichkeit der dreidimensionalen Strukturierung ist die Fabrikation von multiskaligen und schrägkantigen Formwerkzeugen denkbar.

Literaturverzeichnis

[1] HEEGER, A.J.:
     Nobel Lecture: Semiconducting and metallic polymers: The fourth generation of polymeric materials.
     In: *Reviews of Modern Physics* 73 (2001), Nr. 3, S. 681–700

[2] SHINAR, J.:
     Organic light-emitting devices: a survey.
     New York, USA : Springer-Verlag, 2004

[3] HAKEN, H. ; WOLF, H.:
     Molekülphysik und Quantenchemie.
     Berlin : Springer-Verlag, 1998

[4] KNEUBÜHL, F.K.:
     Repetitorium der Physik.
     Stuttgart : Teubner, 1994

[5] ATKINS, P.W.:
     Ouanten.
     Weinheim : VCH Verlagsgesellschaft, 1993

[6] EICHLER, J.:
     Laser: Bauformen, Strahlführung, Anwendungen.
     Berlin : Springer-Verlag, 2003

[7] FARCHIONI, R. ; GROSSO, G.:
     Organic Electronic Materials - Conjugated Polymers and Low Molecular Weight Organic Solids.
     Berlin : Springer-Verlag, 2001

[8] HE, G. ; SCHNEIDER, O. ; QIN, D. ; ZHOU, X. ; PFEIFFER, M. ; LEO, K.:
     Very high-efficiency and low voltage phosphorescent organic light-emitting diodes based on a p-i-n junction.
     In: *Journal of Applied Physics* 95 (2004), Nr. 10, S. 5773–5777

[9] BALDO, M.A. ; THOMPSON, M.E. ; FORREST, S.R.:
     Phosphorescent materials for application to organic light emitting devices.
     In: *Pure Applied Chemistry* 71 (1999), Nr. 11, S. 2095–2106

[10] QIU, C.F. ; WANG, L.D. ; CHEN, H.Y. ; WONG, M. ; KWOK, H.S.:
      Room-temperature ultraviolet emission from an organic light-emitting diode.
      In: *Applied Physics Letters* 79 (2001), Nr. 14, S. 2276

[11] SCHNEIDER, D.:
      Organische Halbleiterlaser, Universität Carolo-Wilhelma zu Braunschweig, Doktorarbeit, 2004

[12] SPEHR, T. ; SIEBERT, A. ; FUHRMANN-LIEKER, T. ; SALBECK, J. ; RABE, T. ; RIEDL,
      T. ; JOHANNES, H.H. ; KOWALSKY, W. ; WANG, J. ; WEIMANN, T. ; HINZE, P.:
      Organic solid-state ultraviolet-laser based on spiro-terphenyl.
      In: *Applied Physics Letters* 87 (2005), S. 161103

[13] HELIOTIS, G. ; XIA, R. ; BRADLEYA, D.D.C. ; TURNBULL, G.A. ; SAMUEL, I.D.W. ;
      ANDREW, P. ; BARNES, W. L.:
      Two-dimensional distributed feedback lasers using a broadband, red polyfluorene gain
      medium.
      In: *Journal of Applied Physics* 96 (2004), Nr. 12, S. 6959–6965

[14] SCHNEIDER, D. ; RABE, T. ; RIEDL, T. ; DOBBERTIN, T. ; KRÖGER, M. ; BECKER, E. ;
      JOHANNES, H.-H. ; KOWALSKY, W. ; WEIMANN, T. ; WANG, J. ; P., Hinze.:
      Ultrawide tuning range in doped organic solid-state lasers.
      In: *Applied Physics Letters* 85 (2004), S. 1886

[15] CHENG, C.H. ; FAN, Z.Q. ; YU, S.K. ; JIANG, W.H. ; WANG, X. ; DU, G.T. ; CHANG,
      Y.C. ; MA, C.Y.:
      1.1 µm near-infrared electrophosphorescence from organic light-emitting diodes based
      on copper phthalocyanine.
      In: *Applied Physics Letters* 88 (2006), S. 213505

[16] NATALI, D. ; SAMPIETRO, M. ; ARCA, M. ; DENOTTI, C. ; DEVILLANOVA, F.A.:
      Wavelength-selective organic photodetectors for near-infrared applications based on novel neutral dithiolenes.
      In: *Synthetic Metals* 137 (2003), Nr. 1, S. 1489–1490

[17] ARAGONI, M.C. ; ARCA, M. ; DEVILLANOVA, F.A. ; ISAIA, F. ; LIPPOLIS, V. ; MANCINI, A. ; PALA, L. ; VERANI, G. ; AGOSTINELLI, T. ; CAIRONI, M. ; NATALI, D. ;
      SAMPIETRO, M.:
      First example of a near-IR photodetector based on neutral [M(R-dmet)$_2$]bis(1,2-dithiolene) metal complexes.
      In: *Inorganic Chemistry Communications* 10 (2007), Nr. 2, S. 191–194

[18] POPE, M. ; SWENBERG, C.E.:
      Electronic processes in organic crystals and polymers.
      New York : Oxford University Press, 1999

[19] HERTEL, D. ; MÜLLER, C-D.:
      Organische Leuchtdioden.
      In: *Bunsen-Magazin* 6 (2004), S. 110–120

[20] FORREST, S.R.:
      The path to ubiquitous and low-cost organic electronic appliances on plastic.
      In: *Nature* 428 (2004), Nr. 6986, S. 911–918

[21] WOOD, D.:
      Optoelectronic semiconductor devices.
      (1994)

[22] FÖRSTER, T.:
Zwischenmolekulare Energiewanderung und Fluoreszenz.
In: *Annalen der Physik* 6 (1948), S. 55–75

[23] KOZLOV, V.G. ; BULOVIC, V. ; BURROWS, P.E. ; BALDO, M. ; KHALFIN, V.B. ; PARTHASARATHY, G. ; FORREST, S.R. ; YOU, Y. ; THOMPSON, M.E.:
Study of lasing action based on Förster energy transfer in optically pumped organic semiconductor thin films.
In: *Journal of Applied Physics* 84 (1998), S. 4096–4108

[24] HADZIIOANNOU, G. ; VAN HUTTEN, P.F.:
Semiconducting Polymers - Chemistry, Physics and Engineering.
Weinheim : Wiley, 1999

[25] MÜLLEN, K. ; SCHERF, U.:
Organic Light-Emitting Devices.
Weinheim : Wiley-VCH, 2006

[26] BURROUGHES, J.H. ; BRADLEY, D.D.C. ; BROWN, A.R. ; MARKS, R.N. ; MACKAY, K. ; FRIEND, R.H. ; BURNS, P.L. ; HOLMES, A.B.:
Light-emitting diodes based on conjugated polymers.
In: *Nature* 347 (1990), Nr. 6293, S. 539–541

[27] SCHERF, U. ; LIST, E.J.W.:
Semiconducting Polyfluorenes - Towards Reliable Structure-Property Relationships.
In: *Advanced Materials* 14 (2002), Nr. 7, S. 477–487

[28] KARNUTSCH, C.:
Low threshold organic thin-film laser devices, Universität Karlsruhe (TH), Lichttechnisches Institut, Doktorarbeit, 2007

[29] HUNG, Do. T.:
Herstellung von großflächigen Solarzellen, Universität Karlsruhe (TH), Lichttechnisches Institut, Diplomarbeit, 2007

[30] *Kapitel* Nonlithographic patterning: application of inkjet printing in organic-based devices.
In: BUCKNALL, D.G.:
Nanolithography and patterning techniques in microelectronics.
Cambridge, England : Woodhead Publishing, 2005, S. 349–372

[31] FORREST, S.R.:
Ultrathin Organic Films Grown by Organic Molecular Beam Deposition and Related Techniques.
In: *Chemical Reviews* 97 (1997), S. 1793–1896

[32] YANG, X. ; TANG, Y. ; YU, M. ; QIN, Q.:
Pulsed laser deposition of aluminum tris-8-hydroxyquinline thin films.
In: *Thin Solid Films* 358 (2000), Nr. 1-2, S. 187–190

[33] *Kapitel* High-resolution printing techniques for plastic electronics.
In: BUCKNALL, D.G.:
Nanolithography and patterning techniques in microelectronics.
Cambridge, England : Woodhead Publishing, 2005, S. 373–398

[34] KROTO, H.W. ; ALLAF, A.W. ; BALM, S.P.:
C60: Buckminsterfullerene.
In: *Chemical Reviews* 91 (1991), Nr. 6, S. 1213–1235

[35] THE-NOBEL-FOUNDATION (Hrsg.):
The Nobel Prize in Chemistry 1996. Online-Ressource - 1996.
`http://nobelprize.org/nobel_prizes/chemistry/laureates/`
`   1996/press.html`

[36] FORREST, S.R.:
Active optoelectronics using thin-film organic semiconductors.
In: *IEEE Journal of Selected Topics in Quantum Electronics* 6 (2000), Nr. 6, S. 1072–
1083

[37] SHAW, J.M. ; SEIDLER, P.F.:
Organic electronics: Introduction.
In: *Organic electronics* 45 (2001), Nr. 1, S. 3–9

[38] HOROWITZ, G.:
Organic thin film transistors: From theory to real devices.
In: *Journal of Materials Research* 19 (2004), Nr. 7, S. 1946–1962

[39] HAMILTON, M.C. ; MARTIN, S. ; KANICKI, J.:
Thin-film organic polymer phototransistors.
In: *IEEE Transactions on Electron Devices* 51 (2004), Nr. 6, S. 877–885

[40] BERNANOSE, A. ; MARQUET, G.:
Elecroluminescence of carbazole by alternating electric fields; The nature of organic elec-
trophotoluminescence.
In: *Journal de Chimie Physique* 51 (1954), S. 255

[41] POPE, M.:
Light Emission from Organic Material.
In: *Journal Chemical Physics* 38 (1963), S. 2

[42] HELFRICH, W. ; SCHNEIDER, WG:
Recombination Radiation in Anthracene Crystals.
In: *Physical Review Letters* 14 (1965), Nr. 7, S. 229–231

[43] SHEATS, J.R. ; ANTONIADIS, H. ; HUESCHEN, M. ; LEONARD, W. ; MILLER, J. ;
MOON, R. ; ROITMAN, D. ; STOCKING, A.:
Organic Electroluminescent Devices.
In: *Science* 273 (1996), Nr. 5277, S. 884–888

[44] TANG, C.W. ; VAN SLYKE, S.A.:
Organic electroluminescent diodes.
In: *Applied Physics Letters* 51 (1987), S. 913–915

[45] ADACHI, C. ; TSUTSUI, T. ; SAITO, S.:
Confinement of charge carriers and molecular excitons within 5-nm-thick emitter layer
in organic electroluminescent devices with a double heterostructure.
In: *Applied Physics Letters* 57 (1990), S. 531

[46] FRIEND, R.H. ; GYMER, R.W. ; HOLMES, A.B. ; BURROUGHES, J.H. ; MARKS, R.N. ; TALIANI, C. ; BRADLEY, D.D.C. ; DOS SANTOS, D.A. ; BRÉDAS, J.L. ; LÖGD-LUND, M. ; SALANECK, W.R.:
Electroluminescence in conjugated polymers.
In: *Nature* 397 (1999), S. 121–128

[47] ADACHI, C. ; BALDO, M.A. ; THOMPSON, M.E. ; FORREST, S.R.:
Nearly 100% internal phosphorescence efficiency in an organic light-emitting device.
In: *Journal of Applied Physics* 90 (2001), Nr. 10, S. 5048–5051

[48] PFEIFFER, M. ; LEO, K. ; ZHOU, X. ; HUANG, J.S. ; HOFMANN, M. ; WERNER, A. ; BLOCHWITZ-NIMOTH, J.:
Doped organic semiconductors: Physics and application in light emitting diodes.
In: *Organic Electronics* 4 (2003), Nr. 2-3, S. 89–103

[49] BARDSLEY, J.N.:
International OLED technology roadmap.
In: *IEEE Journal of Selected Topics in Quantum Electronics* 10 (2004), Nr. 1, S. 3–9

[50] RAJESWARAN, G. ; ITOH, M. ; BOROSON, M. ; BARRY, S. ; HATWAR, T.K. ; KAHEN, KB ; YONEDA, K. ; YOKOYAMA, R. ; YAMADA, T. ; KOMIYA, N. ; KANNO, H. ; TAKAHASHI, H.:
Active Matrix Low Temperature Poly-Si TFT/OLED Full Color Displays: Development Status.
In: *SID Symposium Digest of Technical Papers* 31 (2000), S. 974–977

[51] HAMER, J.W. ; YAMAMOTO, A. ; RAJESWARAN, G. ; VAN SLYKE, S.A.:
Mass Production of Full-Color AMOLED Displays.
In: *SID Symposium Digest of Technical Papers* 36 (2005), S. 1902–1907

[52] DISPLAYSEARCH (Hrsg.):
DisplaySearch Announces 2006 OLED Display Shipments. Online-Ressource - 2007.
`http://www.displaysearch.com/press/?id=1239`

[53] DUGGAL, A.R. ; FOUST, D.F. ; NEALON, W.F. ; HELLER, C.M.:
OLEDs for lighting: new approaches.
In: *Proceedings of SPIE* 4464 (2003), S. 241–247

[54] OLLA (Hrsg.):
High Brightness OLEDs for ICT and Next Generation Lighting Applications. Online-Ressource - 2003.
`http://www.hitech-projects.com/euprojects/olla`

[55] BÜRGI, L. ; PFEIFFER, R. ; MÜCKLICH, M. ; METZLER, P. ; KIY, M. ; WINNEWISSER, C.:
Optical proximity and touch sensors based on monolithically integrated polymer photodiodes and polymer LEDs.
In: *Organic Electronics* 7 (2006), Nr. 2, S. 114–120

[56] HOFMANN, O. ; WANG, X. ; DEMELLO, J.C. ; BRADLEY, D.D.C. ; DEMELLO, A.J.:
Towards microalbuminuria determination on a disposable diagnostic microchip with integrated fluorescence detection based on thin-film organic light emitting diodes.
In: *Lab Chip* 5 (2005), Nr. 8, S. 863–868

[57] SHIN, K.S. ; KIM, Y.H. ; PAEK, K.K. ; PARK, J.H. ; YANG, E.G. ; KIM, T.S. ; KANG, J.Y. ; JU, B.K.:
Characterization of an Integrated Fluorescence-Detection Hybrid Device With Photodiode and Organic Light-Emitting Diode.
In: *IEEE Electron Device Letters* 27 (2006), Nr. 9, S. 746–748

[58] KAJII, H. ; TSUKAGAWA, T. ; TANEDA, T. ; YOSHINO, K. ; OZAKI, M. ; FUJII, A. ; HIKITA, M. ; TOMARU, S. ; IMAMURA, S. ; TAKENAKA, H. ; KOBAYASHI, J. ; YAMAMOTO, F. ; OHMORI, Y.:
Transient Properties of Organic Electroluminescent Diode Using 8-Hydroxyquinoline Aluminum Doped with Rubrene as an Electro-Optical Conversion Device for Polymeric Integrated Devices.
In: *Japanese Journal of Applied Physics* 41 (2002), S. 2746–2748

[59] OHMORI, Y. ; KAJII, H. ; KANEKO, M.:
Realization of Polymeric Optical Integrated Devices Utilizing Organic Light-Emitting Diodes and Photodetectors Fabricated on a Polymeric Waveguide.
In: *IEEE Journal of Selected Topics in Quantum Electronics* 10 (2004), Nr. 1, S. 70–78

[60] **PUNKE, M.** ; MOZER, S. ; STROISCH, M. ; BASTIAN, G. ; GERKEN, M. ; LEMMER, U.:
Organic devices for micro-optical applications.
In: *Proc. SPIE* 6185 (2007), S. 618505

[61] ARKHIPOV, V.I. ; EMELIANOVA, E.V. ; TAK, Y.H. ; BÄSSLER, H.:
Charge injection into light-emitting diodes: Theory and experiment.
In: *Journal of Applied Physics* 84 (1998), Nr. 2, S. 848–856

[62] *Kapitel* Molecular LED: Design Concept of Molecular Materials for High-Performance OLED.
In: SHINAR, J.:
Organic light-emitting devices: a survey.
New York, USA : Springer-Verlag, 2004, S. 43–69

[63] DODABALAPUR, A. ; ROTHBERG, L.J. ; JORDAN, R.H. ; MILLER, T.M. ; SLUSHER, R.E. ; PHILLIPS, J.M.:
Physics and applications of organic microcavity light emitting diodes.
In: *Journal of Applied Physics* 80 (1996), S. 6954–6964

[64] MEERHEIM, R. ; WALZER, K. ; PFEIFFER, M. ; LEO, K.:
Ultrastable and efficient red organic light emitting diodes with doped transport layers.
In: *Applied Physics Letters* 89 (2006), S. 061111

[65] GU, G. ; GARBUZOV, D.Z. ; BURROWS, P.E. ; VENKATESH, S. ; FORREST, S.R. ; THOMPSON, M.E.:
High-external-quantum-efficiency organic light-emitting devices.
In: *Opt. Lett* 22 (1997), Nr. 6, S. 396–398

[66] LU, M.-H. ; STURM, J.C.:
Optimization of external coupling and light emission in organic light-emitting devices: modeling and experiment.
In: *Journal of Applied Physics* 91 (2001), S. 595–604

[67] TSUTSUI, T. ; YAHIRO, M. ; YOKOGAWA, H. ; KAWANO, K. ; YOKOYAMA, M.:

Doubling Coupling-Out Efficiency in Organic Light-Emitting Devices Using a Thin Silica Aerogel Layer.
In: *Advanced Materials* 13 (2001), S. 1149–1152

[68] MEERHOLZ, K. ; MUELLER, D.C.:
Outsmarting Waveguide Losses in Thin-Film Light-Emitting Diodes.
In: *Advanced Functional Materials* 11 (2001), Nr. 4, S. 251–253

[69] BERGMANN, R.B.:
Crystalline Si thin-film solar cells: a review.
In: *Applied Physics A: Materials Science & Processing* 69 (1999), Nr. 2, S. 187–194

[70] BRABEC, C.J. ; SARICIFTCI, N.S. ; HUMMELEN, J.C.:
Plastic solar cells.
In: *Advanced Functional Materials* 11 (2001), Nr. 1, S. 15–26

[71] HOPPE, H. ; SARICIFTCI, N.:
Organic solar cells: An overview.
In: *Journal of Materials Research* 19 (2004), Nr. 7, S. 1924–1945

[72] KIM, Y. ; CHOULIS, S.A. ; NELSON, J. ; BRADLEY, D.D.C. ; COOK, S. ; DURRANT, J.R.:
Device annealing effect in organic solar cells with blends of regioregular poly (3-hexylthiophene) and soluble fullerene.
In: *Applied Physics Letters* 86 (2005), S. 063502

[73] LI, G. ; SHROTRIYA, V. ; HUANG, J.:
High-efficiency solution processable polymer photovoltaic cells by self-organization of polymer blends.
In: *Nature Materials* (2005), Nr. 4, S. 864–868

[74] DONG, G. ; HU, Y. ; JIANG, C. ; WANG, L. ; QIU, Y.:
Organic photocouplers consisting of organic light-emitting diodes and organic photoresistors.
In: *Applied Physics Letters* 88 (2006), S. 051110

[75] SCHILINSKY, P. ; WALDAUF, C. ; HAUCH, J. ; BRABEC, C.J.:
Polymer photovoltaic detectors: progress and recent developments.
In: *Thin Solid Films* 451 (2004), S. 105–108

[76] SARICIFTCI, N.S.:
Polymeric photovoltaic materials.
In: *Current Opinion in Solid State and Materials Science* 4 (1999), Nr. 4, S. 373–378

[77] PEUMANS, P. ; YAKIMOV, A. ; FORREST, S.R.:
Small molecular weight organic thin-film photodetectors and solar cells.
In: *Journal of Applied Physics* 93 (2003), Nr. 7, S. 3693–3723

[78] NARAYAN, K.S. ; MANOJ, A.G. ; SINGH, T.B. ; ALAGIRISWAMY, A.A.:
Novel strategies for polymer based light sensors.
In: *Thin Solid Films* 417 (2002), Nr. 1-2, S. 75–77

[79] BRABEC, C.J. ; PADINGER, F. ; HUMMELEN, J.C. ; JANSSEN, R.A.J. ; SARICIFTCI, N.S.:

Realization of Large Area Flexible Fullerene-Conjugated Polymer Photocells: A Route to Plastic Solar Cells.
In: *Synthetic Metals* 102 (1999), S. 861

[80] LAMPRECHT, B. ; THÜNAUER, R. ; OSTERMANN, M. ; G.JAKOPIC ; G.LEISING:
Organic photodiodes on newspaper.
In: *Rapid Research Letters* 202 (2005), S. R50–R52

[81] CHIKAMATSU, M. ; ICHINO, Y. ; TAKADA, N. ; YOSHIDA, M. ; KAMATA, T. ; YASE, K.:
Light up-conversion from near-infrared to blue using a photoresponsive organic light-emitting device.
In: *Applied Physics Letters* 81 (2002), Nr. 4, S. 769–771

[82] XIA, Y. ; WANG, L. ; DENG, X. ; LI, D. ; ZHU, X. ; CAO, Y.:
Photocurrent response wavelength up to 1.1 µm from photovoltaic cells based on narrow-band-gap conjugated polymer and fullerene derivative.
In: *Applied Physics Letters* 89 (2006), S. 081106

[83] PEUMANS, P. ; BULOVIC, V. ; FORREST, S.R.:
Efficient, high-bandwidth organic multilayer photodetectors.
In: *Applied Physics Letters* 76 (2000), Nr. 26, S. 3855–3857

[84] MORIMUNE, T. ; KAJII, H. ; OHMORI, Y.:
Photoresponse Properties of a High-Speed Organic Photodetector Based on Copper–Phthalocyanine Under Red Light Illumination.
In: *IEEE Photonics Technology Letters* 18 (2006), Nr. 24, S. 2662–2664

[85] KOMATSU, T. ; KANEKO, S. ; MIYANISHI, S. ; SAKANOUE, K. ; FUJITA, K. ; TSUTSUI, T.:
Photoresponse Studies of Bulk Heterojunction Organic Photodiodes.
In: *Japanese Journal of Applied Physics* 43 (2004), Nr. 11A, S. L1439–L1441

[86] KALLMANN, H. ; POPE, M.:
Photovoltaic Effect in Organic Crystals.
In: *The Journal of Chemical Physics* 30 (2004), S. 585

[87] GREGG, B.A.:
Comparing organic to inorganic photovoltaic cells: Theory, experiment, and simulation.
In: *Journal of Applied Physics* 93 (2003), Nr. 6, S. 3605

[88] VISSENBERG, M. ; MATTERS, M.:
Theory of the field-effect mobility in amorphous organic transistors.
In: *Physical Review B* 57 (1998), Nr. 20, S. 12964–12967

[89] MIHAILETCHI, V.D.:
Device Physics of Organic Bulk Heterojunction Solar Cells, Rijksuniversiteit Groningen, Niederlande, Doktorarbeit, 2005

[90] TANG, C. W.:
Two-layer organic photovoltaic cells.
In: *Applied Physics Letters* 48 (1986), Nr. 2, S. 183–185

[91] YU, G. ; ZHANG, C. ; HEEGER, A.J.:

Semiconducting polymer diodes: Large size, low cost photodetectors with excellent visible-ultraviolet sensitivity.
In: *Applied Physics Letters* 64 (1994), S. 1540

[92] YU, G. ; GAO, J. ; HUMMELEN, J.C. ; WUDL, F. ; HEEGER, A.J.:
Polymer Photovoltaic Cells: Enhanced Efficiencies via a Network of Internal Donor-Acceptor Heterojunctions.
In: *Science* 270 (1995), Nr. 5243, S. 1789–1791

[93] BRABEC, C.J. ; ZERZA, G. ; CERULLO, G. ; DE SILVESTRI, S. ; LUZZATI, S. ; HUMMELEN, J.C. ; SARICIFTCI, N.S.:
Tracing photoinduced electron transfer process in conjugated polymer/fullerene bulk heterojunctions in real time.
In: *Chemical Physics Letters* 340 (2001), S. 232–236

[94] KIM, Y. ; COOK, S. ; TULADHAR, S.M. ; CHOULIS, S.A. ; NELSON, J. ; DURRANT, J.R. ; BRADLEY, D.D.C. ; GILES, M. ; MCCULLOCH, I. ; HA, C.S. ; REE, M.:
A strong regioregularity effect in self-organizing conjugated polymer films and high-efficiency polythiophene: fullerene solar cells.
In: *Nature Materials* 5 (2006), Nr. 3, S. 197–203

[95] HOPPE, H. ; SARICIFTCI, N.S.:
Morphology of polymer/fullerene bulk heterojunction solar cells.
In: *Journal of Materials Chemistry* 16 (2006), S. 45–61

[96] JANSSEN, G. ; AGUIRRE, A. ; GOOVAERTS, E. ; VANLAEKE, P. ; POORTMANS, J. ; MANCA, J.:
Optimization of morphology of P3HT/PCBM films for organic solar cells: effects of thermal treatments and spin coating solvents.
In: *The European Physical Journal Applied Physics* 37 (2007), Nr. 3, S. 287–290

[97] HOPPE, H. ; NIGGEMANN, M. ; WINDER, C. ; KRAUT, J. ; HIESGEN, R. ; HINSCH, A. ; MEISSNER, D. ; SARICIFTCI, N.S.:
Nanoscale Morphology of Conjugated Polymer/Fullerene-Based Bulk- Heterojunction Solar Cells.
In: *Advanced Functional Materials* 14 (2004), Nr. 10, S. 1005–1011

[98] CHIRVASE, D. ; PARISI, J. ; HUMMELEN, J.C. ; DYAKONOV, V.:
Influence of nanomorphology on the photovoltaic action of polymer-fullerene composites.
In: *Nanotechnology* 15 (2004), Nr. 9, S. 1317–1323

[99] MOZER, A.J.:
Charge Transport and Recombination in Bulk Heterojunction Plastic Solar Cells, Johannes Kepler Universität Linz, Österreich, Doktorarbeit, 2004

[100] MIHAILETCHI, V.D. ; XIE, H. ; BOER, B. de ; POPESCU, L.M. ; HUMMELEN, J.C. ; BLOM, P.W.M. ; KOSTER, L.J.A.:
Origin of the enhanced performance in poly (3-hexylthiophene):[6, 6]-phenyl C-butyric acid methyl ester solar cells upon slow drying of the active layer.
In: *Applied Physics Letters* 89 (2006), S. 012107

[101] REYES-REYES, M. ; KIM, K. ; CARROLL, D.L.:

High-efficiency photovoltaic devices based on annealed poly(3-hexylthiophene) and 1-(3-methoxycarbonyl)-propyl-1-phenyl-(6,6)C blends.
In: *Applied Physics Letters* 87 (2005), S. 083506

[102] PADINGER, F. ; RITTBERGER, R.S. ; SARICIFTCI, N.S.:
Effects of Postproduction Treatment on Plastic Solar Cells.
In: *Advanced Functional Materials* 13 (2003), Nr. 1, S. 85–88

[103] BLOM, P.W.M. ; JONG, M.J.M. de ; MUNSTER, M.G. van:
Electric-field and temperature dependence of the hole mobility in poly (p-phenylene vinylene).
In: *Physical Review B* 55 (1997), Nr. 2, S. 656–659

[104] KARL, N.:
Charge carrier transport in organic semiconductors.
In: *Synthetic Metals* 133 (2003), S. 649–657

[105] MIHAILETCHI, V. D. ; XIE, H. ; BOER, B. de ; KOSTER, L. J. A. ; BLOM, P. W. M.:
Charge Transport and Photocurrent Generation in Poly(3-hexylthiophene):Methanofullerene Bulk-Heterojunction Solar Cells.
In: *Advanced Functional Materials* 16 (2006), Nr. 5, S. 699–708

[106] BLUDAU, W.:
Halbleiter-Optoelektronik.
München : Carl Hanser Verlag, 1995

[107] MAIMAN, T.H.:
Stimulated optical radiation in ruby.
In: *Nature* 187 (1960), Nr. 4736, S. 493–494

[108] SIEGMAN, A.E.:
Lasers.
Mill Valley, USA : University Science Books, 1986

[109] TRÄGER, F.:
Springer Handbook of Lasers and Optics.
New York : Springer Science+Business Media, 2007

[110] KOZLOV, V.G. ; FORREST, S.R.:
Lasing Action in Organic Semiconductor Thin Films.
In: *Current Opinion in Solid State & Materials Science* 4 (1999), S. 203–208

[111] TESSLER, N. ; PINNER, D.J. ; CLEAVE, V. ; THOMAS, D.S. ; YAHIOGLU, G. ; LE BARNY, P. ; FRIEND, R.H.:
Pulsed excitation of low-mobility light-emitting diodes: Implication for organic lasers.
In: *Applied Physics Letters* 74 (1999), S. 2764

[112] SCHERF, U. ; RIECHEL, S. ; LEMMER, U. ; MAHRT, R.F.:
Conjugated polymers: lasing and stimulated emission.
In: *Pergamon Current Opinion in Solid State and Materials Science* 5 (2001), S. 143–154

[113] SAMUEL, I.D.W. ; TURNBULL, G.A.:
Organic Semiconductor Lasers.
In: *Chemical Reviews* 107 (2007), S. 1272–1295

[114] In: REID, Gavin D. ; WYNNE, Klaas:
Ultrafast Laser Technology and Spectroscopy. Bd. Enclyclopedia of Analytical Chemistry.
Chichester, England : John Wiley and Sons Ltd., 2000, S. 13644–13670

[115] PUNKE, M. ; HOOS, F. ; KARNUTSCH, C. ; LEMMER, U. ; LINDER, N. ; STREUBEL, K.:
High-repetition-rate white-light pump-probe spectroscopy with a tapered fiber.
In: *Optics Letters* 31 (2006), Nr. 8, S. 1157–1159

[116] PUNKE, M.:
Aufbau eines Messsystems zur Femtosekundenspektroskopie, Universität Karlsruhe (TH), Lichttechnisches Institut, Diplomarbeit, 2003

[117] HOOS, F.:
Aufbau eines hochsensitiven Messsystems zur Femtosekundenspektroskopie, Universität Karlsruhe (TH), Lichttechnisches Institut, Diplomarbeit, 2004

[118] MCGEHEE, M.D. ; GUPTA, R. ; VEENSTRA, S. ; MILLER, E.K. ; DIAZ-GARCIA, M.A. ; HEEGER, A.J.:
Amplified spontaneous emission from photopumped films of a conjugated polymer.
In: *Physical Review B* 58 (1998), Nr. 11, S. 7035–7039

[119] KALLINGER, C. ; RIECHEL, S. ; HOLDERER, O. ; LEMMER, U. ; FELDMANN, J. ; BERLEB, S. ; MÜCKL, A.G. ; BRÜTTING, W.:
Picosecond amplified spontaneous emission bursts from a molecularly doped organic semiconductor.
In: *Journal of Applied Physics* 91 (2002), Nr. 10, S. 6367–6370

[120] PUNKE, M. ; MOZER, S. ; STROISCH, M. ; HEINRICH, M.P. ; LEMMER, U. ; HENZI, P. ; RABUS, D.G.:
Coupling of Organic Semiconductor Amplified Spontaneous Emission Into Polymeric Single Mode Waveguides Patterned by Deep-UV Irradiation
In: *IEEE Photonics Technology Letters* 19 (2007), Nr. 2, S. 61–63

[121] SCHÄFER, F.P.:
Dye Lasers.
Second edition.
Springer Verlag, Berlin, 1977

[122] SOFFER, B.H. ; MCFARLAND, B.B.:
Continuously tunable, narrow-band organic dye lasers.
In: *Applied Physics Letters* 10 (1967), Nr. 10, S. 266–267

[123] HIDE, F. ; DIAZ-GARCIA, M.A. ; SCHWARTZ, B.J. ; ANDERSSON, M.R. ; HEEGER, A.J.:
Semiconducting Polymers: A New Class of Solid-State Laser Materials.
In: *Science* 273 (1996), Nr. 5283, S. 1833–1836

[124] HOLZER, W. ; PENZKOFER, A. ; GONG, S.H. ; BLEYER, A. ; BRADLEY, D.D.C.:
Laser action in poly(m-phenylenevinylene-co-2,5-dioctoxy-p-phenylenevinylene).
In: *Advanced Materials* 8 (1996), Nr. 12, S. 974–978

[125] LEMMER, U. ; KALLINGER, C. ; FELDMANN, J.:
Laserlicht aus Polymeren.
In: *Physikalische Blätter* 56 (2000), Nr. 1, S. 25–30

[126] RIECHEL, S.:
Organic semiconductor lasers with two-dimensional distributed feedback, Ludwig-Maximilians-Universität München, Doktorarbeit, 2002

[127] STROISCH, M.:
Organische Halbleiterlaser auf Basis Photonischer Kristalle, Universität Karlsruhe (TH), Lichttechnisches Institut, Doktorarbeit, 2007

[128] **PUNKE, M.** ; WOGGON, T. ; STROISCH, M. ; EBENHOCH, B. ; GEYER, U. ; KAR-NUTSCH, C. ; GERKEN, M. ; LEMMER, U. ; BRUENDEL, M. ; WANG, J. ; WEIMANN, T.:
Organic semiconductor lasers as integrated light sources for optical sensor systems.
In: *Proc. SPIE* 665909 (2007)

[129] KOZLOV, V.G. ; PARTHASARATHY, G. ; BURROWS, P.E. ; KHALFIN, V.B. ; WANG, J. ; CHOU, S.Y. ; FORREST, S.R.:
Structures for Organic Diode Lasers and Optical Properties of Organic Semiconductors Under Intense Optical and Electrical Excitations.
In: *IEEE Journal of Quantum Electronics* 36 (2000), Nr. 1, S. 18–26

[130] KARNUTSCH, C. ; GÄRTNER, C. ; HAUG, V. ; LEMMER, U. ; FARRELL, T. ; NEHLS, B.S. ; SCHERF, U. ; WANG, J. ; WEIMANN, T. ; HELIOTIS, G. ; PFLUMM, C. ; deMELLO, J.C. ; BRADLEY, D.D.C.:
Low threshold blue conjugated polymer lasers with first- and second-order distributed feedback.
In: *Applied Physics Letters* 89 (2006), S. 201108

[131] KALLINGER, C.:
Nanostrukturierte optoelektronische Bauelemente aus organischen Materialien, Ludwig-Maximilians-Universität München, Doktorarbeit, 1999

[132] LEWIS, J.S. ; WEAVER, M.S.:
Thin-film permeation-barrier technology for flexible organic light-emitting devices.
In: *IEEE Journal of Selected Topics in Quantum Electronics* 10 (2004), Nr. 1, S. 45–57

[133] STROISCH, M.:
Persönliche Korrespondenz

[134] KOGELNIK, H. ; SHANK, C.V.:
Coupled-Wave Theory of Distributed Feedback Lasers.
In: *Journal of Applied Physics* 43 (1972), Nr. 5, S. 2327–2335

[135] YARIV, A. ; NAKAMURA, M.:
Periodic structures for integrated optics.
In: *IEEE Journal of Quantum Electronics* 13 (1977), Nr. 4, S. 233–253

[136] YABLONOVITCH, E.:
Photonic band-gap structures.
In: *Journal of the Optical Society of America B* 10 (1993), Nr. 2, S. 283

[137] FORBERICH, K.:
Organische Photonische-Kristall-Laser, Albert-Ludwigs-Universität Freiburg, Doktorarbeit, 2005

[138] WOGGON, T.:
Lasertätigkeit in organischen Photonischen Kristallen mit Defektmoden, Universität Karlsruhe (TH), Lichttechnisches Institut, Diplomarbeit, 2006

[139] GÄRTNER, C. ; KARNUTSCH, C. ; LEMMER, U. ; PFLUMM, C.:
The influence of annihilation processes on the threshold current density of organic laser diodes.
In: *Journal of Applied Physics* 101 (2007), S. 023107

[140] GÄRTNER, C. ; KARNUTSCH, C. ; LEMMER, U.:
Numerical Device Simulation of Double Heterostructure Organic Laser Diodes Including Current Induced Absorption Processes.
In: *IEEE Journal of Quantum Electronics* (2007)

[141] RABE, T. ; GERLACH, K. ; RIEDL, T. ; JOHANNES, H.-H. ; KOWALSKY, W. ; NIEDERHOFER, J. ; GRIES, W. ; WANG, J. ; WEIMANN, T. ; HINZE, P. ; GALBRECHT, F. ; SCHERF, U.:
Quasi-continuous-wave operation of an organic thin-film distributed feedback laser.
In: *Applied Physics Letters* 89 (2006), S. 081115

[142] BORNEMANN, R. ; LEMMER, U. ; THIEL, E.:
Continuous-wave solid-state dye laser.
In: *Optics Letters* 31 (2006), Nr. 11, S. 1669 – 1671

[143] KARNUTSCH, C. ; HAUG, V. ; GAERTNER, C. ; LEMMER, U. ; FARRELL, T. ; NEHLS, B. ; SCHERF, U. ; WANG, J. ; WEIMANN, T. ; HELIOTIS, G. ; PFLUMM, C. ; deMELLO, J.C. ; BRADLEY, D.D.C.:
Low threshold blue conjugated polymer DFB lasers.
In: *Conference on Lasers and Electro-optics (CLEO), USA* CFJ3 (2006)

[144] RIEDL, T. ; RABE, T. ; JOHANNES, H.H. ; KOWALSKY, W. ; WANG, J. ; WEIMANN, T. ; HINZE, P. ; NEHLS, B. ; FARRELL, T. ; SCHERF, U.:
Tunable organic thin-film laser pumped by an inorganic violet diode laser.
In: *Applied Physics Letters* 88 (2006), S. 241116

[145] VASDEKIS, A.E. ; TSIMINIS, G. ; RIBIERRE, J.C. ; O'FAOLAIN, L. ; KRAUSS, T.F. ; TURNBULL, G.A. ; SAMUEL, I.D.W.:
Diode pumped distributed Bragg reflector lasers based on a dye-to-polymer energy transfer blend.
In: *Optics Express* 14 (2006), Nr. 20, S. 9211–9216

[146] KARNUTSCH, C. ; STROISCH, M. ; **PUNKE, M.** ; LEMMER, U. ; WANG, J. ; WEIMANN, T.:
Laser Diode-Pumped Organic Semiconductor Lasers Utilizing Two-Dimensional Photonic Crystal Resonators.
In: *IEEE Photonics Technology Letters* 19 (2007), Nr. 10, S. 741–743

[147] VELDKAMP, W.B.:
Overview of micro-optics: past, present, and future.

In: *Proc. SPIE* 1544 (1991), S. 287–299

[148] ONG, N.S. ; KOH, Y.H. ; FU, Y.Q.:
Microlens array produced using hot embossing process.
In: *Microelectronic Engineering* 60 (2002), Nr. 3-4, S. 365–379

[149] BRAEUER, A. ; DANNBERG, P. ; ZEITNER, U. ; MANN, G. ; KARTHE, W.:
Application oriented complex polymer microoptics.
In: *Microsystem Technologies* 9 (2003), Nr. 5, S. 304–307

[150] DUPARRÉ, J. ; DANNBERG, P. ; SCHREIBER, P. ; BRÄUER, A. ; TÜNNERMANN, A.:
Artificial Apposition Compound Eye Fabricated by Micro-Optics Technology.
In: *Applied Optics* 43 (2004), Nr. 22, S. 4303–4310

[151] KRESS, B. ; MEYRUEIS, P.:
Digital Diffractive Optics: An Introduction to Planar Diffractive Optics and Related Technology.
Weinheim : Wiley-VCH, 2000

[152] HERZIG, H.P.:
Micro-Optics: Elements, systems ans applications.
London, England : Taylor & Francis Ltd., 1997

[153] K.J.EBELING:
Integrierte Optoelektronik.
Berlin : Springer-Verlag

[154] HUNSPERGER, R.G.:
Integrated Optics: Theory and Technology.
Berlin : Springer-Verlag, 1984

[155] Microresist:
ORMOCOMP.
2003. –
Technical data sheet

[156] BUESTRICH, R. ; KAHLENBERG, F. ; POPALL, M. ; DANNBERG, P. ; MÜLLER-FIEDLER, R. ; RÖSCH, O.:
ORMOCERs for Optical Interconnection Technology.
In: *Journal of Sol-Gel Science and Technology* 20 (2001), Nr. 2, S. 181–186

[157] NILSSON, D.:
Polymer based miniaturized dye lasers for Lab-on-a-chip systems, Technical University of Denmark (DTU), Department of Micro and Nanotechnology, Doktorarbeit, 2005

[158] CHOLLET, F. (Hrsg.):
SU-8: Thick Photo-Resist for MEMS. Online-Ressource - 2007.
http://memscyclopedia.org/su8.html

[159] SCHNEIDER, G.J. ; MURAKOWSKI, J. ; VENKATARAMAN, S. ; PRATHER, D.W.:
Combination lithography for photonic-crystal circuits.
In: *Journal of Vacuum Science Technology* 22 (2004), Nr. 1, S. 146–151

[160] RIECHEL, S. ; LEMMER, U. ; FELDMANN, J. ; BERLEB, S. ; MÜCKL, A.G. ; BRÜTTING, W. ; GOMBERT, A. ; WITTWER, V.:

Very compact tunable solid-state laser utilizing a thin-film organic semiconductor.
In: *Optics Letters* 26 (2001), S. 593–595

[161] MITEVA, T. ; MEISEL, A. ; KNOLL, W. ; NOTHOFER, H.G. ; SCHERF, U. ; MÜLLER, D.C. ; MEERHOLZ, K. ; YASUDA, A. ; NEHER, D.:
Improving the Performance of Polyfluorene-Based Organic Light-Emitting Diodes via End-capping.
In: *Science* 13 (2001), Nr. 8, S. 565–570

[162] *Kapitel* Polyfluorene Electroluminescence.
In: SHINAR, J.:
Organic light-emitting devices: a survey.
New York, USA : Springer-Verlag, 2004, S. 266–301

[163] MUELLER, C.D. ; FALCOU, A. ; RECKEFUSS, N. ; ROJAHN, M. ; WIEDERHIRN, V. ; RUDATI, P. ; FROHNE, H. ; NUYKEN, O. ; BECKER, H. ; MEERHOLZ, K.:
Multi-colour organic light-emitting displays by solution processing.
In: *Nature* 421 (2003), Nr. 6925, S. 829–833

[164] WU, G. ; YANG, C. ; FAN, B. ; ZHANG, B. ; CHEN, X. ; LI, Y.:
Synthesis and characterization of photo-crosslinkable polyfluorene with acrylate side-chains.
In: *Journal of Applied Polymer Science* 100 (2006), Nr. 3, S. 2336–2342

[165] SIRRINGHAUS, H. ; TESSLER, N. ; FRIEND, R.H.:
Integrated Optoelectronic Devices Based on Conjugated Polymers.
In: *Science* 280 (1998), Nr. 5370, S. 1741–1744

[166] *Die Bilder wurden freundlicherweise von Dietmar Kohler zur Verfügung gestellt.*

[167] VIG, J.R.:
UV/ozone cleaning of surfaces.
In: *Journal of Vacuum Science and Technology* (1985), Nr. 3, S. 1027–1034

[168] WU, C.C. ; WU, C.I. ; STURM, J.C. ; AHN, A.K:
Surface modification of indium tin-oxide by plasma treatment.
In: *Applied Physics Letters* 70 (1997), S. 1348–1350

[169] KIM, H. ; LEE, J. ; PARK, C. ; PARK, Y.:
Surface Characterization of O2-Plasma-Treated Indium-Tin-Oxide (ITO) Anodes for Organic Light-Emitting-Device Applications.
In: *Journal of the Korean Physical Society* 41 (2002), Nr. 3, S. 395–399

[170] FALKENSTEIN, Z.:
Surface cleaning mechanisms utilizing VUV radiation in oxygen containing gaseous environments.
In: *Proc. SPIE* 4440 (2001), S. 246–255

[171] VALOUCH, S.:
Entwicklung und Optimierung schneller Photoempfänger aus halbleitenden Polymeren,
Universität Karlsruhe (TH), Lichttechnisches Institut, Studienarbeit, 2007

[172] CHEN, S.:

Work-function changes of treated indium-tin-oxide films for organic light-emitting diodes investigated using scanning surface-potential microscopy.
In: *Journal of Applied Physics* 97 (2005), Nr. 073713

[173] HUNG, L.S. ; ZHANG, R.Q. ; HE, P. ; MASON, G.:
Contact formation of LiF/Al cathodes in Alq-based organic light-emitting diodes.
In: *Journal of Physics D: Applied Physics* 35 (2002), Nr. 2, S. 103–107

[174] JUNGE, J.:
Organische Tandemsolarzellen, Universität Karlsruhe (TH), Lichttechnisches Institut, Diplomarbeit, 2006

[175] BHUSHAN, B.:
Handbook of Nanotechnology.
Berlin : Springer Verlag, 2001

[176] LAUTERBACH, S.:
Hochanregung von organischen Leuchtdioden, Universität Karlsruhe (TH), Lichttechnisches Institut, Diplomarbeit, 2004

[177] BOROUMAND, F.A. ; FRY, P.W. ; LIDZEY, D.G.:
Nanoscale Conjugated-Polymer Light-Emitting Diodes.
In: *Nano Letters* 5 (2005), Nr. 1, S. 67–71

[178] LI, W. ; JONES, R.A. ; ALLEN, S.C. ; HEIKENFELD, J.C. ; STECKL, A.J.:
Maximizing Alq_3 OLED Internal and External Efficiencies: Charge Balanced Device Structure and Color Conversion Outcoupling Lenses.
In: *Journal of Display Technology* 2 (2006), Nr. 2, S. 143–151

[179] SILVA, V.M. ; PEREIRA, L.:
The nature of the electrical conduction and light emitting efficiency in organic semiconductors layers: The case of (m-MTDATA)-(NPB)-Alq_3 OLED.
In: *Journal of Non-Crystalline Solids* 352 (2006), Nr. 50-51, S. 5429–5436

[180] *Kapitel* Charge-transporting and Charge-blocking Amorphous molecular Materials for Organic Light-emitting Diodes.
In: MÜLLEN, K. ; SCHERF, U.:
Organic Light-Emitting Devices.
Weinheim : Wiley-VCH, 2006

[181] SHIROTA, Y. ; NOMURA, S. ; KAGEYAMA, H.:
Charge transport in amorphous molecular materials.
In: *Proc. SPIE* 3476-24 (1998), S. 132–141

[182] PINNER, D.J. ; FRIEND, R.H. ; TESSLER, N.:
Transient electroluminescence of polymer light emitting diodes using electrical pulses.
In: *Journal of Applied Physics* 86 (1999), Nr. 9, S. 5116–5130

[183] BARTH, S. ; MÜLLER, P. ; RIEL, H. ; SEIDLER, P. F. ; RIESS, W. ; VESTWEBER, H. ; BÄSSLER, H.:
Electron mobility in tris (8-hydroxy-quinoline) aluminum thin films determined via transient electroluminescence from single- and multilayer organic light-emitting diodes.
In: *Journal of Applied Physics* 89 (2001), Nr. 7, S. 3711–3719

[184] WANG, J. ; SUN, R.G. ; YU, G. ; HEEGER, A.J.:
Fast pulsed electroluminescence from polymer light-emitting diodes.
In: *Journal of Applied Physics* 91 (2002), S. 2417–2422

[185] KALINOWSKI, J. ; CAMAIONI, N. ; DI MARCO, P. ; FATTORI, V. ; MARTELLI, A.:
Kinetics of charge carrier recombination in organic light-emitting diodes.
In: *Applied Physics Letters* 72 (1998), S. 513–515

[186] MU, H. ; KLOTZKIN, D.:
Measurement of Electron Mobility in Alq3 from Optical Modulation Measurements in
Multilayer Organic Light Emitting Diodes.
In: *Journal of Display Technology* 2 (2006), Nr. 4, S. 341–346

[187] BRAUN, D. ; MOSES, D. ; ZHANG, C. ; HEEGER, A.J:
Nanosecond transient electroluminescence from polymer light-emitting diodes.
In: *Applied Physics Letters* 61 (1992), Nr. 26, S. 3092–3094

[188] SAVVATEEV, V. ; YAKIMOV, A. ; DAVIDOV, D.:
Transient Electroluminescence from Poly (phenylenevinylene)-Based Devices.
In: *Advanced Materials* 11 (1999), Nr. 7, S. 519–531

[189] RUHSTALLER, B. ; CARTER, S. A. ; BARTH, S. ; RIEL, H. ; RIESS, W. ; SCOTT, J. C.:
Transient and steady-state behavior of space charges in multilayer organic light-emitting
diodes.
In: *Journal of Applied Physics* 89 (2001), Nr. 8, S. 4575–4586

[190] PINGREE, L.S.C. ; RUSSELL, M.T. ; MARKS, T.J. ; HERSAM, M.C.:
Field dependent negative capacitance in small-molecule organic light-emitting diodes.
In: *Journal of Applied Physics* 100 (2006), S. 044502

[191] HOSOKAWA, C. ; TOKAILIN, H. ; HIGASHI, H. ; KUSUMOTO, T.:
Transient behavior of organic thin film electroluminescence.
In: *Applied Physics Letters* 60 (1992), Nr. 10, S. 1220–1222

[192] PINNER, D.J. ; FRIEND, R.H. ; TESSLER, N.:
Analysis of the turn-off dynamics in polymer light-emitting diodes.
In: *Applied Physics Letters* 76 (2000), Nr. 9, S. 1137–1139

[193] ISYS RF:
DEIC420: 20 Ampere Low-Side Ultrafast RF MOSFET Driver.
2001. –
Technische Dokumentation

[194] Ingun Prüfmittelbau GmbH:
Kontaktstifte.
2001. –
Katalog 2005/2006 (Seite 67)

[195] WALDAUF, C. ; SCHARBER, M.C. ; SCHILINSKY, P. ; HAUCH, J.A. ; BRABEC, C.J.:
Physics of organic bulk heterojunction devices for photovoltaic applications.
In: *Journal of Applied Physics* 99 (2006), S. 104503

[196] SCHILINSKY, P. ; WALDAUF, C. ; HAUCH, J. ; BRABEC, C.J.:
Simulation of light intensity dependent current characteristics of polymer solar cells.
In: *Journal of Applied Physics* 95 (2004), S. 2816

[197] MONESTIER, F. ; SIMON, J.J. ; TORCHIO, P. ; ESCOUBAS, L. ; FLORY, F. ; BAILLY, S.
      ; BETTIGNIES, R. de ; GUILLEREZ, S. ; DEFRANOUX, C.:
      Modeling the short-circuit current density of polymer solar cells based on P3HT:PCBM
      blend.
      In: *Solar energy materials and solar cells* 91 (2007), Nr. 5, S. 405–410

[198] SCHILINSKY, P. ; WALDAUF, C. ; BRABEC, C.J.:
      Recombination and loss analysis in polythiophene based bulk heterojunction photodetec-
      tors.
      In: *Applied Physics Letters* 81 (2002), Nr. 20, S. 3885–3887

[199] XUE, J. ; UCHIDA, S. ; RAND, B.P. ; FORREST, S.R.:
      4.2% efficient organic photovoltaic cells with low series resistances.
      In: *Applied Physics Letters* 84 (2004), Nr. 16, S. 3013–3015

[200] GLATTHAAR, M.:
      *Zur Funktionsweise organischer Solarzellen auf der Basis interpenetrierender
      Donator/Akzeptor-Netzwerke*, Albert-Ludwigs-Universität Freiburg, Doktorarbeit,
      2007

[201] KAWANISHI, S. ; TAKADA, A. ; SARUWATARI, M.:
      Wideband frequency-response measurement of optical receivers using optical heterodyne
      detection.
      In: *Journal of Lightwave Technology* 7 (1989), Nr. 1, S. 92–98

[202] HAWKINS II, R.T. ; JONES, M.D. ; PEPPER, S.H. ; GOLL, J.H.:
      Comparison of fast photodetector response measurements by opticalheterodyne and pul-
      se response techniques.
      In: *Journal of Lightwave Technology* 9 (1991), Nr. 10, S. 1289–1294

[203] EICHEN, E. ; SCHLAFER, J. ; RIDEOUT, W. ; MCCABE, J.:
      Wide-bandwidth receiver photodetector frequency response measurements using ampli-
      fied spontaneous emission from a semiconductor optical amplifier.
      In: *Journal of Lightwave Technology* 8 (1990), Nr. 6, S. 912–916

[204] GRAU, G. ; FREUDE, W.:
      Optische Nachrichtentechnik: Eine Einführung.
      Berlin : Springer-Verlag, 1991

[205] HAWKINS II, R.T. ; JONES, M.D. ; PEPPER, S.H. ; GOLL, J.H. ; RAVEL, M.R.:
      Vector characterization of photodetectors, photoreceivers, and optical pulse sources by
      time-domain pulse response measurements.
      In: *IEEE Transactions on Instrumentation and Measurement* 41 (1992), Nr. 4, S. 467–
      475

[206] New Focus:
      Insights into High-Speed Detectors and High-Frequency Techniques.
      1991. –
      Application Note 1

[207] PFLUMM, C. ; KARNUTSCH, C. ; GERKEN, M. ; LEMMER, U.:
      Parametric study of modal gain and threshold power density in electrically pumped
      single-layer organic optical amplifier and laser diode structures.

In: *IEEE Journal of Quantum Electronics* 41 (2005), Nr. 3, S. 316–336

[208] CHRIST, N.:
(unveröffentlicht), Universität Karlsruhe (TH), Lichttechnisches Institut, Diplomarbeit, 2008

[209] Präzisions Glas & Optik GmbH:
Technische Gläser & Optische Beschichtungen.
2007. –
Katalog

[210] KIM, H. ; GILMORE, C.M. ; PIQUÉ, A. ; HORWITZ, J.S. ; MATTOUSSI, H. ; MURATA, H. ; KAFAFI, Z.H. ; CHRISEY, D.B.:
Electrical, optical, and structural properties of indium–tin–oxide thin films for organic light-emitting devices.
In: *Journal of Applied Physics* 86 (1999), Nr. 11, S. 6451–6461

[211] MOULÉ, A.J. ; MEERHOLZ, K.:
Interference method for the determination of the complex refractive index of thin polymer layers.
In: *Applied Physics Letters* 91 (2007), S. 061901

[212] GERKEN, M. ; MILLER, D.A.B.:
Multilayer thin-film structures with high spatial dispersion.
In: *Applied Optics* 42 (2003), Nr. 7, S. 1330–1345

[213] STOLZE, A.:
Breitbandige messtechnische Charakterisierung und Modellierung von Sperrschicht-photodioden für den gezielten rechnergestützten Entwurf von optoelektronischen Breitbanddetektoren, Universität Kassel, Doktorarbeit, 1996

[214] DENNLER, G. ; MOZER, A.J. ; JUŠKA, G. ; PIVRIKAS, A. ; ÖSTERBACKA, R. ; FUCHS-BAUER, A. ; SARICIFTCI, N.S.:
Charge carrier mobility and lifetime versus composition of conjugated polymer/fullerene bulk-heterojunction solar cells.
In: *Organic Electronics* 7 (2006), Nr. 4, S. 229–234

[215] MIHAILETCHI, V.D. ; XIE, H. ; BOER, B. de ; KOSTER, L.J.A. ; BLOM, P.W.M.:
Charge transport and photocurrent generation in poly (3-hexylthiophene): Methanofullerene bulk-heterojunction solar cells.
In: *Advanced functional materials(Print)* 16 (2006), Nr. 5, S. 699–708

[216] MILLER, D.A.B.:
Physical reasons for optical interconnection.
In: *International Journal of Optoelectronics* 11 (1997), Nr. 3, S. 155–168

[217] BERGER, C. ; KOSSEL, M.A. ; MENOLFI, C. ; MORF, T. ; TOIFL, T. ; SCHMATZ, M.L.:
High-density optical interconnects within large-scale systems.
In: *Proc. SPIE* 4942 (2003), S. 222–235

[218] CHO, H. ; KAPUR, P. ; SARASWAT, K.C.:
Power comparison between high-speed electrical and optical interconnects for interchip communication.
In: *Journal of Lightwave Technology* 22 (2004), Nr. 9, S. 2021–2033

[219] KIBLER, T. ; POFERL, S. ; BOCK, G. ; HUBER, H.P. ; ZEEB, E.:
Optical data buses for automotive applications.
In: *Journal of Lightwave Technology* 22 (2004), Nr. 9, S. 2184–2199

[220] HULTZSCH, H.:
Optische Telekommunikationssysteme.
Gelsenkirchen : Damm-Verlag, 1996

[221] WEINERT, A.:
Plastic optical fibers.
Erlangen : Publicis MCD Verlag, 1999

[222] STROBEL, O.:
Lichtwellenleiter-Übertragungs- und Sensortechnik.
Berlin : VDE-Verlag, 2002

[223] WITTMANN, B. ; JOHNCK, M. ; NEYER, A. ; MEDERER, F. ; KING, R. ; MICHALZIK,
R.:
POF-based interconnects for intracomputer applications.
In: *IEEE Journal of Selected Topics in Quantum Electronics* 5 (1999), Nr. 5, S. 1243–
1248

[224] EBELING, K.J.:
Integrierte Optik.
Berlin : Springer Verlag, 1992

[225] SAKAMOTO, T. ; TSUDA, H. ; HIKITA, M. ; KAGAWA, T. ; TATENO, K. ; AMANO, C.:
Optical interconnection using VCSELs and polymeric waveguide circuits.
In: *Journal of Lightwave Technology* 18 (2000), Nr. 11, S. 1487–1492

[226] CHOI, C. ; LIN, L. ; LIU, Y. ; CHOI, J. ; WANG, L. ; HAAS, D. ; MAGERA, J. ; CHEN,
R.T.:
Flexible Optical Waveguide Film Fabrications and Optoelectronic Devices Integration
for Fully Embedded Board-Level Optical Interconnects.
In: *Journal of Lightwave Technology* 22 (2004), Nr. 9, S. 2168–2176

[227] DICKINSON, A. ; PRISE, M.:
Free-space optical interconnection scheme.
In: *Applied Optics* 29 (1990), S. 2001–2005

[228] CHO, S.Y. ; SEO, S.W. ; BROOKE, M.A. ; JOKERST, N.M.:
Integrated detectors for embedded optical interconnections on electrical boards, modules,
and integrated circuits.
In: *IEEE Journal of Selected Topics in Quantum Electronics* 8 (2002), Nr. 6, S. 1427–
1434

[229] LEUTHOLD, J. ; RAYBON, G. ; SU, Y. ; ESSIAMBRE, R. ; CABOT, S. ; JAQUES, J. ;
KAUER, M.:
40 Gbit/s transmission and cascaded all-optical wavelength conversion over 1000000 km.
In: *Electronics Letters* 38 (2002), Nr. 16, S. 890–892

[230] GNAUCK, A.H. ; RAYBON, G. ; BERNASCONI, P.G. ; LEUTHOLD, J. ; DOERR, C.R. ;
STULZ, L.W.:

1-Tb/s (6/spl times/170.6 Gb/s) transmission over 2000-km NZDF using OTDM and RZ-DPSK format.
In: *IEEE Photonics Technology Letters* 15 (2003), Nr. 11, S. 1618–1620

[231] WEBER, H. G. ; FERBER, S. ; KROH, M. ; SCHMIDT-LANGHORST, C. ; LUDWIG, R. ; MAREMBERT, V. ; BOERNER, C. ; FUTAMI, F. ; WATANABE, S. ; SCHUBERT, C.:
Single channel 1.28 Tbit/s and 2.56 Tbit/s DQPSK transmission.
In: *Electronics Letters* 42 (2006), Nr. 3, S. 178–179

[232] WROBEL, C.:
Optische Übertragungstechnik in industriellen Praxis.
Heidelberg : Hüthig Buch Verlag, 1994

[233] THIEL, C. ; KÖNIG, R.:
Media oriented systems transport (MOST) standard for multi-media networking in vehicle environment.
In: *VDI Berichte* 1415 (1998), S. 819–834

[234] WITTMANN, B.:
Optische Kurzstreckenverbindungen auf der Basis polymeroptischer Komponenten, Universität Dortmund, Doktorarbeit, 2004

[235] BENDER, K.:
PROFIBUS: Der Feldbus für die Automation.
1990

[236] IEC (Hrsg.):
International standard IEC 60958-3. Online-Ressource - 2006.
`http://www.iec.ch`

[237] MATSUSHITA, Y. ; NAKA, S. ; OKADA, H. ; ONNAGAWA, H.:
Build-on Technology of Bidirectional Optical Communication System Using Bifunctional Organic Diodes.
In: *Japanese Journal of Applied Physics* 46 (2007), Nr. 4B, S. 2669–2672

[238] OHMORI, Y. ; HIKITA, M. ; KAJII, H. ; TSUKAGAWA, T. ; YOSHINO, K. ; OZAKI, M. ; FUJII, A. ; TOMARU, S. ; IMAMURA, S. ; TAKENAKA, H. ; KOBAYASHID, J. ; YAMAMOTOD, F.:
Organic electroluminescent diodes as a light source for polymeric waveguides: toward organic integrated optical devices.
In: *Thin Solid Films* 393 (2001), Nr. 1-2, S. 267–272

[239] KAJII, H. ; TSUKAGAWA, T. ; TANEDA, T. ; OHMORI, Y.:
Blue organic light-emitting diode as the electro-optical conversion device for high-speed switching applications.
In: *Journal of Physics D: Applied Physics* 35 (2002), Nr. 12, S. 1334–1337

[240] LIN, Y.Y. ; CHENG, C. ; LIAO, H.H. ; HORNG, S.F. ; MENG, H.F. ; HSU, C.S.:
Integration of polymer light-emitting diode and polymer waveguide on Si substrate.
In: *Applied Physics Letters* 89 (2006), S. 063501

[241] MORIMUNE, T. ; KAJII, H. ; OHMORI, Y.:
Frequency Response Properties of Organic Photo-Detectors as Opto-Electrical Conversion Devices.

In: *IEEE Journal of Display Technology* 2 (2006), Nr. 2, S. 170–174

[242] **PUNKE, M.** ; VALOUCH, S. ; KETTLITZ, S.W. ; CHRIST, N. ; GÄRTNER, C. ; GERKEN, M. ; LEMMER, U.:
Dynamic characterization of organic bulk heterojunction photodetectors.
In: *Applied Physics Letters* 91 (2007), S. 071118

[243] YAO, Y. ; CHEN, H.Y. ; HUANG, J. ; YANG, Y.:
Low voltage and fast speed all-polymeric optocouplers.
In: *Applied Physics Letters* 90 (2007), S. 053509

[244] XUE, J. ; FORREST, S.R.:
An organic optical bistable switch.
In: *Electron Devices Meeting, 2002. IEDM'02. Digest. International* (2002), S. 913–915

[245] KIM, H.H. ; SWARTZ, R.G. ; OTA, Y. ; WOODWARD, T.K. ; FEUER, M.D. ; WILSON, W.L.:
Prospects for silicon monolithic opto-electronics with polymer light emitting diodes.
In: *Journal of Lightwave Technology* 12 (1994), Nr. 12, S. 2114–2121

[246] MOZER, S.:
Ankopplung organischer Bauelemente an optische Mikrostrukturen, Universität Karlsruhe (TH), Lichttechnisches Institut, Diplomarbeit, 2006

[247] EPANORAMA.NET (Hrsg.):
SPDIF. Online-Ressource - 2007.
http://www.epanorama.net/documents/audio/spdif.html

[248] TOSHIBA (Hrsg.):
TOSLINK. Online-Ressource - 2007.
http://www.toshiba.com

[249] DAUM, W. ; KRAUSER, J. ; ZAMZOV, P.E. ; ZIEMANN, O.:
POF polymer optical fibers for data communication.
Berlin : Springer-Verlag, 2002

[250] YONEMURA, M. ; KAWASAKI, A. ; KATO, S. ; KAGAMI, M. ; INUI, Y.:
Polymer waveguide module for visible wavelength division multiplexing plastic optical fiber communication.
In: *Optics Letters* 30 (2005), Nr. 17, S. 2206–2208

[251] YONEMURA, M. ; KAWASAKI, A. ; KAGAMI, M. ; ITO, H. ; TERADA, K. ; INUI, Y. ; SATO, K. ; HOSOTANI, I.:
250 Mbit/s Bi-directional Single Plastic Optical Fiber Communication System.
In: *R&D Rev. of Toyota CRDL* 40 (2005), Nr. 2, S. 18

[252] *Die Bilder wurden freundlicherweise von Marc Stroisch zur Verfügung gestellt.*

[253] KAVC, T. ; LANGER, G. ; KERN, W. ; KRANZELBINDER, G. ; TOUSSAERE, E. ; TURNBULL, G.A. ; SAMUEL, I.D.W. ; ISKRA, K.F. ; NEGER, T. ; POGANTSCH, A.:
Index and relief gratings in polymer films for organic distributed feedback lasers.
In: *Chem. Mat* 14 (2002), S. 4178–4185

[254] LAWRENCE, J.R. ; ANDREW, P. ; BARNES, W.L. ; BUCK, M. ; TUMBULL, G.A. ; SAMUEL, I.D.W.:

Optical properties of a light-emitting polymer directly patterned by soft lithography.
In: *Applied Physics Letters* 81 (2002), Nr. 11, S. 1955–1958

[255] PISIGNANO, D. ; PERSANO, L. ; VISCONTI, P. ; CINGOLANI, R. ; GIGLI, G. ; BARBA-
RELLA, G. ; FAVARETTO, L.:
Oligomer-based organic distributed feedback lasers by room-temperature nanoimprint
lithography.
In: *Applied Physics Letters* 83 (2003), S. 2545

[256] STROISCH, M. ; WOGGON, T. ; LEMMER, U. ; BASTIAN, G. ; VIOLAKIS, G. ; PISSA-
DAKIS, S.:
Organic semiconductor distributed feedback laser fabricated by direct laser interference
ablation.
In: *Optics Express* 15 (2007), Nr. 7, S. 3968–3973

[257] EBENHOCH, B.:
*Interferenzlithografisch erzeugte Photonische-Kristall-Resonatoren für organische Halb-
leiterlaser*, Universität Karlsruhe (TH), Lichttechnisches Institut, Diplomarbeit, 2007

[258] MARRIAN, C.R.K. ; TENNANT, D.M.:
Nanofabrication.
In: *Journal of Vacuum Science & Technology A: Vacuum, Surfaces, and Films* 21 (2003),
S. S207–S215

[259] GATES, B.D. ; XU, Q. ; STEWART, M. ; RYAN, D. ; WILLSON, C.G. ; WHITESIDES,
G.M.:
New approaches to nanofabrication: molding, printing, and other techniques.
In: *Chemical Reviews* 105 (2005), Nr. 4, S. 1171–1196

[260] BUCKNALL, D.G.:
Nanolithography and patterning techniques in microelectronics.
Cambridge, England : Woodhead Publishing, 2005

[261] WINKLER, H. ; BAUER, J. ; SCHNEIDER, R. ; HECKMEIER, M.:
Der Natur auf der Spur: einzigartige Farbanmutungen auf Basis Photonischer Kristalle
mit Opalstruktur.
In: *Vakuum in Forschung und Praxis* 18 (2006), Nr. 1, S. 20

[262] HECKELE, M. ; SCHOMBURG, W.K.:
Review on micro molding of thermoplastic polymers.
In: *Journal of Micromechanics and Microenerneering* 14 (2004), S. R1–R14

[263] SUZUKI, K. ; TAKAHASHI, K. ; SEIDA, Y. ; SHIMIZU, K.:
A Continuously Tunable Organic Solid-State Laser Based on a Flexible Distributed-
Feedback Resonator.
In: *Japanese Journal of Applied Physics* 42 (2003), S. 249–251

[264] BERGGREN, M. ; DODABALAPUR, A. ; SLUSHER, R.E.:
Organic solid-state lasers with imprinted gratings on plastic substrates.
In: *Applied Physics Letters* 72 (1998), Nr. 4, S. 410–411

[265] ROGERS, J.A. ; MEIER, M. ; DODABALAPUR, A.:
Using printing and molding techniques to produce distributed feedback and Bragg reflector resonators for plastic lasers.

In: *Applied Physics Letters* 73 (1998), S. 1766

[266] MEIER, M. ; DODABALAPUR, A. ; ROGERS, J. A. ; SLUSHER, R. E. ; MEKIS, A. ; TIMKO, A.:
Emission characteristics of two-dimensional organic photonic crystal lasers fabricated by replica molding.
In: *Journal of Applied Physics* 86 (1999), Nr. 7, S. 3502–3507

[267] ROGERS, J.A. ; MEIER, M. ; DODABALAPUR, A. ; LASKOWSKI, E.J. ; CAPPUZZO, M.A.:
Distributed feedback ridge waveguide lasers fabricated by nanoscale printing and molding on nonplanar substrates.
In: *Applied Physics Letters* 74 (1999), Nr. 22, S. 3257– 3259

[268] SCHWARZ, M.:
Integration von polymeren Wellenleitern und organischen Lichtquellen, Forschungszentrum Karlsruhe, Institut für Mikrostrukturtechnik, Praktikumsbericht, 2007

[269] BRÜNDEL, M.:
Herstellung photonischer Komponenten durch Heißprägen und UV-induzierte Brechzahlmodifikation von PMMA, Forschungszentrum Karlsruhe, Institut für Mikrostrukturtechnik, Doktorarbeit, 2008

[270] Heidelberg Instruments Mikrotechnik GmbH:
DWL 4000.
2007. –
Technische Dokumentation

[271] SUN, H.B. ; KAWAKAMI, T. ; XU, Y. ; YE, J.-Y. ; MATUSO, S. ; MISAWA, H. ; MIWA, M. ; KANEKO, R.:
Real three-dimensional microstructures fabricated by photopolymerization of resins through two-photon absorption.
In: *Optical Letters* 25 (2000), Nr. 5, S. 1110–1112

[272] KAWATA, S. ; SUN, H.B. ; TANAKA, T. ; TAKADA, K.:
Finer features for functional microdevices.
In: *Nature* 412 (2001), Nr. 6848, S. 697–698

[273] ZHOU, W. ; KUEBLER, S.M. ; BRAUN, K.L. ; YU, T. ; CAMMACK, J.K. ; OBER, C.K. ; PERRY, J.W. ; MARDER, S.R.:
An Efficient Two-Photon-Generated Photoacid Applied to Positive-Tone 3D Microfabrication.
In: *Science* 296 (2002), Nr. 5570, S. 1106–1109

[274] DEUBEL, M. ; FREYMANN, G. von ; WEGENER, M. ; PEREIRA, S. ; BUSCH, K. ; SOUKOULIS, C.M.:
Direct laser writing of three-dimensional photonic-crystal templates for telecommunications.
In: *Nature Materials* 3 (2004), Nr. 7, S. 444–447

[275] LI, L. ; FOURKAS, J.T.:
Multiphoton polymerization.
In: *Materials Today* 10 (2007), Nr. 6, S. 30–37

[276] *Kapitel* Three dimensional material processing with femtosecond lasers.
In: PHIPPS, C.R.:
Laser ablation and its applications.
Berlin : Springer-Verlag, 2006, S. 121–156

[277] SUN, H.B. ; MAEDA, M. ; TAKADA, K. ; CHON, J.W.M. ; GU, M. ; KAWATA, S.:
Experimental investigation of single voxels for laser nanofabrication via two-photon photopolymerization.
In: *Applied Physics Letters* 83 (2003), S. 819

[278] KLEINER, T.:
Einsatz der direkten Laserlithographie zur Realisierung optischer Mikro- und Nanostrukturen für die Biosensorik, Universität Karlsruhe (TH), Lichttechnisches Institut, Diplomarbeit, 2007

[279] BACHER, W. ; MENZ, W. ; MOHR, J.:
The LIGA technique and its potential for microsystems-a survey.
In: *IEEE Transactions on Industrial Electronics* 42 (1995), Nr. 5, S. 431–441

[280] MENZ, W. ; MOHR, J.:
Mikrosystemtechnik für Ingenieure.
Weinheim : Wiley-VHC, 1997

[281] HECKELE, M. ; BACHER, W. ; MÜLLER, KD:
Hot embossing-The molding technique for plastic microstructures.
In: *Microsystem Technologies* 4 (1998), Nr. 3, S. 122–124

[282] WORGULL, M. ; HECKELE, M. ; SCHOMBURG, W.K.:
Large-scale hot embossing.
In: *Microsystem Technologies* 12 (2005), Nr. 1, S. 110–115

[283] BRÜNDEL, M. ; HENZI, P. ; RABUS, D.G.:
Replication of Optical Rib Waveguide Structures using Nickel Shims.
In: *Proc. SPIE* 6185 (2006), S. 618508–1

[284] HEINRICH, M.P.:
Ankopplung organischer Laser an Polymerwellenleiter, Universität Karlsruhe (TH), Lichttechnisches Institut, Bachelorarbeit, 2006

[285] PÜTZ, A.:
Nanoimprint von optischen Strukturen, Universität Karlsruhe (TH), Lichttechnisches Institut, Studienarbeit, 2006

[286] CHOU, S.Y.:
Nanoimprint Lithography and Lithographically Induced Self-Assembly.
In: *MRS BULLETIN* (2001), S. 512–517

[287] BENDER, M. ; OTTO, M. ; HADAM, B. ; SPANGENBERG, B. ; KURZ, H.:
Multiple imprinting in UV-based nanoimprint lithography: related material issues.
In: *Microelectronic Engineering* 61-2 (2002), S. 407–413

[288] *Die Bilder wurden freundlicherweise von Thomas Woggon zur Verfügung gestellt.*

[289] HENZI, P.:

UV-induzierte Herstellung monomodiger Wellenleiter in Polymeren, Forschungszentrum Karlsruhe, Institut für Mikrostrukturtechnik, Doktorarbeit, 2004

[290] CHRISTIANSEN, M.B. ; SCHØLER, M. ; KRISTENSEN, A.:
Integration of active and passive polymer optics.
In: *Optics Express* 15 (2007), Nr. 7, S. 3931–3939

[291] MANZ, A. ; GRABER, N. ; WIDMER, H.M.:
Miniaturized total chemical analysis systems: a novel concept for chemical sensing.
In: *Sensors & Actuators B* 1 (1990), Nr. 1-6, S. 244–248

[292] REYES, D.R. ; IOSSIFIDIS, D. ; AUROUX, P.A. ; MANZ, A.:
Micro total analysis systems. 1. Introduction, theory, and technology.
In: *Analytical Chemistry* 74 (2002), Nr. 12, S. 2623–2636

[293] AUROUX, P.A. ; IOSSIFIDIS, D. ; REYES, D.R. ; MANZ, A.:
Micro total analysis systems. 2. Analytical standard operations and applications.
In: *Analytical Chemistry* 74 (2002), Nr. 12, S. 2637–2652

[294] VILKNER, T. ; JANASEK, D. ; MANZ, A.:
Micro total analysis systems. Recent developments.
In: *Analytical Chemistry* 76 (2004), Nr. 12, S. 3373–3386

[295] GESCHKE, O. ; KLANK, H. ; TELLEMAN, P.:
Microsystem Engineering of Lab-on-a-Chip Devices.
Weinheim : Wiley-VCH, 2004

[296] DITTRICH, P.S. ; TACHIKAWA, K. ; MANZ, A.:
Micro total analysis systems. Latest advancements and trends.
In: *Analytical Chemistry* 78 (2006), Nr. 12, S. 3887–3907

[297] BURNS, M.A. ; JOHNSON, B.N. ; BRAHMASANDRA, S.N. ; HANDIQUE, K. ; WEBSTER, J.R. ; KRISHNAN, M. ; SAMMARCO, T.S. ; MAN, P.M. ; JONES, D. ; HELDSINGER, D. ; MASTRANGELO, C.H. ; BURKE, D.T.:
An Integrated Nanoliter DNA Analysis Device.
In: *Science* 282 (1998), Nr. 5388, S. 484–487

[298] AHN, C.H. ; CHOI, J.W. ; BEAUCAGE, G. ; NEVIN, J. ; LEE, J.B. ; PUNTAMBEKAR, A. ; LEE, R.J.Y.:
Disposable Smart Lab on a Chip for Point-of-Care Clinical Diagnostics.
In: *Proc. IEEE* 92 (2004), Nr. 1, S. 154–173

[299] GARDENIERS, J.G.E. ; BERG, A. van d.:
Lab-on-a-chip systems for biomedical and environmental monitoring.
In: *Analytical and Bioanalytical Chemistry* 378 (2004), Nr. 7, S. 1700–1703

[300] DAW, R. ; FINKELSTEIN, J.:
Insight: Lab on a chip.
In: *Nature* 442 (2006), Nr. 7101, S. 367–418

[301] LOTTSPEICH, F. ; ZORBAS, H.:
Bioanalytik.
Heidelberg : Spektrum Akademischer Verlag, 1998

[302] NAKAMURA, H. ; KARUBE, I.:
Current research activity in biosensors.
In: *Analytical and Bioanalytical Chemistry* 377 (2003), Nr. 3, S. 446–468

[303] MOGENSEN, K.B. ; PETERSEN, N.J. ; HÜBNER, J. ; KUTTER, J.P.:
Monolithic integration of optical waveguides for absorbance detection in microfabricated electrophoresis devices.
In: *Electrophoresis* 22 (2001), S. 3930–3938

[304] HÜBNER, J. ; MOGENSEN, K.B. ; JØRGENSEN, A.M. ; FRIIS, P. ; TELLEMAN, P. ; KUTTER, J.P.:
Integrated optical measurement system for fluorescence spectroscopy in microfluidic channels.
In: *Review of Scientific Instruments* 72 (2001), Nr. 1, S. 229–233

[305] MOGENSEN, K.B. ; KLANK, H. ; KUTTER, J.P.:
Recent developments in detection for microfluidic systems.
In: *Electrophoresis* 25 (2004), Nr. 21-22, S. 3498–512

[306] POTYRAILO, R.A. ; HOBBS, S.E. ; HIEFTJE, G.M.:
Optical waveguide sensors in analytical chemistry: today's instrumentation, applications and trends for future development.
In: *Fresenius' Journal of Analytical Chemistry* 362 (1998), Nr. 4, S. 349–373

[307] LADING, L. ; NIELSEN, LB ; SEVEL, T. ; CENTER, S.T. ; BRONDBY, D.:
Comparing biosensors.
In: *Proceedings of IEEE Sensors* 1 (2002), S. 229–232

[308] MOGENSEN, K.B. ; EL-ALI, J. ; WOLFF, A. ; KUTTER, J.P.:
Integration of polymer waveguides for optical detection in microfabricated chemical analysis systems.
In: *Applied Optics* 42 (2003), Nr. 19, S. 4072–4079

[309] LAKOWICZ, J.R.:
Principles of fluorescence spectroscopy.
New York : Kluwer Academic, 1999

[310] VERPOORTE, E.:
Microfluidic chips for clinical and forensic analysis.
In: *Electrophoresis* 23 (2002), Nr. 5, S. 677

[311] BOUSSE, L.J. ; KOPF-SILL, A.R. ; PARCE, J.W.:
Parallelism in integrated fluidic circuits.
In: *Proc. SPIE* (2004), S. 179–186

[312] DITTRICH, P.S. ; MANZ, A.:
Lab-on-a-chip: microfluidics in drug discovery.
In: *Nature* 5 (2006), S. 210–218

[313] PSALTIS, D. ; QUAKE, S.R. ; YANG, C.:
Developing optofluidic technology through the fusion of microfluidics and optics.
In: *Nature* 442 (2006), Nr. 7101, S. 381–386

[314] MONAT, C. ; DOMACHUK, P. ; EGGLETON, B.J.:

Integrated optofluidics: A new river of light.
In: *Nature Photonics* 1 (2007), S. 106

[315] HENG, X. ; ERICKSON, D. ; BAUGH, L.R. ; YAQOOB, Z. ; STERNBERG, P.W. ; PSALTIS,
D. ; YANG, C.:
Optofluidic microscopy - a method for implementing a high resolution optical microsco-
pe on a chip.
In: *Lab Chip* 6 (2006), S. 1274–1276

[316] NILSSON, Daniel:
A microfluidic dye laser fabricated by nanoimprint lithography in a highly transparent
and chemically resistant cyclo-olefin copolymer (COC).
In: *Journal of Micromechanics and Microengineering* 15 (2004), S. 296–300

[317] GERSBORG-HANSEN, M. ; KRISTENSEN, A.:
Optofluidic third order distributed feedback dye laser.
In: *Applied Physics Letters* 89 (2006), S. 103518

[318] GERSBORG-HANSEN, M. ; KRISTENSEN, A.:
Tunability of optofluidic distributed feedback dye lasers.
In: *Optics Express* 15 (2007), Nr. 1, S. 137–142

[319] SAVVATEEV, V. ; CHEN-ESTERLIT, Z. ; AYLOTT, J.W. ; CHOUDHURY, B. ; KIM, C.H.
; ZOU, L. ; FRIEDL, J.H. ; SHINAR, R. ; SHINAR, J. ; KOPELMAN, R.:
Integrated organic light-emitting device/fluorescence-based chemical sensors.
In: *Applied Physics Letters* 81 (2002), S. 4652

[320] CHOUDHURY, B. ; SHINAR, R. ; SHINAR, J.:
Glucose biosensors based on organic light-emitting devices structurally integrated with a
luminescent sensing element.
In: *Journal of Applied Physics* 96 (2004), S. 2949

[321] YAO, B. ; LUO, G. ; WANG, L. ; GAO, Y. ; LEI, G. ; REN, K. ; CHEN, L. ; WANG, Y. ;
HU, Y. ; QIU, Y.:
A microfluidic device using a green organic light emitting diode as an integrated excita-
tion source.
In: *Lab Chip* 5 (2005), S. 1041–1047

[322] HOFMANN, O. ; WANG, X. ; DEMELLO, J.C. ; BRADLEY, D.D.C. ; DEMELLO, A.J.:
Towards microalbuminuria determination on a disposable diagnostic microchip with in-
tegrated fluorescence detection based on thin-film organic light emitting diodes.
In: *Lab Chip* 5 (2005), Nr. 8, S. 863–868

[323] WANG, X. ; HOFMANN, O. ; HUANG, J. ; BARRETT, E.M. ; DAS, R. ; MELLO, A.J. de ;
MELLO, J.C. de ; BRADLEY, D.D.C.:
Organic light emitting diodes and photodetectors: Toward applications in lab-on-a-chip
portable devices.
In: *Proc. SPIE* 6036 (2005), S. 603610

[324] KLOTZKIN, D. ; PAPAUTSKY, I. ; CINCINNATI, O.H.:
High-sensitivity integrated fluorescence analysis for microfluidic lab-on-a-chip.
In: *SPIE Newsroom* 10.1117 (2007), S. 1–3

[325] HOFMANN, O. ; MILLER, P. ; SULLIVAN, P. ; JONES, T.S. ; DEMELLO, J.C. ; BRADLEY,
      D.D.C. ; DEMELLO, A.J.:
      Thin-film organic photodiodes as integrated detectors for microscale chemiluminescence
      assays.
      In: *Sensors & Actuators B* 106 (2005), S. 878–884

[326] WANG, X. ; HOFMANN, O. ; DAS, R. ; BARRETT, E.M. ; DEMELLO, A.J. ; DEMELLO,
      J.C. ; BRADLEY, D.D.:
      Integrated thin-film polymer/fullerene photodetectors for on-chip microfluidic chemilu-
      minescence detection.
      In: *Lab Chip* 7 (2007), Nr. 1, S. 58–63

[327] ACRONGENOMICS (Hrsg.):
      Firmenwebseite. Online-Ressource - 2007.
      http://www.acrongen.com

[328] BIOIDENT (Hrsg.):
      Firmenwebseite. Online-Ressource - 2007.
      http://www.bioident.com

[329] AGILENT:
      2100 Bioanalyzer, 2007

[330] RABUS, D.G. ; BRUENDEL, M. ; ICHIHASHI, Y. ; WELLE, A. ; SEGER, R.A. ; ISAAC-
      SON, M.:
      A Bio–Fluidic–Photonic Platform Based on Deep UV Modification of Polymers.
      In: *IEEE Journal of Selected Topics in Quantum Electronics* 13 (2007), Nr. 2, S. 214–222

[331] FRANK, W.F. ; SCHOESSER, A. ; STELMASZYK, A. ; SCHULZ, J.:
      Ionizing radiation for fabrication of optical waveguides in polymers.
      In: *Proc. SPIE* 63 (1996), S. 76–82

[332] SCHÖSSER, A.:
      Erzeugung passiver integriert-optischer Komponenten durch UV-Bestrahlung in PMMA,
      Technische Hochschule Darmstadt, Doktorarbeit, 1997

[333] RABUS, D.G. ; HENZI, P. ; MOHR, J.:
      Photonic Integrated Circuits by DUV-Induced Modification of Polymers.
      In: *IEEE Photonics Technology Letters* 17 (2005), S. 591–593

[334] ICHIHASHI, Y. ; HENZI, P. ; BRUENDEL, M. ; RABUS, D.G. ; MOHR, J.:
      Material Investigation of Alicyclic Methacrylate Copolymer for Polymer Waveguide Fa-
      brication.
      In: *Japanese Journal of Applied Physics* 15 (2006), S. 2572–2575

Abbildungsverzeichnis

Tabellenverzeichnis

Verzeichnis der verwendeten Symbole und Abkürzungen

DEUTSCHE FORMELZEICHEN

C	Kapazität
E	elektrisches Feld
f_{3dB}	-3-dB-Grenzfrequenz
$g(\lambda)$	spektraler Gewinn
I	elektrischer Strom / Verstärkung
I_d	Dunkelstrom
I_D	Diodenstrom
I_{ph}	Fotostrom
I_S	Sperrsättigungsstrom
k	Wellenzahl
n	Brechungsindex
n_{eff}	effektiver Brechungsindex
P_{opt}	optische Leistung
R	Widerstand
R_P	Parallelwiderstand
R_L	Lastwiderstand
R_S	Serienwiderstand
R_{sh}	Shuntwiderstand
R_{Quelle}	Quellenwiderstand
t_{diff}	Diffusionszeit
t_{dr}	Driftzeit
t_f	Abfallzeit
t_{FWHM}	Halbwertsbreite
t_r	Anstiegszeit
t_{RC}	RC-Zeitkonstante
t_{tr}	Transitzeit
U	Spannung
U_0	Leerlaufspannung
U_{bias}	Vorspannung

GRIECHISCHE FORMELZEICHEN

α	Absorptionskoeffizient
β	Propagationskonstante einer elektromagnetischen Welle
ϵ_r	relative Dielektrizitätskonstante
Γ	Füllfaktor
η	Wirkungsgrad
η_{ext}	externe Quanteneffizienz
Θ	Wellenwinkel
κ	Kopplungsfaktor
Λ	Gitterkonstante

λ Wellenlänge des Lichtes
λ_{Bragg} *Bragg*-Wellenlänge
μ_e Elektronenbeweglichkeit
μ_h Löcherbeweglichkeit
ν Frequenz des Lichtes
σ Leitfähigkeit
σ_{SE} Wirkungsquerschnitt der stimulierten Emission
τ Lebensdauer
ϕ Phasenverschiebung
ω Kreisfrequenz

NATURKONSTANTEN

c Lichtgeschwindigkeit
h Plancksches Wirkungsquantum
k_b Boltzmann-Konstante
q elektrische Elementarladung
ϵ_0 Dielektrizitätskonstante im Vakuum

ABKÜRZUNGEN

IMT   Institut für Mikrostrukturtechnik, Forschungszentrum Karlsruhe
LTI   Lichttechnisches Institut, Universität Karlsruhe (TH)
PTB   Physikalisch Technische Bundesanstalt, Braunschweig

A   Akzeptor
AFM   engl. *atomic force microscope* (Rasterkraftmikroskop)
ASE   engl. *amplified spontaneous emission*
BMC   engl. *Biphase-Mark-Code*
BPM   engl. *beam propagation method*
CCD   engl. *charged coupled decive*
cw   engl. *continous wave* (Dauerstrichbetrieb)
D   Donator
DFB   engl. *distributed feedback* (verteilte Rückkopplung)
DLW   engl. *direct laser writing* (Direktes Laserschreiben)
DPSS   engl. *diode pumped solid state*
DUV   engl. *deep ultraviolet*
EL   Elektrolumineszenz
EQE   externe Quanteneffizienz
FWHM   engl. *full-width at half-maximum* (Halbwertsbreite)
HOMO   engl. *highest occupied molecular orbital*
ISC   engl. *intersystem crossing* (Interkombination)
LOC   engl. *Lab-on-a-chip*
LOD   engl. *level of detection*

LASER	engl. *light amplification by stimulated emission of radiation*
LED	engl. *light-emitting diode* (Leuchtdiode)
LIF	Laser-induzierte Fluoreszenz
LIL	Laserinterferenzlithografie
LIGA	Lithografie, Galvanik, Abformung
LUMO	engl. *lowest unoccupied molecular orbital*
LWL	Lichtwellenleiter
μCP	engl. *microcontact printing*
μTAS	engl. *micro total-analysis system*
MIM	Metall-Isolator-Metall
MOSFET	engl. *metal oxide semiconductor field effect transistor*
MOST	engl. *media oriented system bus*
ND	Neutral Dichte (Filter)
NEP	engl. *noise equivalent power* (rauschäquivalente optische Leistung)
NIR	Nahes Infrarot
OI	engl. *optical interconnect*
OLED	engl. *organic light-emitting diode* (Organische Leuchtdiode)
OPD	engl. *organic photodiode* (Organische Fotodiode)
POF	Polymer-optische Faser
PL	Photolumineszenz
PLD	engl. *pulsed laser depostion*
PLED	engl. *polymer light-emitting diode*
REM	Rasterelektronenmikroskop
SM	engl. *small molecule*
SMOLED	engl. *small molecule light-emitting diode*
S/PDIF	engl. *Sony/Philips digital interface format*
TPA	engl. *two-photon absorption* (Zwei-Photonen-Absorption)
UV	ultraviolette Strahlung
UV-NIL	UV-Nanoimprint-Lithografie
VCSEL	engl. *vertical-cavity surface-emitting laser*

CHEMISCHE VERBINDUNGEN

Alq$_3$	Aluminium-tris(8-Hydroxychinolin)
BCP	2,9-Dimethyl-4,7-Diphenyl-1,10-Phenanthrolin
COC	Cycloolefin-Copolymer
DCM	4-(Dicyanomethylen)-2-methyl-6-(p-dimethylaminostyryl)-4H-pyran
DCM2	4-(Dicyanomethylen)-2-methyl-6-(julolidin-4-yl-vinyl)-4H-pyran
GaN	Galliumnitrid
GaAs	Galliumarsenid
Ge	Germanium
MeLPPP	Methyl-substituiertes leiterartiges Poly(*p*-phenylen)
MDMO-PPV	[3,7]-Dimethyl-Octoxy-Methyloxy-Poly-p-Phenylen-Vinylen
MTDATA	4,4',4''-Tris[(m-methylphenyl)phenylamino]triphenylamin

NPB	N,N'-Di(Naphthalene-1-yl)-N,N'-Diphenyl-Benzidin
Nd	Neodym
InGaAs	Indium-Gallium-Arsenid
InGaAsP	Indium-Gallium-Arsenid-Phosphid
ITO	engl. *indium tin oxide* (Indiumzinnoxid)
P3HT	Poly(3-Hexylthiophen)
PCBM	[6,6]-Phenyl-C_{61}-Butylsäure-Methylester
PDMS	Polydimethylsiloxan
PEDOT:PSS	Poly(3,4-Ethylendioxythiophen):Polystyrolsulfonat
PFO	Polyfluoren
PMMA	Polymethylmethacrylat
PPP	Poly(p-phenylen)
PPV	Poly(p-phenylenvinylen)
Si	Silizium
SiO_2	Siliziumdioxid
YAG	Yttrium-Aluminium-Granat
YLF	Yttrium-Lithium-Fluorid
YVO_4	Yttrium-Vanadat

Index

Danksagung

Die vorliegende Dissertation entstand am Lichttechnischen Institut der Universität Karlsruhe (TH). Die Durchführung dieser Arbeit wäre nicht ohne die Unterstützung einer ganzen Reihe von Menschen möglich gewesen, bei denen ich mich recht herzlich bedanke.

In erster Linie gilt mein Dank Prof. Dr. Uli Lemmer, der mich schon in der Diplomarbeit in seine Arbeitsgruppe aufgenommen hat und mir seither stets mit Rat und Tat zur Seite stand. Vielen Dank für die hervorragende Betreuung, die Freiheiten für meine Arbeit und die immer sehr angenehme Arbeitsatmosphäre!
Prof. Dr. Volker Saile danke ich für die Übernahme des Korreferats. Die Zusammenarbeit mit dem Institut für Mikrostrukturtechnik am Forschungszentrum Karlsruhe war eine Bereicherung für meine Forschungstätigkeit. Daher möchte ich mich auch bei den Mitarbeitern des IMT bedanken, die mir mit ihrem großen Erfahrungsschatz weitergeholfen haben. Besonders erwähnen möchte ich hierbei Dr. Jürgen Mohr, Dominik Rabus und Patric Henzi. Für die tolle Zusammenarbeit danke ich vor allem auch Mathias Bründel.
Sowohl Martina Gerken als auch Georg Bastian danke ich für die zahlreichen fachlichen Diskussionen und die Ko-Betreuung dieser Arbeit.

Vieles wurde nur durch die Unterstützung meiner Diplomanden und Studienarbeiter möglich. Ich danke den „Laserschraubern" Felix Hoos und Matthias Häfner, den IMT-LTI-Studenten Steffen Mozer, Andreas Pütz und Mattias Heinrich, dem unermüdlichen Sebastian Valouch und Mister-3D Thomas Kleiner. Besonders Steffen und Sebastian kann ich nicht genug danken für die vielen Diskussionen, Experimente und „wirren" Ideen. Für Letzteres muss ich natürlich auch Philipp Schmälzle besonders danken. Auch die studentischen Hilfskräfte Uwe Kühn, Rüdiger Layher, Uwe Bog und Michael Schwander haben mich immer kräftig unterstützt. Ein großes Dankeschön an Siegfried Kettlitz für seinen Einsatz.

Dank Marc Stroisch und Sven Schellinger weiß ich jetzt, dass Saunieren eigentlich ganz angenehm ist. Einen extra Dank noch einmal an Marc für alles was wir in den letzten Jahren zusammen erlebt haben und die Hilfe beim Korrekturlesen. Viel Spaß hatte ich mit meinen Zimmerkollegen Thomas Woggon und Felix Glöckler. An beide ein dickes Dankeschön für all die Hilfe in der heißen Phase der Promotion. Für die Hilfe auf die eine oder andere Art danke ich außerdem Christian Karnutsch, Christian Gärtner, Nico Christ, Christian Kayser, Ulf Geyer, Yousef Nazirizadeh, Stefan Pieke, Klaus Trampert und Hansi Daub.

Die Mitarbeiter der Werkstatt und im Sekretariat haben vieles im Rahmen dieser Arbeit ermöglicht, dafür meinen herzlichen Dank. Ein weiterer Dank geht an alle anderen Kollegen am LTI für die schöne und interessante Zeit.

Zuletzt danke ich meiner Familie für die Unterstützung in den letzten Jahren. Ich weiß nicht, wie ich meiner Frau Claudia genug danken kann. Sie war stets für mich da und hat mir in allen Phasen der Promotion Rückhalt gegeben. Danke für alles was wir zusammen erlebt haben!

Lebenslauf

Name:	Martin Punke
Geburtsdatum:	14. Februar 1977
Geburtsort:	Prenzlau
Staatsangehörigkeit:	deutsch

Ausbildung

09/1983 - 08/1991	Grundschule in Dessau-Mosigkau
09/1991 - 08/1992	5.Gymnasium Dessau-Alten
09/1992 - 06/1995	1.Gymnasium „Philanthropinum" Dessau Abschluss: Allgemeine Hochschulreife
09/1995 - 10/1996	Zivildienst beim Deutschen Roten Kreuz Dessau
10/1997 - 09/2003	Studium der Elektrotechnik und Informationstechnik an der Universität Karlsruhe (TH)
10/2001 - 01/2002	Studienarbeit am Institut für Instrumentelle Analytik am Forschungszentrum Karlsruhe: „Entwicklung eines Scanner-Systems für ein photothermisches Oberflächenprüfverfahren"
03/2003 - 09/2003	Diplomarbeit am Lichttechnischen Institut der Universität Karlsruhe (TH): „Aufbau eines Messsystems zur Femtosekundenspektroskopie"
10/2003 - 08/2007	wissenschaftlicher Mitarbeiter des Lichttechnischen Instituts der Universität Karlsruhe (TH)

Praktische Tätigkeiten

06/1997 - 09/1997	Grundpraktikum bei der Siemens AG, Karlsruhe
05/2002 - 11/2002	Fachpraktikum an der University of Western Australia, Perth
05/1998 - 05/2002	Software Development Assistant bei der Asknet AG, Karlsruhe